Altes und Neues

aus der

Unterhaltungsmathematik

Von

Dr. W. Ahrens

in Rostock

Mit 51 Textfiguren

Berlin

Verlag von Julius Springer

1918

ISBN 978-3-642-50636-9   ISBN 978-3-642-50946-9 (eBook)
DOI 10.1007/978-3-642-50946-9

Vorwort.

Die Auswahl der in diesem Buche behandelten Stoffe ist
so getroffen, die Darstellung, denke ich, so ausgefallen, daß
die Lektüre nur die einfachsten mathematischen Schulkennt-
nisse erfordert. Unter den behandelten Gegenständen
wechseln, wie schon im Titel zum Ausdruck gebracht ist,
mit zumeist alten, vielfach jahrhundertealten Stoffen einige
wenige, bisher wohl noch nirgends erörterte ab. Mit historischen und literarischen Angaben habe ich, wo mir solche
auf Grund langjähriger Aufzeichnungen zu Gebote standen,
zwar nirgends zurückgehalten, habe andererseits aber bei
dem ganzen Charakter und Inhalt des Buches mich an
nicht wenigen Stellen, wie übrigens immer ausdrücklich angegeben ist, damit begnügt, aus zweiten Quellen zu schöpfen,
sei es, daß die betreffenden Originalschriften, wenn auch an
sich mir vielleicht von früher her bekannt, im gegenwärtigen
Zeitpunkt schwer oder gar nicht erreichbar, sei es, daß sie
mir überhaupt unbekannt und völlig unzugänglich waren.
Unter anderen Zeitverhältnissen wie den gegenwärtigen mit
ihren vielerlei Hemmungen würde ich wohl in diesen Beziehungen mehr und Zuverlässigeres zu bieten bemüht gewesen sein, wenn auch andererseits das seinen Zielen und
seinem Inhalte nach, wie nicht erst bemerkt zu werden
braucht, durchaus anspruchslose und, wie schon gesagt,
ganz populär gehaltene Buch gewiß keine historischen Aufgaben erfüllen will und soll.

Leser, denen meine „Mathematischen Unterhaltungen und
Spiele" bekannt sind, werden vielleicht über das Verhältnis

*

dieser beiden, dem gleichen Gebiete angehörenden Bücher ein Wort zu hören wünschen: Viele der hier behandelten Gegenstände würden in den Rahmen jenes Buches nicht recht hineinpassen; zudem verbot sich ihre Berücksichtigung dort bei dem beträchtlichen Umfange, den dies Werk in seiner zweiten Auflage angenommen hat (Bd. I ist 1910 in Stärke von 400 Seiten erschienen; Bd. II, im Manuskript übrigens seit nahezu zwei Jahren fertig und fast ebenso lange unter der Presse, wird nach Ankündigung der Verlagshandlung „spätestens im Laufe des Sommers 1918" im Umfange von ca. 430 Seiten erscheinen), schon aus Gründen des Raumes.

Einer besonderen Motivierung bedarf wohl die Aufnahme und verhältnismäßig eingehende Erörterung des letzten Gegenstandes, der „Sator-Arepo-Formel": Nachdem in neuester Zeit in die vielstimmige Diskussion über diese starkumstrittene Frage auch das „magische Quadrat" und der „Rösselsprung", Materien also, die seit langem zu den bekanntesten der Unterhaltungsmathematik gehören, hineingetragen sind, schien mir eine Erörterung dieser Frage, auf die ich übrigens bei Studien anderer Art seit Jahren wieder und wieder gestoßen war, für das vorliegende Buch nicht ungeeignet zu sein, und da durften, sollte die Behandlung nicht allzu einseitig bleiben, auch die Seiten des Themas, die an sich die wichtigeren sind, die volkskundliche und die sprachliche, nicht ganz außer Betracht bleiben, wenn auch damit die Erörterung über den eigentlichen Rahmen dieses Buches hinausgeführt wurde.

Rostock i. M., den 25. Dezember 1917.

Ahrens.

Inhaltsverzeichnis.

$$\text{I. } \frac{26}{65} = \frac{2}{5} \qquad 73$$

$$\text{II. } \sqrt{2\frac{2}{3}} = 2\sqrt{\frac{2}{3}} \qquad 75$$

Kapitel I.

Ein Anordnungsproblem.

In zahlreichen Werken der Unterhaltungsmathematik findet man die folgende Aufgabe: *Ein Bürger hatte in seinem Keller einen Kasten, der in neun Fächer in der Art unserer Fig. 1 geteilt war. In diesen Fächern war Wein untergebracht, und zwar gibt unsere Figur sogleich die Flaschenzahl der einzelnen Fächer an; das Mittelfach war dabei frei gelassen und sollte zur Aufnahme der geleerten Flaschen dienen. Jede der vier Randreihen des Kastens enthielt somit $6 + 9 + 6 = 21$ Flaschen. Ein ungetreuer Diener entwendete nun vier Flaschen, um sie zu verkaufen, und ordnete die übrigen so an, daß nach wie vor jede Randreihe 21 Flaschen aufwies, wobei er auf die Einfältigkeit seines Herrn rechnete, der, vor dem Kasten stehend, vollkommen beruhigt sein würde, wenn er die Gesamtflaschenzahl der betreffenden Reihe unverändert fände, und der alsdann nur denken würde, der Diener habe eine bloße Umstellung der Flaschen vorgenommen. Als*

6	9	6
9		9
6	9	6

Fig. 1.

der erste Diebstahl unentdeckt blieb, entwendete der Diener abermals vier Flaschen unter Anwendung desselben Tricks und wiederholte seine Dieberei in der Folge so lange, bis eine entsprechende Anordnung der übrigbleibenden Flaschen — zu je 21 in der Reihe — nicht mehr möglich gewesen wäre. Wie stellte er die Flaschen bei jedem Male um, und wie viele stahl er seinem Herrn im ganzen?

Nennt man die Zahl der Flaschen jedes Eckfaches e, die jedes Mittelrandfaches m, und setzt man eine symmetrische Anordnung, also gleiches e für alle Ecken, gleiches m für alle

Mittelrandfächer, voraus, so ist die Gesamtzahl der Flaschen des ganzen Kastens $4\,e + 4\,m$. Diese Zahl können wir auch so schreiben: $2\,(2\,e + m) + 2\,m$, und der „Trick" des ungetreuen Dieners besteht nun darin, den Klammerausdruck $2\,e + m$, d. h. die Zahl der Flaschen jeder Randreihe, konstant zu erhalten. Will er dies erreichen und trotzdem Wein entwenden, so darf er also nur m vermindern. Will er im ganzen vier Flaschen entwenden, so ist dies, da $2\,(2\,e + m)$ denselben Zahlenwert behalten soll, nur so möglich, daß $2\,m$ um 4 kleiner wird. Nennen wir die neuen, den ursprünglichen m und e entsprechenden Größen m' und e', so haben wir also die Bedingungsgleichungen:

$$2\,e' + m' = 2\,e + m$$
$$2\,m' = 2\,m - 4,$$

woraus folgt:

$$m' = m - 2$$
$$e' = e + 1.$$

Der ungetreue Diener muß also, um vier Flaschen Wein zu entwenden, aus jedem Mittelrandfache zwei Flaschen nehmen; von diesen insgesamt acht Flaschen behält resp. stiehlt er vier, während er die anderen vier in die Eckfächer, und zwar in jedes derselben eine, stellt. So tritt an die Stelle der ursprünglichen Anordnung (Fig. 1) die der Fig. 2, bei der die Flaschenzahl jeder

<table>
<tr><td>

7	7	7
7		7
7	7	7

Fig. 2.

</td><td>

8	5	8
5		5
8	5	8

Fig. 3.

</td><td>

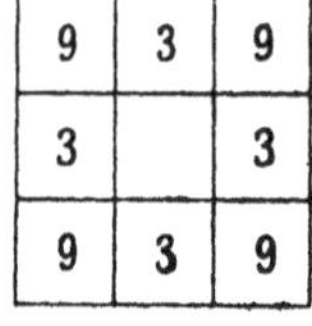

9	3	9
3		3
9	3	9

Fig. 4.

</td><td>

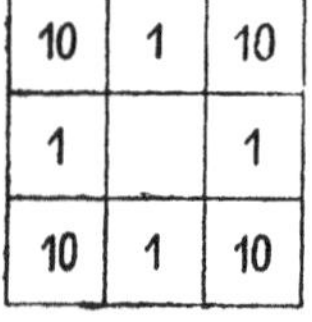

10	1	10
1		1
10	1	10

Fig. 5.

</td></tr>
</table>

Randreihe nach wie vor 21 ist. Entnimmt der Diener dann zu weiteren Malen je vier Flaschen Wein und wendet er jedesmal dasselbe Verfahren an, so ergeben sich der Reihe nach die Anordnungen der Figuren 3, 4, 5. Mit dieser letzten Anordnung hat das diebische Verfahren offenbar sein Ende erreicht, da natürlich kein Fach ganz geleert werden darf, ohne Argwohn zu erregen; die Gesamtzahl der so gestohlenen Flaschen beträgt 16.

Sieht man von der hier stillschweigend erhobenen Forderung, daß die anfänglich symmetrische Anordnung der Flaschen in den Fächern auch symmetrisch bleiben soll, ab, so ergeben sich außer den angegebenen noch zahlreiche weitere Möglichkeiten, die Flaschenzahlen der Randreihen trotz Entwendung einer gewissen Anzahl von Flaschen konstant zu erhalten. Um dies zu erkennen, betrachten wir zunächst die Anordnung der Fig. 6, in der die eingetragenen Bezeichnungen die Flaschenzahlen der betreffenden Fächer angeben sollen. Entspricht die Anordnung, wie wir annehmen wollen, unserer Forderung, daß die Flaschenzahl jeder Randreihe gleich der vorgeschriebenen „Konstanten" — nennen wir diese k — ist, so bestehen also die Gleichungen:

$$\text{(I)}\quad \begin{cases} e_1 + e_2 + m_{12} = k \\ e_1 + e_4 + m_{14} = k \\ e_2 + e_3 + m_{23} = k \\ e_3 + e_4 + m_{34} = k. \end{cases}$$

Durch Addition dieser folgt:

$$2\,(e_1 + e_2 + e_3 + e_4) + (m_{12} + m_{14} + m_{23} + m_{34}) = 4\,k$$

oder, wenn man die Summe der vier Größen e mit E, die der vier Größen m mit M bezeichnet:

$$\text{(II)}\quad \begin{cases} 2\,E + M = 4\,k; \text{ dazu kommt die Gleichung:} \\ E + M = S, \end{cases}$$

wo S die Gesamtzahl aller Flaschen bezeichnet, und aus diesen beiden Gleichungen folgt:

$$E = 4\,k - S$$
$$M = 2\,S - 4\,k.$$

Werden nun a Flaschen entwendet, und benutzen wir der Einfachheit halber wieder die Fig. 6 mit ihren alten Bezeichnungen, um die neue Anordnung — nach Entwendung der a Flaschen — zu kennzeichnen, so müssen unserer Forderung gemäß die Gleichungen (I) auch in den neuen Größen e und m bestehen und ebenso die durch Addition daraus folgende: $2\,E + M = 4\,k$, während die zweite Gleichung von (II) jetzt offenbar lautet: $E + M = S - a$, da ja die Gesamtzahl der

Flaschen durch die Entwendung um a kleiner geworden ist. Dabei haben also, wie zur Vermeidung jeden Zweifels noch ausdrücklich bemerkt sei, k und S die alten Werte, während E die Summe der jetzigen vier Größen e, M die der jetzigen vier Größen m ist. Aus diesen Gleichungen folgt:

$$E = 4k - S + a$$
$$M = 2S - 4k - 2a.$$

Bedenkt man, daß die Summe aller Flaschen jetzt, nach der Entwendung, wie schon gesagt wurde, $S - a$ ist, und daß sowohl die oberste wie die unterste Horizontalreihe von Fig. 6 k Flaschen aufweist, so sieht man, daß

$$m_{14} + m_{23} = S - a - 2k$$

ist. Was von den Horizontalreihen gilt, gilt aber auch von den Vertikalreihen, und man findet so:

$$m_{14} + m_{23} = m_{12} + m_{34} = S - a - 2k.$$

Wenden wir diese Bedingungsgleichungen nun auf unseren Spezialfall: $S = 60$, $k = 21$, $a = 4$, an, so haben wir für die Anordnung nach der ersten Entwendung von vier Flaschen die folgenden Forderungen:

$$E = 28$$
$$m_{14} + m_{23} = m_{12} + m_{34} = 14.$$

Es lassen sich nun leicht zahlreiche Anordnungen angeben, die diesen und überhaupt allen Bedingungen unserer Aufgabe genügen. Die Figuren 7 und 8 geben beispielsweise zwei derartige Anordnungen an, und zwar zwei solche, bei denen gegenüber der ursprünglichen Anordnung (Fig. 1) die Flaschenzahl in den Eckfächern keineswegs überall, wie es doch bei den symmetrischen Anordnungen

12	6	3
4		10
5	8	8

Fig. 7.

15	2	4
1		13
5	12	4

Fig. 8.

notwendig geschehen mußte, zu-, sondern in mehreren Eckfächern abgenommen hat, während die der Mittelrandfächer auch nicht überall ab-, sondern in einigen zugenommen hat. — Die letztmögliche, unserer Forderung genügende Anordnung, also diejenige nach Entwendung von 16 Flaschen, wird freilich, wie man leicht erkennt, stets symmetrisch sein und die Form der Fig. 5 haben müssen, wofern der Dieb nicht etwa ein Fach ganz leer lassen will, was er jedoch begreiflicherweise vermeiden wird.

Erwähnt sei noch, daß sich bei Ozanam und auch schon in noch älteren Werken, wie dem anonymen „Schau-Platz der Betrieger“ [1]), unsere Aufgabe in der Einkleidung findet, daß die Figur ein Nonnenkloster und die Fächer die einzelnen Zellen dieses bedeuten: in der Mittelzelle wohnt die Äbtissin, die blind sein soll, und in den acht Zellen rund herum die Nonnen. Eines Tages kamen nun vier Studenten vor dieses Nonnenkloster, baten um einen Zehrpfennig und, als sie hörten, daß es ein Nonnenkloster sei, begehrten sie, eingelassen zu werden und einige Zeit in dem Kloster bei den Nonnen verweilen zu dürfen. Damit nun aber die Äbtissin bei ihrem Rundgange nichts von der Anwesenheit der Studenten merke, verteilten diese und die Nonnen sich auf die einzelnen Zellen so, daß die Zahl der Personen jeder Randreihe dieselbe war wie zuvor. Nach einiger Zeit wollten die Studenten aber, da sie sahen, „daß sie sonsten über dieses, daß sie der Nonnen Gesellschafft genossen, wenig Plaisier und Ergetzlichkeit im Kloster hätten, lieber aus dem Kloster wieder heraus in die freye Welt gehen und ein jedweder seine Nonne vor sich darzu mit nehmen“. Um aber auch jetzt das Fehlen der vier Nonnen der Äbtissin zu verbergen, wurde wieder eine solche Anordnung getroffen, daß die Zahl der Personen in jeder Randreihe die alte blieb. Dabei gibt unsere Quelle noch an, daß die Nonnen auf die etwaige Frage der Äbtissin, warum sie denn so oft die Zellen wechselten, die Antwort gaben, sie gingen innerhalb jedes Viertels (jeder Randreihe) bisweilen aus einer Zelle in die andere, um zusammen zu beten. „Also“, so schließt unsere Quelle, „wurde die gute Äbtissin durch der Studenten und der Nonnen Listigkeit stattlich vexirt, und bekamen die 4 Studenten ein gut Viaticum aus diesem Nonnen Kloster.“ — Um einen konkreten Fall zu

---

[1]) „Schau-Platz der Betrieger“ (Hamburg und Frankfurt 1687), S. 543—545. Ich folge diesem Werke in der (nachfolgenden) Einkleidung im einzelnen; ein wenig anders ist diese bei Jacques Ozanam, „Récréations mathématiques et physiques“, t. I (Amsterdam 1698, 3ième éd.), p. 1 f. und wieder anders in anderen Ausgaben des Ozanamschen Werkes, wie z. B. der von J. F. de Montucla besorgten von 1790, t. I, p. 172 ff.

haben, legen wir der Einfachheit halber etwa den unserer obigen Fig. 2: 7 Nonnen in jeder Zelle, als den ursprünglichen Zustand zugrunde. Alsdann gibt uns Fig. 1 die Anordnung nach Aufnahme der vier Studenten in das Kloster und Fig. 3 diejenige nach Entweichen der vier Nonnen mit den vier Studenten.

Bei einer anderen, verwandten Spielerei, die man in der einschlägigen Literatur[1]) gleichfalls viel findet, handelt es sich um ein *Perlenkreuz einer vornehmen Dame. Diese schickt das Kreuz einem Juwelier zur Reparatur und läßt ihm sagen, sie merke sich die* **Zahl** *der Perlen immer daran, daß man beim Abzählen von einem der drei oberen Enden des Kreuzes bis zum unteren Ende hin stets 9 Perlen zähle* (siehe die Fig. 9, in der die kleinen Kreise Perlen bedeuten sollen). Der Juwelier entwendet zwei Perlen und schickt das Kreuz in einer Verfassung zurück, die unsere Fig. 10 wiedergibt. Auch hier zählt man, obwohl zwei Perlen fehlen, beim Abzählen von irgendeinem der drei oberen Enden nach dem unteren hin stets **9** Perlen, und die vornehme Dame, die man sich allerdings womöglich noch naiver oder einfältiger als den Weinbesitzer oder die Äbtissin der vorigen Aufgaben vorstellen muß, findet mithin ihre Forderung vollkommen erfüllt und übersieht so den Verlust der zwei Perlen.

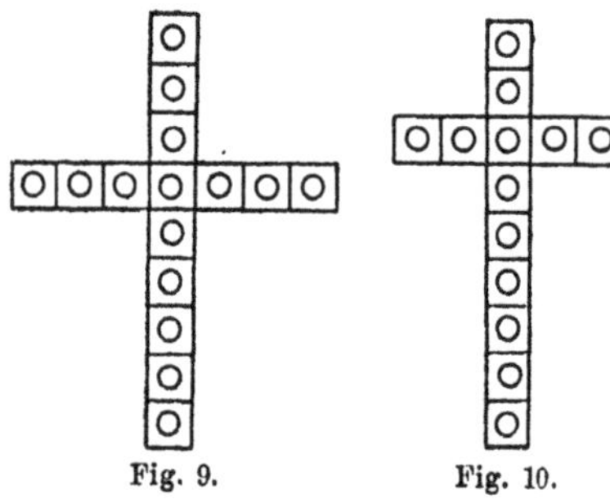

Fig. 9.   Fig. 10.

---

[1]) Ich beschränke mich darauf, auf E d. L u c a s' wertvolles Werk „Récréations mathématiques", t. II (2⁰ éd., Paris 1896), p. 134 f., zu verweisen.

Kapitel II.
Die numerierten neun Kegel.

Man denke sich ein gewöhnliches Kegelspiel, jedoch mit dem Unterschiede, daß die neun Kegel auf ihrem Kopfe oder an der Brust je eine Nummer, und zwar die Nummern 1, 2, 3 bis 9, tragen; alle Kegel sollen im übrigen gleich, ein durch Größe oder Form ausgezeichneter „König" also nicht vorhanden sein. *Die neun Kegel sollen nun auf ihrer Unterlage in bekannter Weise aufgestellt werden, jedoch mit der Bestimmung, daß, wenn man die Nummer eines Eckkegels und die Nummern der beiden ihm benachbarten Randkegel addiert, man an jeder der vier Ecken bei dieser Addition dieselbe Summe erhält.*

Bevor wir an eine systematische Untersuchung der Aufgabe gehen, seien ein Paar Beispiele von Lösungen zur Veranschaulichung hierhergestellt: Die „Anordnung I":

$$2 \quad 5 \quad 4$$
$$9 \quad 3 \quad 7$$
$$6 \quad 1 \quad 8,$$

in der die Zahlen die Nummern der Kegel bedeuten sollen, genügt unseren Forderungen; denn wir haben erstens hier alle neun Nummern 1—9, und ferner ist

$$2 + 5 + 9 = 4 + 5 + 7 = 8 + 7 + 1 = 6 + 1 + 9 = 16.$$

Ebenso stellt die „Anordnung II":

$$1 \quad 8 \quad 3$$
$$6 \quad 5 \quad 4$$
$$7 \quad 2 \quad 9$$

eine zweite Lösung unserer Aufgabe dar; denn es ist

$$1 + 8 + 6 = 3 + 8 + 4 = 9 + 4 + 2 = 7 + 2 + 6 = 15. \; —$$

Diese Anordnungen I und II nehmen übrigens, wie schon hier vorwegbemerkt sei, unter allen Lösungen der Aufgabe eine Sonderstellung ein: „Anordnung II" ist die einzige Lösung, die auf allen vier Eckfeldern ungerade Nummern aufweist, und entsprechend sind „Anordnung I" und eine andere, zu ihr in naher Beziehung stehende Lösung die einzigen mit lauter geraden Nummern auf den Eckfeldern. Alle übrigen Lösungen der Aufgabe weisen, wie wir unten sehen werden, auf den Eckfeldern zwei gerade und zwei ungerade Zahlen auf.

Nach diesen besonderen Beispielen wollen wir nun eine systematische Behandlung der Aufgabe versuchen; zu dem Ende bezeichnen wir die neun Nummern so, wie das nachstehende Schema angibt:

$$\begin{array}{ccc} e_1 & m_1 & e_2 \\ m_4 & i & m_2 \\ e_4 & m_3 & e_3, \end{array}$$

d. h. die Nummern der vier Eckkegel mit e_1, e_2, e_3, e_4, — die der vier Mittelrandkegel mit m_1, m_2, m_3, m_4, — endlich die des inneren Kegels mit i. Es werde ferner die „Konstante", die sich an jeder der vier Ecken bei der vorgeschriebenen Addition ergibt, mit K bezeichnet (in dem vorstehenden Beispiel der „Anordnung I" war $K = 16$, bei „Anordnung II": $K = 15$). Soll nun unsere obige Anordnung der e_1, e_2, e_3, e_4, m_1, m_2, m_3, m_4, i unseren Bedingungen genügen, so bedeutet dies:

$$(1) \quad m_4 + e_1 + m_1 = K,$$
$$(2) \quad m_1 + e_2 + m_2 = K,$$
$$(3) \quad m_2 + e_3 + m_3 = K,$$
$$(4) \quad m_3 + e_4 + m_4 = K.$$

Durch Addition der Gleichungen (1) und (3) erhält man:

$$e_1 + e_3 = 2K - (m_1 + m_2 + m_3 + m_4)$$

oder, wenn man zur Abkürzung $m_1 + m_2 + m_3 + m_4 = M$ setzt:

$$(5) \quad e_1 + e_3 = 2K - M.$$

Entsprechend ergibt die Addition der Gleichungen (2) und (4):

$$(6) \quad e_2 + e_4 = 2K - M.$$

Somit ist $e_1 + e_3 = e_2 + e_4$ und daher auch:

$$e_1 + i + e_3 = e_2 + i + e_4,$$

d. h.: **Die Summe der Nummern der einen Diagonale ist gleich der Summe der Nummern der anderen Diagonale.**

Nennen wir diese in jeder der beiden Diagonalen sich ergebende Summe D, so stellt sich das zuletzt erhaltene Ergebnis mithin durch die Gleichungen:

$$(7) \quad e_1 + i + e_3 = D$$
$$(8) \quad e_2 + i + e_4 = D$$

dar. Addieren wir nun diese Gleichungen (7) und (8) zu den Gleichungen (1), (2), (3), (4), so kommt auf der linken Seite jede der neun Größen e_1, e_2, e_3, e_4, m_1, m_2, m_3, m_4, i offenbar gerade zweimal vor, und wir erhalten:

$$2\,(e_1 + e_2 + e_3 + e_4 + m_1 + m_2 + m_3 + m_4 + i) = 4\,K + 2\,D.$$

Da nun die neun Größen der Klammer nichts anderes als die Zahlen 1—9, wenn auch in irgendwelcher unregelmäßigen Reihenfolge, sind, so hat der Klammerinhalt den Wert:

$$1 + 2 + 3 + \ldots + 9 = 45,$$

und wir bekommen somit:

$$D + 2\,K = 45,$$

oder

$$(9) \quad D = 45 - 2\,K.$$

Beiläufig bemerkt, zeigt diese Formel, daß die Diagonalensumme stets ungerade sein muß.

Hätten wir nur die Gleichungen (1), (2), (3), (4) oder, was natürlich auf dasselbe hinauskommt, die Gleichungen (5), (6) addiert, so würden wir bekommen haben:

$$e_1 + e_2 + e_3 + e_4 = 4\,K - 2\,M,$$

oder, wenn man die Summe $e_1 + e_2 + e_3 + e_4$ abgekürzt mit E bezeichnet:

$$E = 4\,K - 2\,M$$

oder

$$E + 2\,M = 4\,K.$$

Andererseits ist, wie wir soeben bereits bemerkten:

$$E + M + i = 45,$$

und durch Subtraktion dieser letzten Gleichung von der darüberstehenden ergibt sich:

$$M - i = 4K - 45,$$

d. h.
$$K = \frac{M - i + 45}{4}.$$

Hiernach wird K seinen größten Wert dann und nur dann haben, wenn M den größtmöglichen und zugleich i den kleinstmöglichen Wert hat. Nun kann aber M allerhöchstens $= 9 + 8 + 7 + 6 = 30$ sein, während i mindestens $= 1$ sein muß; hiernach ist der größte Wert, den K allenfalls annehmen könnte, $= \dfrac{30 - 1 + 45}{4}$, und, da für K nur **ganzzahlige** Werte in Betracht kommen, so folgt, daß K höchstens $= 18$ sein kann. Daß aber dieser Wert 18 auch wirklich erreicht werden kann, mag das Beispiel der „Anordnung III":

$$\begin{array}{ccc} 1 & 9 & 2 \\ 8 & 3 & 7 \\ 4 & 6 & 5 \end{array}$$

zeigen, die den Forderungen unserer Aufgabe entspricht, und für die eben $K = 18$ ist.

Seinen kleinsten Wert wird $K = \dfrac{M - i + 45}{4}$ dagegen offenbar dann annehmen, wenn M möglichst klein und zugleich i möglichst groß ist. Nun ist M allermindestens $= 1 + 2 + 3 + 4 = 10$ und i höchstens $= 9$; hiernach wäre der kleinste Wert von $K = \dfrac{10 - 9 + 45}{4}$, und, da nur ganzzahlige Werte in Frage kommen, so folgt, daß K mindestens $= 12$ sein muß. Daß aber dieser Mindestwert von K auch wirklich vorkommt, zeigt das Beispiel der „Anordnung IV":

$$\begin{array}{ccc} 9 & 1 & 8 \\ 2 & 7 & 3 \\ 6 & 4 & 5, \end{array}$$

für die eben $K = 12$ ist. Wir erhalten somit das Resultat, daß K zwischen den Grenzen 12 und 18, mit Einschluß dieser Grenzen, liegt. Bevorzugen wir, um dies Resultat auszusprechen, die Ausdrucksweise der Formel, so dürfen wir mithin schreiben:

$$12 \leq K \leq 18.$$

Subtrahieren wir die Zahlen der „Anordnung III" sämtlich von 10, so erhalten wir nichts anderes als unsere „Anordnung IV", und man erkennt leicht, daß es sich hier um ein allgemeingültiges Prinzip handelt, d. h. daß man in dieser Weise aus einer richtigen Anordnung eine weitere richtige Anordnung herleiten kann, die im allgemeinen von der ersten verschieden sein wird. Bilden nämlich die Größen c_1, c_2, c_3, c_4, m_1, m_2, m_3, m_4, i in der Anordnung:

$$
\begin{array}{ccc}
c_1 & m_1 & c_2 \\
m_4 & i & m_2 \\
c_4 & m_3 & c_3
\end{array}
$$

eine Lösung unserer Aufgabe, so ist auch:

$$
\begin{array}{ccc}
10 - c_1 & 10 - m_1 & 10 - c_2 \\
10 - m_4 & 10 - i & 10 - m_2 \\
10 - c_4 & 10 - m_3 & 10 - c_3
\end{array}
$$

wieder eine Lösung, und zwar eine, die in der Regel von der ersten verschieden ist. Zunächst sind nämlich, wenn die Größen c_1, c_2, c_3, c_4, m_1, m_2, m_3, m_4, i in irgendwelcher Reihenfolge mit den Zahlen 1—9 identisch sind, die Größen $10 - c_1$, $10 - c_2$, $10 - c_3$ usw. offenbar auch wieder nur, wenn auch natürlich in anderer Reihenfolge, die Zahlen 1—9; sodann ist, wenn

$$m_4 + c_1 + m_1 = K$$

ist,

$$(10 - m_4) + (10 - c_1) + (10 - m_1) = 30 - K = K$$

und entsprechend ist es mit den anderen drei Bedingungsgleichungen. Wir sehen somit, daß, wie behauptet, eine Lösung dadurch, daß man alle ihre Zahlen von 10 subtrahiert, wieder in eine Lösung — die „korrespondierende", wie wir sagen wollen, — übergeführt wird, und zwar ist, wenn K die „Konstante" der ersten Lösung ist, die „Konstante" der korrespondierenden Lösung $K' = 30 - K$. Im allgemeinen wird dieses K' natürlich von K verschieden und somit auch die korrespondierende Lösung von der ursprünglichen verschieden sein. Daß beide Lösungen identisch sind, wird jedenfalls höchstens dann vorkommen können, wenn $K = K' = 15$ ist. In der Tat ist die korrespondierende Lösung zu „Anordnung II" die folgende:

$$
\begin{array}{ccc}
9 & 2 & 7 \\
4 & 5 & 6 \\
3 & 8 & 1,
\end{array}
$$

und diese Lösung ist keine andere als die um 180^0 gedrehte „Anordnung II". Da wir zwei solche Anordnungen, deren eine aus der anderen durch eine bloße Drehung hervorgeht, natürlich nicht als wirklich verschieden ansehen, so fällt mithin hier die korrespondierende Lösung mit der ursprünglichen zusammen, jedoch ist dies, wie wir noch sehen werden, der einzige Fall von Koinzidenz dieser Art. Jede andere Lösung liefert nach dem angegebenen Korrespondenzprinzip eine von sich wesentlich verschiedene Lösung; so ist beispielsweise zu „Anordnung I" die korrespondierende Lösung die folgende:

$$
\begin{array}{ccc}
8 & 5 & 6 \\
1 & 7 & 3 \\
4 & 9 & 2,
\end{array}
$$

die von der ursprünglichen wesentlich verschieden ist, wie schon aus der Verschiedenheit der Zahlen des Innern — in dem einen Falle 3, im anderen 7 — erhellt.

Nach diesem Korrespondenzprinzip gibt es nun zu jeder Lösung, deren $K = 12$ ist, eine korrespondierende Lösung mit einem $K' = 18$, und umgekehrt zu jeder Lösung mit einem $K = 18$ eine korrespondierende von $K' = 12$. Hiernach muß die Zahl der Lösungen von der Konstanten 12 ebenso groß sein wie die Zahl derjenigen von der Konstanten 18 und, wenn man die einen ermittelt hat, so hat man damit also auch die anderen. In gleicher Weise entsprechen sich die Gruppen $K = 13$ und $K' = 17$; ebenso weiter $K = 14$ und $K' = 16$. Hiernach darf man sich, wenn man alle Lösungen der Aufgabe feststellen will, offenbar auf die Fälle: $K = 12, 13, 14, 15$, beschränken.

Für einen dieser Fälle, sagen wir: $K = 13$, wollen wir jetzt die Bestimmung aller überhaupt möglichen Lösungen durchführen, um zu zeigen, in welcher Weise man hierbei etwa verfahren kann. Ist $K = 13$, so ist nach (9) $D = 45 - 26 = 19$. Nach der Definition von D bedeutet dies:

$$e_1 + e_3 + i = e_2 + e_4 + i = 19.$$

Da nun der größtmögliche Wert von E, der Summe aller vier e, $= 30$ und andererseits $e_1 + e_3 = e_2 + e_4$ ist, so kann jede dieser beiden unter sich gleichen Summen ($e_1 + e_3$ oder $e_2 + e_4$) allerhöchstens $= 15$ sein; daraus folgt wegen $e_1 + e_3 + i = 19$, daß i mindestens $= 4$ sein muß. Die Fälle $i = 1$; $i = 2$; $i = 3$ können wir also von vornherein außer acht lassen und dürfen vielmehr annehmen, daß i zwischen den Grenzen 9 und 4, und zwar mit Einschluß beider, liegt. Nach diesen verschiedenen Werten von i spaltet sich der Hauptfall nun in eine Reihe von Unterfällen, und zwar beginnen wir mit:

$$1)\ \ i = 9.$$

Alsdann ist wegen $D = 19$:

$$e_1 + e_3 = e_2 + e_4 = 10.$$

Für e_1, e_3 einerseits und e_2, e_4 andererseits kommen dann nur folgende Zahlenpaare in Frage:

$$8,\ 2,$$
$$7,\ 3,$$
$$6,\ 4.$$

Kombinieren wir von diesen drei Paaren zunächst nur die beiden ersten, d. h. *8, 2* und *7, 3*, miteinander! Ohne Beschränkung dürfen wir alsdann annehmen, daß *8*, die größte dieser vier Zahlen, die Ecke oben links, *2* also die diametral gegenüberliegende, d. h. die Ecke unten rechts, einnimmt und *7*, die größere Zahl des zweiten Paares, die Ecke oben rechts, *3* mithin die Ecke unten links, erhält. Wir gehen somit sogleich aus von der Anordnung:

$$\begin{array}{cc} 8 & 7 \\ & 9 & \\ 3 & 2. \end{array}$$

Hätten wir nämlich der Zahl *8* etwa die Ecke oben rechts und demzufolge der *2* die Ecke unten links angewiesen und *7* etwa die Ecke unten rechts und mithin *3* diejenige oben links, so würden wir eine Anordnung erhalten haben, die aus der unseren durch eine Drehung um 90° hervorgeht, also von ihr nur unwesentlich verschieden ist, und ähnlich liegt es bei den anderen Anordnungsmöglichkeiten. Wir werden hinfort also ohne Beschränkung stets, wie hier, annehmen dürfen, daß die größte der vier Eckzahlen die Ecke oben links einnimmt und die größere Zahl des zweiten Paares die Ecke oben rechts. — Soll nun das Gerippe:

$$8 \qquad 7$$
$$9$$
$$3 \qquad 2$$

durch Einfügung der noch disponiblen Zahlen *1, 4, 5, 6* zu einer Lösung unserer Aufgabe von der Konstanten *13*, wie wir es doch anstreben, vervollständigt werden, so ist das, wie man leicht sieht, nur in folgender Weise möglich:

$$8 \quad 1 \quad 7$$
$$4 \quad 9 \quad 5$$
$$3 \quad 6 \quad 2$$

Kombinieren wir zweitens von **unseren** drei obigen Zahlenpaaren

$$8, \, 2,$$
$$7, \, 3,$$
$$6, \, 4$$

das erste und dritte, versuchen wir es also mit der Anordnung:

$$8 \qquad 6$$
$$9$$
$$4 \qquad 2 \, ,$$

so ergibt sich hieraus keine brauchbare Lösung, wie man leicht sieht: Disponibel sind noch die vier ungeraden Zahlen *1, 3, 5, 7*; wie man diese nun aber auch in die Lücken einfügt, so ergibt stets eine (gerade) Eckzahl mit den beiden benachbarten (ungeraden) Zahlen eine gerade Summe, was mit der Forderung $K = 13$ nicht verträglich ist. — Kombinieren wir schließlich von den drei Zahlenpaaren das zweite und dritte, versuchen wir es also mit dem Gerippe:

$$7 \qquad 6$$
$$9$$
$$4 \qquad 3$$

so erhalten wir durch Einfügen der noch freien Zahlen *1, 2, 5, 8*
die Lösung:

$$7 \quad 5 \quad 6$$
$$1 \quad 9 \quad 2$$
$$4 \quad 8 \quad 3$$

und auch nur diese.

Damit ist der Unterfall $i = 9$ erledigt, und wir wenden uns
nun zu:

$$2) \quad i = 8; \; e_1 + e_3 = e_2 + e_4 = 11.$$

Für die *e* kommen dann folgende Zahlenpaare in Frage:

$$9, 2,$$
$$7, 4,$$
$$6, 5.$$

Diese sind wieder, wie zuvor, zu je zweien zu kombinieren,
und zwar liefert die Paarung:

a) *9, 2* und *7, 4* die Lösung:
$$9 \; 1 \; 7$$
$$3 \; 8 \; 5$$
$$4 \; 6 \; 2,$$

b) *9, 2* und *6, 5* die Lösung:
$$9 \; 3 \; 6$$
$$1 \; 8 \; 4$$
$$5 \; 7 \; 2,$$

c) *7, 4* und *6, 5* keine Lösung: die noch disponible Zahl *9*
läßt sich in das Gerippe:

$$7 \qquad 6$$
$$8$$
$$5 \qquad 4$$

nirgends einfügen, da an jeder der vier Ecken eine zu große
Summe (> 13) entstehen würde.

Ist 3) $i = 7$, also $e_1 + e_3 = e_2 + e_4 = 12$, so kommen für
die Größen *c* nur die zwei Zahlenpaare:

$$9, 3$$
$$8, 4$$

in Frage, und das so sich ergebende Gerippe:

$$9 \qquad 8$$
$$7$$
$$4 \qquad 3$$

gestattet keine Fortsetzung: Setzt man von den noch freien Zahlen *1, 2, 5, 6* eine der beiden letzten der *9* an die Seite, so wird die fragliche Summe an dieser Ecke bereits > 13; setzt man aber *1* und *2* an die beiden Seiten von *9*, so ergibt dieses mit ihnen eine zu kleine Summe.

Ist 4) $i = 6$, also $e_1 + e_3 = e_2 + e_4 = 13$, so kommen für die *e* nur die Zahlenpaare:

$$9, 4$$
$$8, 5$$

in Frage, und das so sich ergebende Gerippe:

$$\begin{matrix} 9 & & 8 \\ & 6 & \\ 5 & & 4 \end{matrix}$$

läßt sich auf eine Art zu einer Lösung vervollständigen, nämlich der folgenden:

$$\begin{matrix} 9 & 3 & 8 \\ 1 & 6 & 2 \\ 5 & 7 & 4. \end{matrix}$$

Ist 5) $i = 5$, also $e_1 + e_3 = e_2 + e_4 = 14$, so eignet sich für die *e* nur das eine Zahlenpaar: *8, 6*, womit dieser Fall sogleich als unfruchtbar ausscheidet.

Ist endlich 6) $i = 4$, also $e_1 + e_3 = e_2 + e_4 = 15$, so stehen für die *e* die Zahlenpaare: $9, 6$
$$8, 7$$

zur Verfügung, und wir erhalten eine, und nur eine, Lösung, nämlich die folgende:

$$\begin{matrix} 9 & 3 & 8 \\ 1 & 4 & 2 \\ 7 & 5 & 6. \end{matrix}$$

Damit ist der Fall $K = 13$ restlos erledigt und mit ihm zugleich der korrespondierende Fall $K = 17$. In dieser Weise lassen sich nun alle Fälle behandeln; wir dürfen jedoch darauf verzichten, dies im einzelnen auszuführen und wollen uns darauf beschränken, das Resultat, alle Lösungen unserer Aufgabe also, anzugeben, wobei wir die bereits angegebenen, also auch die für $K = 13$, nochmals im Zusammenhange mit aufführen:

$$K = 12.$$

1) 8 3 7	2) 9 2 7	3) 9 1 8
1 9 2	1 8 3	2 7 3
5 6 4	6 5 4	6 4 5

$$K = 13.$$

4) 8 1 7	5) 7 5 6	6) 9 1 7	7) 9 3 6	8) 9 3 8	9) 9 3 8
4 9 5	1 9 2	3 8 5	1 8 4	1 6 2	1 4 2
3 6 2	4 8 3	4 6 2	5 7 2	5 7 4	7 5 6

$$K = 14.$$

10) 7 3 6	11) 6 1 5	12) 7 6 5	13) 6 7 5	14) 9 3 6
4 9 5	7 9 8	1 8 3	1 8 2	2 7 5
2 8 1	3 4 2	4 9 2	4 9 3	4 8 1

15) 8 5 6	16) 9 1 8	17) 8 5 7	18) 9 4 8	19) 9 1 8
1 7 3	4 6 5	1 6 2	1 3 2	4 2 5
4 9 2	3 7 2	4 9 3	6 7 5	7 3 6

$$K = 15.$$

20) 5 3 4	21) 6 2 4	22) 6 1 5	23) 8 3 7	24) 9 2 7
7 9 8	7 8 9	8 7 9	4 6 5	4 5 6
2 6 1	3 5 1	3 4 2	2 9 1	3 8 1

25) 9 1 8	26) 8 6 7	27) 9 5 7	28) 9 4 8
5 4 6	1 3 2	1 2 3	2 1 3
3 7 2	5 9 4	6 8 4	6 7 5

$$K = 16.$$

10 Lösungen (wie für $K = 14$).

$$K = 17.$$

6 Lösungen (wie für $K = 13$).

$$K = 18.$$

3 Lösungen (wie für $K = 12$).

Insgesamt besitzt unsere Aufgabe somit 47 Lösungen, die wesentlich verschieden sind, d. h. sich nicht durch Drehungen oder Spiegelungen auseinander herleiten lassen. Würde man dagegen alle durch Drehungen und Spiegelungen aus diesen 47 Stammlösungen herleitbaren Stellungen mitzählen, so betrüge die Gesamtzahl der Lösungen $8 \cdot 47 = 376$. Aus irgendeiner

Lösung, z. B. aus Nr. 24, ergeben sich nämlich zunächst durch sukzessive Drehung der Stellung drei weitere, so daß wir also, mit Wiederholung der ursprünglichen Stellung, die folgenden vier haben:

$$
\begin{array}{llll}
\text{a) } 9\ 2\ 7 & \text{b) } 3\ 4\ 9 & \text{c) } 1\ 8\ 3 & \text{d) } 7\ 6\ 1 \\
\phantom{\text{a) }} 4\ 5\ 6 & \phantom{\text{b) }} 8\ 5\ 2 & \phantom{\text{c) }} 6\ 5\ 4 & \phantom{\text{d) }} 2\ 5\ 8 \\
\phantom{\text{a) }} 3\ 8\ 1 & \phantom{\text{b) }} 1\ 6\ 7 & \phantom{\text{c) }} 7\ 2\ 9 & \phantom{\text{d) }} 9\ 4\ 3.
\end{array}
$$

Jede dieser vier Stellungen [1]) liefert sodann durch Spiegelung oder, was dasselbe ist, durch Vertauschung der ersten und letzten Zeile, noch eine weitere, so daß wir außerdem noch erhalten:

$$
\begin{array}{llll}
\text{e) } 3\ 8\ 1 & \text{f) } 1\ 6\ 7 & \text{g) } 7\ 2\ 9 & \text{h) } 9\ 4\ 3 \\
\phantom{\text{e) }} 4\ 5\ 6 & \phantom{\text{f) }} 8\ 5\ 2 & \phantom{\text{g) }} 6\ 5\ 4 & \phantom{\text{h) }} 2\ 5\ 8 \\
\phantom{\text{e) }} 9\ 2\ 7 & \phantom{\text{f) }} 3\ 4\ 9 & \phantom{\text{g) }} 1\ 8\ 3 & \phantom{\text{h) }} 7\ 6\ 1.
\end{array}
$$

Alle weiteren, durch sonstige Spiegelungen oder durch kombinierte Spiegelungen und Drehungen herleitbaren Stellungen sind jedoch unter diesen acht bereits enthalten, wie man sich leicht überzeugt.

Eine besondere Bemerkung verdient noch der Fall $K = 15$: Nimmt man zu Lösung Nr. 20 die korrespondierende, so erhält man:

$$
\begin{array}{ccc}
5 & 7 & 6 \\
3 & 1 & 2 \\
8 & 4 & 9;
\end{array}
$$

das ist aber nichts anderes als unsere um 180^0 gedrehte Lösung Nr. 28. In dieser Weise entsprechen sich nun von den Lösungen des Falles $K = 15$ die folgenden Paare, und zwar wechselseitig:

$$
\begin{array}{l}
\text{Nr. 20 — Nr. 28,} \\
\text{Nr. 21 — Nr. 27,} \\
\text{Nr. 22 — Nr. 26,} \\
\text{Nr. 23 — Nr. 25.}
\end{array}
$$

Dagegen entspricht Lösung Nr. 24 sich selbst, und zwar ist sie, wie oben (S. 12) bereits proleptisch gesagt wurde, die einzige

---

[1]) Von diesen ist übrigens Stellung c uns bereits oben — als Anordnung II" — vorgekommen.

Lösung dieser Art. Daß in der Tat nur diese eine Lösung unserer Liste sich selbst entsprechen kann, erkennt man übrigens auch leicht folgendermaßen: Soll eine Lösung sich selbst entsprechen, also mit ihrer korrespondierenden zusammenfallen, so muß die Zahl i ihres Mittelfeldes der Bedingung genügen: $10 - i = i$; d. h. i muß $= 5$ sein. Nun ist aber unter den Lösungen des Falles $K = 15$, der hier ja allein, wie schon oben — S. 12 — gesagt wurde, in Frage kommt, und übrigens auch unter allen Lösungen überhaupt, Nr. 24 die einzige, die die Zahl 5 in der Mitte aufweist. Wie der Fall $K = 15$ unter den verschiedenen Fällen eine ausgezeichnete Stellung einnimmt, so Nr. 24 wieder unter den Lösungen dieses Falles und damit unter allen Lösungen unserer Aufgabe überhaupt.

Wir sprechen das erhaltene Resultat jetzt so aus: Die Aufgabe besitzt 47 wesentlich verschiedene, d. h. nicht durch Drehungen oder Spiegelungen aus einander herleitbare Lösungen. Diese 47 Lösungen bestehen aus 23 Paaren einander sich wechselseitig entsprechender Lösungen und einer sich selbst entsprechenden.

Übrigens ist Lösung Nr. 24 resp., was dasselbe ist (vgl. die Anm. der vorigen Seite), die obige „Anordnung II" auch, wie schon oben (S. 8) vorläufig bemerkt wurde, die einzige Lösung, die an allen vier Ecken ungerade Zahlen aufweist, während die Lösung Nr. 15 und die ihr korrespondierende („Anordnung I") die einzigen sind, die an allen vier Ecken gerade Zahlen haben. Jede der übrigen 44 Lösungen weist an den Ecken zwei gerade und zwei ungerade Zahlen auf. Soll nämlich die Diagonalensumme, wie stets erforderlich (vgl. S. 9), ungerade sein, so ist dies bei geradzahliger Mittelzahl nur möglich, wenn auf jeder Diagonale die eine Eckzahl gerade, die andere ungerade ist, während bei ungeradzahliger Mittelzahl entweder alle vier Ecken mit geraden (Nr. 15 und korrespondierender Fall: „Anordnung I") oder alle vier Ecken mit ungeraden (Nr. 24) oder schließlich die Eckfelder der einen Diagonale mit geraden, die der anderen mit ungeraden Zahlen besetzt sein müssen.

Derjenige Leser, der mit den sogenannten „magischen Quadraten" vertraut ist, wird übrigens zwischen den Lösungen unseres Falles $K = 15$ und insbesondere der Lösung Nr. 24

einerseits und dem aus den Zahlen 1—9 gebildeten magischen Quadrat andererseits leicht eine gewisse Verwandtschaft bemerken. Dieses magische Quadrat:

$$4 \quad 9 \quad 2$$
$$3 \quad 5 \quad 7$$
$$8 \quad 1 \quad 6$$

weist in jeder seiner drei Horizontalreihen, in jeder seiner drei Vertikalreihen und in jeder seiner beiden Diagonalen ein Zahlentripel von der Summe 15 auf; es sind die **acht** Tripel:

$$1,5,9; \quad 1,6,8; \quad 2,4,9; \quad 2,6,7; \quad 3,4,8; \quad 3,5,7; \quad 2,5,8; \quad 4,5,6.$$

Von diesen acht Tripeln[1]) kommen nun die ersten sechs auch in allen Lösungen unseres Falles $K = 15$ in bedeutsamer Weise vor. Dieser Fall $K = 15$ nimmt nämlich auch insofern eine Sonderstellung ein, als für ihn allein [siehe Gleichung (9)] $D = K$, d. h. Diagonalensumme = Konstante, beides = 15, ist. Infolgedessen weisen diese Anordnungen von $K = 15$ nicht nur an jeder der vier Ecken, sondern zugleich auch in jeder der beiden Diagonalen Zahlentripel von der Summe 15 auf, insgesamt also sechs solche Tripel der gleichen Summe 15, und zwar sind dies gerade diejenigen, die die drei Horizontal- und die drei Vertikalreihen des „magischen Quadrats" bilden. Was die weiteren beiden Zahlentripel von der Summe 15 in dem magischen Quadrat, die der beiden Diagonalen nämlich, betrifft, so kommt wenigstens je eins von diesen Tripeln: 2, 5, 8 und 4, 5, 6, auch in unseren Lösungen Nr. 21, 23, 25, 27, und zwar entweder in der mittleren Horizontalen oder der mittleren Vertikalen, vor. Darüber hinaus weist Lösung Nr. 24, und zwar sie allein, diese beiden Tripel in seinen mittleren Reihen auf und stellt somit die vollkommenste Analogie zu dem magischen Quadrat dar. Das Verhältnis beider — des magischen Quadrats und der Lösung Nr. 24 — können wir etwa so kennzeichnen: Beide stimmen in der Zahl des Mittelfeldes (5) überein, dagegen haben auf dem Rande die geraden und ungeraden Zahlen ihre Plätze miteinander vertauscht: im

---

[1]) Diese acht Tripel sind übrigens, wie man sich leicht überzeugt, die einzigen von der Summe 15, die sich aus den Zahlen 1 bis 9 bilden lassen (vgl. auch meine „Mathem. Spiele", Nr. 170 der Sammlung „Aus Natur und Geisteswelt" 3. Aufl., 1916, S. 68/69).

magischen Quadrat nehmen die geraden Zahlen die Eckfelder, die ungeraden die Mittelrandfelder ein; in **unserer** Anordnung Nr. 24 ist es umgekehrt.

Es sei schließlich noch die Bemerkung gestattet, daß man die Bedingungen unserer Aufgabe noch modifizieren kann, so vor allem in der Weise, daß man den Kegeln andere Nummern als gerade 1—9 gibt. Ich habe jedoch diese Form der Aufgabe nicht weiter geprüft, sondern überlasse dies dem hierfür etwa interessierten Leser.

Kapitel III.

Einige Teilungsaufgaben.

I.

Eine vielfach veränderte und wesentlich erweiterte Neubearbeitung unbestimmten Alters von der Kosmographie Kazwīnīs (1203—1283), jener im islamischen Orient hochberühmten naturwissenschaftlich-geographischen Enzyklopädie dieses „Plinius" der Araber, enthält in einem Kapitel über die Rechenkunst neben anderen die folgende Aufgabe, die zwar arabischen Ursprungs sein wird, sich aber auch in zahlreichen abendländischen Sammlungen der älteren wie auch noch der neuesten Zeit findet und die gewiß manchem Leser dieses Buches in dieser oder jener Form in einer der in den Schulen gebräuchlichen arithmetischen Aufgabensammlungen, wie Heis, Bardey usw., bereits entgegengetreten ist: *Es waren einmal zwei Männer; der eine von ihnen hatte drei Brote und der andere zwei. Diese wollten sie essen, da kam ein dritter Mann und aß mit ihnen. Hierauf hinterließ er ihnen 5 Dirhem und sagte: „Dies zwischen euch nach dem Maß dessen, was ich von eurem Brot gegessen habe." Da sagte der Besitzer der beiden Brote: „Mir zwei Dirhem und der Rest dir!" Da gingen sie zurück zu den Leuten des Brotes, und diese sagten: „Dem Besitzer der drei Brote vier Dirhem und dem Besitzer der zwei einen!"* [1])

---

[1]) Siehe Julius Ruska, „Kazwīnīstudien", Der Islam, 4. Jahrg., 1913, S. 252/53; ebendort S. 253/54, nach Mitteilungen von G. Eneström und H. Wieleitner, einige Angaben über das Vorkommen der Aufgabe in der abendländischen Literatur.

Stillschweigende Voraussetzung ist natürlich, daß alle drei Männer gleich viel von den Broten aßen, d. h. jeder $5/3$ Brot. Dann hat also der erste Mann zu der Speisung des dritten $3 - 5/3 = 4/3$ Brote beigesteuert und der zweite Mann ebendafür $2 - 5/3 = 1/3$ Brot. Mithin ist die Entscheidung, daß der erste Mann 4 Dirhem und der zweite einen Dirhem erhält, durchaus richtig.

Eine verwandte Aufgabe ist die folgende[1]): *Die Beleuchtung eines Hauses kostet innerhalb einer gewissen Zeit 48 Mk., und diese Summe verteilt sich gleichmäßig auf die vier Stockwerke des Hauses (ein Bodenraum ist nicht vorhanden bzw. wird nicht beleuchtet). Die vier das Haus bewohnenden Parteien sollen nun die Kosten der Beleuchtung aufbringen, und zwar nach Maßgabe des Teils der Treppenbeleuchtung, der ihnen zugute kommt.*

Neben dem besonderen Falle der vier Stockwerke und der auf vier Mieter zu repartierenden 48 Mk. Kosten wollen wir sogleich den allgemeinen Fall: s Stockwerke und n Mark Kosten, erörtern. — Verteilt sich die Beleuchtung, wie unsere Aufgabe ja angibt, auf alle Stockwerke gleichmäßig, so entfällt auf jedes der vier Stockwerke der Betrag von $48/4 = 12$ Mk., allgemein der von $\dfrac{n}{s}$ Mk. Die Beleuchtung des untersten Stockwerkes kommt nun allen vier Parteien in gleicher Weise zustatten; jede von ihnen hat also hiervon den vierten Teil zu tragen, d. h. 3 Mk., allgemein $\dfrac{n}{s^2}$ Mk., und offenbar erschöpft sich hiermit die Beitragspflicht des Mieters, der das unterste Stockwerk bewohnt, bereits. Die 12 Mk. Kosten für die Beleuchtung des zweituntersten Stockwerks werden nur noch auf drei Mieter zu verteilen sein, deren jeder somit hiervon 4 Mk., im allgemeinen Falle $\dfrac{n}{s(s-1)}$ Mk., zu übernehmen hat. Die 12 Mk. für das drittunterste Stockwerk verteilen sich nur noch auf zwei Parteien; auf jede entfallen somit 6 Mk., im allgemeinen Falle $\dfrac{n}{s(s-2)}$ Mk. Schließlich die letzten 12 Mk. hat die Partei des

---

[1]) Siehe Clemens Rudolph Ritter v. Schinnern, „Ein Dutzend mathematischer Betrachtungen" (Wien 1826), S. 14—16.

obersten Stockwerkes allein zu tragen. Nennt man die Mieter, von unten nach oben gerechnet, A, B, C, D, so fallen ihnen also folgende Kosten zur Last:

$$A: 3 \text{ Mk.}$$
$$B: 3 + 4 = 7 \text{ Mk.}$$
$$C: 3 + 4 + 6 = 13 \text{ Mk.}$$
$$D: 3 + 4 + 6 + 12 = 25 \text{ Mk.}$$

Im allgemeinen Falle ergeben sich folgende Beträge: Für $A: \dfrac{n}{s^2}$ Mk.;

$$B: \frac{n}{s^2} + \frac{n}{s(s-1)} \text{ Mk.}; \quad C: \frac{n}{s^2} + \frac{n}{s(s-1)} + \frac{n}{s(s-2)} \text{ Mk.};$$

$$D: \frac{n}{s^2} + \frac{n}{s(s-1)} + \frac{n}{s(s-2)} + \frac{n}{s(s-3)} \text{ Mk. usw.}$$

II.

In der Sammlung der „Aufgaben zur Verstandesschärfung", der „Propositiones ad acuendos iuvenes", die dem Alcuin, dem Freund und Lehrer Karls des Großen, zugeschrieben werden, findet sich folgende Aufgabe [1]): *Ein Sterbender macht ein Testament und vermacht sein gesamtes Erbe seiner Frau und dem Kinde, das diese zu jener Zeit unter ihrem Herzen trägt; dabei bestimmt er, daß, wenn das zu erwartende Kind ein Sohn ist, dieser* $^3/_4$ *und die Witwe* $^1/_4$ *des Erbes haben soll; ist das Kind aber eine Tochter, so soll diese* $^7/_{12}$ *und die Witwe* $^5/_{12}$ *des Erbes erhalten. Nun werden Zwillinge geboren, und zwar Knabe und Mädchen; wie ist da die Erbteilung zu bewirken?*

Der Sammler der „Aufgaben zur Verstandesschärfung", vermutlich aber nicht Alcuin oder ihr sonstiger Verfasser, löst die Aufgabe so: Um Mutter und Sohn zu befriedigen, sind 12 Teile erforderlich: 9 für den Sohn, 3 für die Mutter, und für Mutter

---

[1]) Siehe „Beati Flacci Albini seu Alcuini Abbatis Opera, ed. Frobenius, Tomi secundi volumen secundum (Ratisbonae 1777), p. 445: XXXV. Propositio. „De obitu cujusdam Patrisfamilias". Siehe auch M. Cantor, „Vorlesungen über Geschichte der Mathematik", Bd. I (3. Aufl., Leipzig 1907), S. 838. Für das Vorkommen der Aufgabe in späteren deutschen Rechenbüchern verweise ich auf E. Rath, „Über einen deutschen Algorismus aus dem Jahr 1488", Bibl. mathem. (3) 14, 1914, S. 247.

und Tochter sind es gleichfalls 12, zusammen also 24 Teile. Von diesen 24 Teilen erhält nach dem ersten Teil der Testamentsbestimmung der Sohn 9, die Witwe 3 Teile und nach dem zweiten Teil des Testaments die Tochter 7, die Witwe 5 Teile. So erhält die Witwe im ganzen $3 + 5 = 8$ Teile, und die Verteilung des Erbes erfolgt mithin so:

$$\text{Sohn: } {}^{9}/_{24}; \quad \text{Witwe: } {}^{8}/_{24}; \quad \text{Tochter: } {}^{7}/_{24}.$$

Die Verteilung ist insofern nicht ganz ungerecht, als alle drei Erben ungefähr gleich viel erhalten. Doch es handelt sich hier nicht um ausgleichende „Gerechtigkeit", sondern vielmehr um die Durchführung der letztwilligen Verfügung des Erblassers. Würde die angegebene Teilung seinem Willen entsprechen? Schwerlich! Nach seinem Willen sollte die Witwe nicht nur hinter dem Sohn, sondern auch hinter der Tochter zurückstehen, während sie hier der Tochter sogar vorgeht. Hinter dem Sohn sollte die Witwe sogar ganz erheblich zurückstehen, nämlich nur ein Erbe gleich einem Drittel desjenigen des Sohnes erhalten. Hier dagegen erhält sie nahezu ebensoviel wie der Sohn. Beide Kinder zusammen bekommen hier nur doppelt soviel wie die Mutter, während nach dem Willen des Erblassers allein der Sohn dreimal soviel als die Mutter erben sollte. Daß der Wille des Erblassers dahin gegangen sein sollte, Sohn und Tochter zusammen schlechter zu stellen als einen Sohn allein, ist nicht anzunehmen. So ist also die angegebene Lösung jedenfalls als verfehlt anzusehen, und römische Juristen, die bereits dieselbe Aufgabe, wenn auch mit anderen Zahlenverhältnissen, behandelt hatten, geben denn auch eine ganz andere Lösung. In der dort erörterten Form hat das Testament die folgende Fassung [1]): „*Wenn mir ein Sohn geboren wird, so soll dieser* ${}^{2}/_{3}$ *und meine Frau* ${}^{1}/_{3}$ *des Vermögens haben; wird mir aber eine Tochter geboren werden, so soll diese* ${}^{1}/_{3}$ *und meine Frau* ${}^{2}/_{3}$ *erben.*" Für den im Testament nicht vorgesehenen Fall, daß Knabe und Mädchen geboren werden, wäre nun nach den Bestimmungen des Rechts das Testament als ungültig, als nicht vorhanden, zu erachten, und alsdann würden nach römischem Recht allein die Kinder geerbt haben, die Witwe also ganz leer ausgegangen sein. Da jedoch nach den Bestimmungen des Erblassers die Witwe unzweifelhaft, und zwar sowohl neben einer

---

[1]) Siehe Cantor, a. a. O. S. 562.

Tochter wie neben einem Sohn, erben sollte, so verfielen die Juristen auf folgende Lösung: *Da der Sohn doppelt soviel als die Mutter, diese aber doppelt soviel als die Tochter erhalten soll, so ist das Erbe in 7 Teile zu teilen, von denen der Sohn 4, die Mutter 2, die Tochter 1 Teil erhält.*

Unter Anwendung dieses Vernunftgrundsatzes würde sich für den früheren (ersten) Fall die Lösung folgendermaßen gestalten: Bezeichnen wir den Erbteil des Sohnes, der Tochter, der Witwe bzw. kurz mit S, T, W, so drücken sich die Bestimmungen des Erblassers so aus:

$$S : W = 3 : 1,$$
$$T : W = 7 : 5,$$

Diese Proportionen, von denen die erste natürlich so geschrieben werden kann: $S : W = 15 : 5$, lassen sich zusammenfassen zu der einen fortlaufenden $S : T : W = 15 : 7 : 5$, und man sieht, daß das Erbe in 27 Teile zu teilen ist, und daß hiervon erhalten:

$$S: {}^{15}/_{27} = {}^{5}/_{9}$$
$$T: {}^{7}/_{27}$$
$$W: {}^{5}/_{27}.$$

Ob freilich der Erblasser, wenn er an die Möglichkeit einer Zwillingsgeburt gedacht hätte, für diesen Fall gerade die hier angegebene Erbteilung festgesetzt hätte, ist natürlich schwer zu sagen und darf sogar mit einem gewissen Rechte bezweifelt werden. Nehmen wir beispielsweise den, wie es scheint, in den römischen Rechtsquellen und auch sonst gar nicht erörterten Fall, daß zwei männliche Zwillinge geboren werden, so würde sich für das Testament, das die römischen Juristen erörtern, d. h. für den Fall $S : W = 2 : 1$, nach dem von ihnen angewandten Prinzip das Resultat ergeben, daß jeder der beiden Knaben $^2/_5$ des Erbes und die Witwe nur $^1/_5$ erhält. Nach modernem Empfinden, das freilich nicht maßgeblich sein kann, wären wir geneigt anzunehmen, daß der Erblasser seine Witwe so stark nicht beschränkt haben würde, wenn er an diese Zwillingsgeburt gedacht hätte, und bei Geburt von männlichen Drillingen würde sich für die Witwe gar nur $^1/_7$ des Erbes ergeben! Andererseits kommt die Witwe, wie nicht übersehen werden soll und darf, hierbei immer noch besser fort, als wenn das Testament annulliert würde und sie ganz leer ausginge.

III.

In alten Rechenbüchern des 15. Jahrhunderts findet sich folgende Aufgabe[1]): *Ein Mann gibt von einer gewissen Summe Geldes seinem ersten Sohn 1 Gulden und $\frac{1}{9}$ des Restes, dem zweiten 2 Gulden und $\frac{1}{9}$ des Restes, dem dritten 3 Gulden und $\frac{1}{9}$ des Restes usw. Die Geldsumme wird in dieser Weise restlos verteilt, und zwar erhalten alle Söhne gleich viel. Wieviel Gulden und wieviel Söhne waren es?*

Die Lösung lautet: 64 Gulden und 8 Söhne. In der Tat erhält alsdann

der erste 1 Gulden $+\ \dfrac{63}{9}$ Gulden, zusammen 8 Gulden;

„ zweite 2 „ $+\ \dfrac{64-10}{9}$ „ , „ 8 „ ;

„ dritte 3 „ $+\ \dfrac{64-19}{9}$ „ , „ 8 „ ;

„ vierte 4 „ $+\ \dfrac{64-28}{9}$ „ , „ 8 „ usw.

Um einen Einblick in die hier in Betracht kommenden Zahlenverhältnisse zu erhalten, nehmen wir eine allgemeinere Fassung der Aufgabe an: Es seien im ganzen a Gulden und der erste Sohn erhalte 1 Gulden und $\dfrac{1}{m}$ des Restes, der zweite 2 Gulden und $\dfrac{1}{m}$ des Restes usw. — Der erste Sohn bekommt dann $1+\dfrac{a-1}{m}$ Gulden und der zweite $2+\dfrac{R}{m}$ Gulden, wo R der

---

[1]) Ich verweise hierfür auf die schon zitierte Veröffentlichung von E. Rath, „Über einen deutschen Algorismus aus dem Jahr 1488“, Bibl. mathem. (3) 14, 1914, S. 247 (Zeile 12 v. o. soll es statt „7“ jedenfalls „8“ heißen); dort Hinweis auf ähnliche Aufgaben des Algorismus Ratisponensis (Mitte des 15. Jahrh.) und der vermutlich von dem Franzosen Nicolas Chuquet herrührenden Sammlung von 1484. — Aus der neueren Literatur nenne ich um ihres berühmten Verfassers willen nur die „Vollständige Anleitung zur Algebra“ von Leonhard Euler, 2. Teil, I. Abschnitt, 3. Cap., § 42; siehe beispielsweise die von Joh. Phil. Grüson besorgte Ausgabe von 1797, S. 26—27 oder Leonhardi Euleri Opera omnia, Series prima, vol. I, Leipzig 1911, p. 226—228.

Rest ist, der nach Fortnahme des Anteils des ersten Sohnes und der 2 Gulden des zweiten Sohnes noch verbleibt. Sollen beide nun gleich viel erhalten, so muß also, da $R = a - \left(3 + \dfrac{a-1}{m}\right)$ ist,

$$1 + \frac{a-1}{m} = 2 + \frac{a - \left(3 + \dfrac{a-1}{m}\right)}{m} \text{ sein;}$$

diese Gleichung ergibt: $a - 1 = m + a - 3 - \dfrac{a-1}{m}$

oder : $\qquad\qquad m\,(m-2) = a - 1$

d. h. : $\qquad\qquad\qquad a = (m-1)^2$

Diese Beziehung zwischen a und m gewährleistet uns also, daß die beiden ersten Söhne gleich viel erhalten, und es fragt sich nur noch, ob bei Fortsetzung des angegebenen Teilverfahrens auch der dritte und die weiteren Söhne ebensoviel erhalten wie der erste oder der zweite. Ist $a = (m-1)^2$, so bekommt der erste Sohn: $1 + \dfrac{m^2 - 2m}{m} = m - 1$ Gulden; der zweite: $2 + \dfrac{m^2 - 3m}{m} = m - 1$ Gulden; der dritte: $3 + \dfrac{m^2 - 4m}{m} = m - 1$ Gulden. Nehmen wir nun an, daß die ersten k Söhne in dieser Weise jeder $m - 1$ Gulden erhalten haben, so würde der $(k+1)$te bekommen: $k + 1 + \dfrac{R}{m}$, wo R der Rest ist, der nach Fortnahme der Anteile der k ersten Söhne und der $(k+1)$ ersten Gulden des $(k+1)$ten Sohnes verbleibt. Dieses R ist mithin $= (m-1)^2 - k\,(m-1) - (k+1)$ zu setzen, ein Ausdruck, der sich auf $m^2 - 2m - km$ reduziert. Danach beträgt der Anteil des $(k+1)$ten Sohnes:

$$k + 1 + \frac{m^2 - 2m - km}{m} = m - 1 \text{ Gulden.}$$

Der $(k+1)$te Sohn erhält mithin ebensoviel wie jeder der ersten k, und damit ist also dargetan, daß unser Teilungsverfahren lauter gleiche Anteile liefert. Die Zahl der Söhne darf und muß also, da jeder $m - 1$ Gulden erhält und die zu verteilende Summe $(m-1)^2$ Gulden beträgt, $= m - 1$ sein. In dem speziellen Falle, von dem wir ausgingen, war $m = 9$; die Zahl der Söhne mußte mithin $m - 1 = 8$, die der Gulden $(m - 1)^2 = 64$ sein.

IV.

In Bachets „Problèmes plaisants et délectables qui se font par les nombres“ [1]) und anderen ähnlichen Werken findet sich folgende Aufgabe: *Drei Männer haben 21 gleich große Tonnen zu teilen, von denen 7 voll Wein, 7 halb voll Wein und 7 leer sind. Wie ist die Teilung zu bewirken, wenn alle drei Männer eine gleiche Menge Wein und auch die gleiche Anzahl Tonnen erhalten sollen?*

Da jeder der drei Männer zwar 7 Tonnen, aber nur den Weininhalt von $3\frac{1}{2}$ Tonnen bekommen soll, so muß die Anzahl der halbvollen Tonnen, die der einzelne erhält, jedenfalls ungerade sein; denn sowohl dann, wenn einer der drei Männer eine gerade Anzahl halbvoller Tonnen bekäme, wie auch wenn er gar keine halbvolle Tonne erhielte, würde sich für ihn eine Weinmenge ergeben, die gleich dem Inhalt einer g a n z e n Anzahl von Tonnen ist. Es handelt sich also darum, die Anzahl 7 der halbvollen Tonnen in drei ungerade Summanden zu zerspalten, und hierfür gibt es nur zwei wesentlich verschiedene Möglichkeiten, nämlich a) 5, 1, 1; b) 3, 3, 1. Erhält nun einer der Männer beispielsweise 3 halbvolle Tonnen, so müssen von den übrigen 4 Tonnen, die er bekommt, 2 voll und 2 leer sein, und überhaupt müssen die vollen und leeren Tonnen immer in g l e i c h e r Anzahl an den einzelnen verteilt werden. Ein Paar, bestehend aus einer vollen und einer leeren Tonne, ist nämlich offenbar äquivalent zwei halbvollen Tonnen, sowohl nach Tonnenanzahl wie nach Weinmenge, und den Forderungen unserer Aufgabe wäre ja vollständig und auf das einfachste genügt, wenn jeder der drei Männer 7 halbvolle Tonnen bekäme. So viele halbvolle Tonnen stehen ja nun aber nicht zur Verfügung; jeder kann und muß davon eine geringere und zwar eine ungerade Anzahl (1, 3, 5) erhalten, und an die Stelle der übrigen halbvollen Tonnen muß eben paar-

---

[1]) Erste Ausgabe (Lyon 1612), p. 161 ff.; Ausgabe von 1879, besorgt von A. Labosne, p. 168 ff. Bachet verweist übrigens für diese Aufgabe auf Tartaglia, „premiere partie, livre 16. q. 130“; gemeint ist offenbar, ohne daß ich dies jedoch zurzeit nachprüfen konnte, „La prima parte del General Trattato di numeri, et misure di Niccolò Tartaglia“, Vinegia 1556, Libro XVI.

weise je eine volle 'und eine leere Tonne treten. Hiernach bekommen wir, wenn wir die drei Männer mit A, B, C, die vollen Tonnen mit T_1, die halbvollen mit $T_{1/2}$, die leeren mit T_0 bebezeichnen, die folgenden beiden Lösungen:

I.   A: $5\,T_{1/2}$, $1\,T_1$, $1\,T_0$;   II.   A: $3\,T_{1/2}$, $2\,T_1$, $2\,T_0$;
      B: $1\,T_{1/2}$, $3\,T_1$, $3\,T_0$;   B: $3\,T_{1/2}$, $2\,T_1$, $2\,T_0$;
      C: $1\,T_{1/2}$, $3\,T_1$, $3\,T_0$.   C: $1\,T_{1/2}$, $3\,T_1$, $3\,T_0$.

Natürlich können die A, B, C beliebig unter sich vertauscht werden, doch werden wir darin selbstredend keine wesentlich verschiedenen Lösungen sehen, und in diesem Sinne besitzt unsere Aufgabe überhaupt nur zwei wesentlich verschiedene Lösungen, eben I und II.

Ist die Anzahl der Tonnen 15, von denen 5 ganz voll, 5 halbvoll und 5 leer sind, so gilt bei entsprechend gestellter Aufgabe wieder, daß jeder der drei Männer eine ungerade Anzahl halbvoller Tonnen erhalten muß, und es ergibt sich somit als einzige Lösung:

$$A: 3\,T_{1/2},\; 1\,T_1,\; 1\,T_0;$$
$$B: 1\,T_{1/2},\; 2\,T_1,\; 2\,T_0;$$
$$C: 1\,T_{1/2},\; 2\,T_1,\; 2\,T_0.$$

Haben wir 27 Tonnen, von denen 9 voll, 9 halbvoll und 9 leer sind, so ergeben sich drei wesentlich verschiedene Lösungen, nämlich die folgenden [1]:

I. A: $7\,T_{1/2}$, $1\,T_1$, $1\,T_0$;   II.   A: $5\,T_{1/2}$, $2\,T_1$, $2\,T_0$;
    B: $1\,T_{1/2}$, $4\,T_1$, $4\,T_0$;   B: $3\,T_{1/2}$, $3\,T_1$, $3\,T_0$;
    C: $1\,T_{1/2}$, $4\,T_1$, $4\,T_0$.   C: $1\,T_{1/2}$, $4\,T_1$, $4\,T_0$.

III.   A: $3\,T_{1/2}$, $3\,T_1$, $3\,T_0$;
       B: $3\,T_{1/2}$, $3\,T_1$, $3\,T_0$;
       C: $3\,T_{1/2}$, $3\,T_1$, $3\,T_0$.

Nach diesen Beispielen, in denen die Tonnenzahl ungerade war, noch einige mit gerader Tonnenzahl! Natürlich gilt jetzt, wenn beispielsweise 18 Tonnen, davon 6 voll, 6 halbvoll, 6 leer, zu verteilen sind, nicht mehr das Postulat, daß jeder der drei Männer eine u n g e r a d e Anzahl halbvoller Tonnen erhält. Vielmehr muß jeder, da er insgesamt 6 Tonnen und den Wein-

---

[1] Diese Lösungen richtig bei B a c h e t (Ausgabe von 1612), p. 163.

gehalt von $3 = {}^6/_2$ Tonnen zu beanspruchen hat, eine g e r a d e Anzahl halbvoller Tonnen, eventuell gar keine, erhalten und im übrigen ebenso viele volle wie leere. Hiernach ergeben sich folgende drei Lösungen:

I. A: $6\,T\frac{1}{2}$, $0\,T_1$, $0\,T_0$:   II. A: $4\,T\frac{1}{2}$, $1\,T_1$, $1\,T_0$;
     B: $0\,T\frac{1}{2}$, $3\,T_1$, $3\,T_0$;   B: $2\,T\frac{1}{2}$, $2\,T_1$, $2\,T_0$;
     C: $0\,T\frac{1}{2}$, $3\,T_1$, $3\,T_0$.   C: $0\,T\frac{1}{2}$, $3\,T_1$, $3\,T_0$.

         III. A: $2\,T\frac{1}{2}$, $2\,T_1$, $2\,T_0$;
              B: $2\,T\frac{1}{2}$, $2\,T_1$, $2\,T_0$;
              C: $2\,T\frac{1}{2}$, $2\,T_1$, $2\,T_0$.

Im Falle von 24 Tonnen ergeben sich folgende vier Lösungen:

I. A: $8\,T\frac{1}{2}$, $0\,T_1$, $0\,T_0$;   II. A: $6\,T\frac{1}{2}$, $1\,T_1$, $1\,T_0$;
     B: $0\,T\frac{1}{2}$, $4\,T_1$, $4\,T_0$;   B: $2\,T\frac{1}{2}$, $3\,T_1$, $3\,T_0$;
     C: $0\,T\frac{1}{2}$, $4\,T_1$, $4\,T_0$.   C: $0\,T\frac{1}{2}$, $4\,T_1$, $4\,T_0$.

III. A: $4\,T\frac{1}{2}$, $2\,T_1$, $2\,T_0$;   IV. A: $4\,T\frac{1}{2}$, $2\,T_1$, $2\,T_0$;
      B: $4\,T\frac{1}{2}$, $2\,T_1$, $2\,T_0$;   B: $2\,T\frac{1}{2}$, $3\,T_1$, $3\,T_0$;
      C: $0\,T\frac{1}{2}$, $4\,T_1$, $4\,T_0$.   C: $2\,T\frac{1}{2}$, $3\,T_1$, $3\,T_0$.

Bei 30 Tonnen erhält man die folgenden Lösungen:

I. A: $10\,T\frac{1}{2}$, $0\,T_1$, $0\,T_0$;   II. A: $8\,T\frac{1}{2}$, $1\,T_1$, $1\,T_0$;
     B: $0\,T\frac{1}{2}$, $5\,T_1$, $5\,T_0$;   B: $2\,T\frac{1}{2}$, $4\,T_1$, $4\,T_0$;
     C: $0\,T\frac{1}{2}$, $5\,T_1$, $5\,T_0$.   C: $0\,T\frac{1}{2}$, $5\,T_1$, $5\,T_0$.

III. A: $6\,T\frac{1}{2}$, $2\,T_1$, $2\,T_0$;   IV. A: $6\,T\frac{1}{2}$, $2\,T_1$, $2\,T_0$;
      B: $4\,T\frac{1}{2}$, $3\,T_1$, $3\,T_0$;   B: $2\,T\frac{1}{2}$, $4\,T_1$, $4\,T_0$;
      C: $0\,T\frac{1}{2}$, $5\,T_1$, $5\,T_0$.   C: $2\,T\frac{1}{2}$, $4\,T_1$, $4\,T_0$.

        V. A: $4\,T\frac{1}{2}$, $3\,T_1$, $3\,T_0$:
            B: $4\,T\frac{1}{2}$, $3\,T_1$, $3\,T_0$;
            C: $2\,T\frac{1}{2}$, $4\,T_1$, $4\,T_0$.

Sollen 24 Tonnen, von denen wieder 8 voll, 8 halbvoll, 8 leer sein mögen, etwa *unter vier Personen* verteilt werden, so erhält jede der vier Personen natürlich 6 Tonnen und eine Weinmenge von $3 = {}^6/_2$ Tonnen. Die halbvollen Tonnen sind daher auch jetzt nur paarweise, d. h. in gerader Anzahl, zusammenzunehmen, und es ergeben sich somit die folgenden vier verschiedenen Lösungen [1]):

---

[1] Die Lösung, die B a c h e t (Ausgabe von 1612, p. 163/64) für

I.   A: $6\,T_{1/2},\ 0\,T_1,\ 0\,T_0$;   II.   A: $4\,T_{1/2},\ 1\,T_1,\ 1\,T_0$;
     B: $2\,T_{1/2},\ 2\,T_1,\ 2\,T_0$;   B: $4\,T_{1/2},\ 1\,T_1,\ 1\,T_0$;
     C: $0\,T_{1/2},\ 3\,T_1,\ 3\,T_0$;   C: $0\,T_{1/2},\ 3\,T_1,\ 3\,T_0$;
     D: $0\,T_{1/2},\ 3\,T_1,\ 3\,T_0$.   D: $0\,T_{1/2},\ 3\,T_1,\ 3\,T_0$.

III. A: $4\,T_{1/2},\ 1\,T_1,\ 1\,T_0$;   IV.   A: $2\,T_{1/2},\ 2\,T_1,\ 2\,T_0$;
      B: $2\,T_{1/2},\ 2\,T_1,\ 2\,T_0$;   B: $2\,T_{1/2},\ 2\,T_1,\ 2\,T_0$;
      C: $2\,T_{1/2},\ 2\,T_1,\ 2\,T_0$;   C: $2\,T_{1/2},\ 2\,T_1,\ 2\,T_0$;
      D: $0\,T_{1/2},\ 3\,T_1,\ 3\,T_0$.   D: $2\,T_{1/2},\ 2\,T_1,\ 2\,T_0$.

Sollen die 24 Tonnen *unter sechs Personen* verteilt werden, so
daß jede Person also 4 Tonnen und den Weingehalt von
$2 = \tfrac{4}{2}$ Tonnen empfängt, so ergeben sich die folgenden drei
Lösungen:

I.   A: $4\,T_{1/2},\ 0\,T_1,\ 0\,T_0$;   II.   A: $4\,T_{1/2},\ 0\,T_1,\ 0\,T_0$;
     B: $4\,T_{1/2},\ 0\,T_1,\ 0\,T_0$;   B: $2\,T_{1/2},\ 1\,T_1,\ 1\,T_0$;
     C: $0\,T_{1/2},\ 2\,T_1,\ 2\,T_0$;   C: $2\,T_{1/2},\ 1\,T_1,\ 1\,T_0$;
     D: $0\,T_{1/2},\ 2\,T_1,\ 2\,T_0$;   D: $0\,T_{1/2},\ 2\,T_1,\ 2\,T_0$;
     E: $0\,T_{1/2},\ 2\,T_1,\ 2\,T_0$;   E: $0\,T_{1/2},\ 2\,T_1,\ 2\,T_0$;
     F: $0\,T_{1/2},\ 2\,T_1,\ 2\,T_0$.   F: $0\,T_{1/2},\ 2\,T_1,\ 2\,T_0$.

III. A: $2\,T_{1/2},\ 1\,T_1,\ 1\,T_0$;
      B: $2\,T_{1/2},\ 1\,T_1,\ 1\,T_0$;
      C: $2\,T_{1/2},\ 1\,T_1,\ 1\,T_0$;
      D: $2\,T_{1/2},\ 1\,T_1,\ 1\,T_0$;
      E: $0\,T_{1/2},\ 2\,T_1,\ 2\,T_0$;
      F: $0\,T_{1/2},\ 2\,T_1,\ 2\,T_0$.

Sind von den **24** Tonnen *8 leer, 11 voll* und *5 halbvoll* und
soll wieder *unter drei Personen* geteilt werden, so daß also jede
Person 8 Tonnen und die Weinmenge von $\tfrac{9}{2}$ Tonnen bekommt,
so muß jedem eine ungerade Anzahl halbvoller Tonnen zugesprochen werden. Es ist somit 5 in drei ungerade Summanden:
$3 + 1 + 1$, zu zerlegen, und wir erhalten als einzige Lösung:

A: $3\,T_{1/2},\ 3\,T_1,\ 2\,T_0$;
B: $1\,T_{1/2},\ 4\,T_1,\ 3\,T_0$;
C: $1\,T_{1/2},\ 4\,T_1,\ 3\,T_0$.

diesen Fall gibt, ist weder, wie er will, die einzige, noch ist sie überhaupt richtig (die Aufgabe nimmt an das Vorhandensein von acht halbvollen Tonnen, B a c h e t verteilt aber deren zwölf).

Sind von den 24 Tonnen *8 leer, 5 voll und 11 halbvoll* und soll gleichfalls unter drei Personen geteilt werden[1]), so daß jede Person 8 Tonnen und eine Weinmenge von $^7/_2$ Tonnen empfängt, so muß wiederum jeder Person eine ungerade Anzahl halbvoller Tonnen zuerteilt, mithin 11 in drei ungerade Summanden $\leqq 7$ zerlegt werden: *7 + 3 + 1* oder *5 + 5 + 1* oder *5 + 3 + 3*. Hiernach erhält man folgende Lösungen:

I. A: *7 $T_{1/2}$, 0 T_1, 1 T_0*;   II. A: *5 $T_{1/2}$, 1 T_1, 2 T_0*;
    B: *3 $T_{1/2}$, 2 T_1, 3 T_0*;   B: *5 $T_{1/2}$, 1 T_1, 2 T_0*;
    C: *1 $T_{1/2}$, 3 T_1, 4 T_0*.   C: *1 $T_{1/2}$, 3 T_1, 4 T_0*.

III. A: *5 $T_{1/2}$, 1 T_1, 2 T_0*;
    B: *3 $T_{1/2}$, 2 T_1, 3 T_0*;
    C: *3 $T_{1/2}$, 2 T_1, 3 T_0*.

Sind von den 24 Tonnen *wieder 8 leer, dagegen 4 voll und 12 halbvoll* und sollen Tonnen und Wein *unter vier Personen* geteilt werden, so daß jede Person 6 Tonnen und eine Weinmenge von $^5/_2$ Tonnen erhält, so handelt es sich also darum, 12, die Anzahl der halbvollen Tonnen, in **vier** ungerade Summanden $\leqq 5$ zu zerlegen, wofür es offenbar nur folgende Möglichkeiten gibt: I. *5 + 5 + 1 + 1*; II. *5 + 3 + 3 + 1*; III. *3 + 3 + 3 + 3*. Die ihnen entsprechenden Teilungen sind:

I. A: *5 $T_{1/2}$, 0 T_1, 1 T_0*;   II. A: *5 $T_{1/2}$, 0 T_1, 1 T_0*;
    B: *5 $T_{1/2}$, 0 T_1, 1 T_0*;   B: *3 $T_{1/2}$, 1 T_1, 2 T_0*;
    C: *1 $T_{1/2}$, 2 T_1, 3 T_0*;   C: *3 $T_{1/2}$, 1 T_1, 2 T_0*;
    D: *1 $T_{1/2}$, 2 T_1, 3 T_0*.   D: *1 $T_{1/2}$, 2 T_1, 3 T_0*.

III. A: *3 $T_{1/2}$, 1 T_1, 2 T_0*;
    B: *3 $T_{1/2}$, 1 T_1, 2 T_0*;
    C: *3 $T_{1/2}$, 1 T_1, 2 T_0*;
    D: *3 $T_{1/2}$, 1 T_1, 2 T_0*.

Es darf dem Leser überlassen bleiben, sich selbst weitere Aufgaben dieser Art zu konstruieren und zu lösen.

---

[1]) Dieser Fall von A. Labosne behandelt in seiner Bachet-Ausgabe von 1879, S. 171.

Kapitel IV.

Die verschiedenen Möglichkeiten, ein Geldstück zu wechseln.

Im Herbst 1910 ging durch die Tages- und Fachpresse die Preisfrage: *„Auf wie viele verschiedene Arten kann in deutschen Münzen ein Taler gewechselt werden?“* Ein Liebhaber der Mathematik, der nicht genannt sein wollte, hatte auf die richtige Lösung dieser Frage einen Preis von 100 Mk. gesetzt. Als Preisrichter fungierte der Gymnasialprofessor a. D. Herr P. v. Schaewen in Naumburg a. S., an den die Lösungen bis zum 31. Dezember 1910 einzusenden waren. „Nur“ 968 Preisschriften, darunter 13 so gewichtig, daß sie als Pakete hatten befördert werden müssen, gingen beim Preisrichter ein, und wenn auch darunter „viel albernes und dummdreistes Zeug“[1]) war, so genügten doch

---

[1]) Siehe P. v. Schaewens Bericht über das Preisausschreiben, Zeitschr. für mathem. und naturw. Unterricht, 42. Jahrg., 1911, S. 192. — Außer der Lösung, die P. v. Schaewen hier (S. 193—195) gibt, veröffentlichten infolge des Preisausschreibens noch folgende Mathematiker Lösungen des Anzahlproblems: E. Hollaender im gleichen Bande der Zeitschr. für mathem. und naturw. Unterricht, S. 262 f.; Sauter in den Mitteilungen des Vereins für Mathem. und Naturwissenschaften in Ulm a. D., 15. Heft, 1912, S. 72—89. In früherer Zeit hatte übrigens der Hamburger Mathematiker H. Schubert, veranlaßt durch eine in dortigen Börsenkreisen entstandene Wette, zu deren Entscheidung man ihn als Sachverständigen hinzugezogen hatte, diesen Fragen eine mathematische Behandlung angedeihen lassen (s. H. Schubert, „Mathematische Mußestunden“, Bd. I (Leipzig 1900), S. 192—199, sowie schon vorher in der Naturw. Wochenschrift V, 1890, S. 215). Diese Literaturangaben erheben freilich keinerlei Anspruch auf Vollständigkeit und

immerhin 185 Lösungen, unter ihnen manche vortreffliche Arbeit, den Bedingungen des Preisausschreibens. Alle möglichen Berufe und Stände waren unter den Preiskämpfern vertreten: Neben Mathematikern von Fach Kaufleute, Arbeiter, Geistliche, Offiziere, Studenten, Volksschullehrer usw. Da mehr als eine richtige Lösung eingegangen war, mußte das Los entscheiden, und der Preis fiel einem Arbeiter, Herrn Max Lange in Augustusburg im Erzgebirge, zu. Seine durch geschickte Anordnung und scharfsinnige Schlußweise gewonnene, wenn auch nicht in druckfertiger Form eingelieferte Lösung war übrigens keineswegs die einzige vollkommen richtige, die aus Arbeiterkreisen stammte, während andererseits manche Mathematiker von Fach sich dadurch, daß sie bei der numerischen Berechnung Versehen begangen und so ein unrichtiges Resultat erhalten hatten, von der Preisbewerbung ausgeschaltet hatten.

Da es uns hier nur auf die prinzipielle Seite der Frage ankommt, werden wir uns darauf beschränken, *ein Einmarkstück — statt eines Talers — zu wechseln;* auch werden wir zum Wechseln nur solche Münzen, die in der Zeit, da diese Zeilen niedergeschrieben werden (März 1917), in Kurs sind, verwenden, d. h. Stücke von 50, 10, 5, 2 und 1 Pfennig, werden also das seinerzeit im Verkehr befindliche 25-Pfennig-Stück außer acht lassen. Zunächst wollen wir als Wechselmünzen sogar nur Stücke von 2 und 1 Pfennig annehmen, alsdann kann ein Zehnpfennigstück offenbar auf sechs verschiedene Arten gewechselt werden, indem man dazu entweder 0 oder 1 oder 2 oder 3 oder 4 oder 5 Zweipfennigstücke und im übrigen lauter Einpfennigstücke verwendet; entsprechend gibt es für 50 Pfennig 26, für eine Mark 51 Möglichkeiten des Wechselns durch Zwei- und Einpfennigstücke.

Nimmt man nun als dritte Wechselmünze das Fünfpfennig-

---

lassen sich vermutlich noch wesentlich vermehren; so sehe ich beispielsweise, daß schon in der von J. F. de Montucla besorgten Ausgabe von Ozanams „Récréations mathématiques et physiques" von 1790, t. I, p. 204 f., und vielleicht auch in früheren Ausgaben desselben Werkes, Fragen dieser Art aufgeworfen und erledigt sind (in der von Ozanam selbst besorgten Ausgabe von 1698, der dritten, fehlt dies). Aus neuerer Zeit nenne ich noch: Maurice d'Ocagne, „Problème de partition", Bull. de la soc. mathém. de France 28, 1900, p. 157 bis 168.

stück hinzu, so ergeben sich für das Zehnpfennigstück folgende Möglichkeiten des Wechselns:

1) 2 Fünfpfennigstücke,
2) 1 Fünfpfennigstück und im übrigen Zwei- und Einpfennigstücke, was wieder drei Möglichkeiten ergibt,
3) Zwei- und Einpfennigstücke: sechs Möglichkeiten, wie schon oben gesagt wurde.

Insgesamt ergeben sich also zehn Möglichkeiten. Wir schreiben dies in einer schematischen Darstellung[1]), in der die letzte Spalte rechts die Anzahl der Möglichkeiten angibt, folgendermaßen:

10 Pfennige

Wechselmünzen	5 Pf.	2 Pf.	1 Pf.	
Stückzahl	2	0	0	1
"	1	.	.	3
"	0	.	.	6

Summe: 10

Für 20 Pfennige ergeben sich hiernach folgende Darstellungsmöglichkeiten:

1) 4 Fünfpfennigstücke,
2) 3   „   und im übrigen Zwei- und Einpfennigstücke (3 Möglichkeiten),
3) 2   „   und im übrigen Zwei- und Einpfennigstücke (6 Möglichkeiten),
4) 1 Fünfpfennigstück   und im übrigen Zwei- und Einpfennigstücke,
5) kein Fünfpfennigstück, sondern nur Zwei- und Einpfennigstücke (11 Möglichkeiten).

Die 15 Pfennige des Falles 4 lassen sich nun offenbar auf 8 Arten durch Zwei- und Einpfennigstücke darstellen, indem von Zweipfennigstücken 0, 1, 2, 3, 4, 5, 6 oder 7 und im übrigen Einpfennigstücke verwandt werden. — Wir schreiben auch dieses Resultat in unserer schematischen Weise, wie folgt:

---

[1]) Vgl. Sauter, a. a. O.

20 Pfennige

Wechselmünzen	5 Pf.	2 Pf.	2 Pf.	
Stückzahl	4	0	0	1
„	3	.	.	3
„	2	.	.	6
„	1	.	.	8
„	0	.	.	11

Summe: 29

Stellt man nun das entsprechende Schema für 30 Pfennige auf, so treten dort in der letzten Spalte rechts offenbar zunächst wieder unsere Zahlen 1, 3, 6, 8, 11 auf, und dazu kommen dann, ebenso wie beim Übergang von 10 zu 20 Pfennigen, noch zwei weitere Zahlen, deren eine 13 (Anzahl der Möglichkeiten, 25 Pfennige durch Zwei- und Einpfennigstücke darzustellen) und deren andere 16 (das Entsprechende für 30 Pfennige) ist. Als Gesamtzahl der Möglichkeiten, 30 Pfennige durch Fünf-, Zwei- und Einpfennigstücke darzustellen, ergibt sich so die Zahl 29 + 13 + 16 = **58**. — In dieser Weise setzt sich das Verfahren fort, und wir bekommen so

$$\text{für } 40 \text{ Pfennige: } 58 + \frac{35+1}{2} + \left(\frac{40}{2} + 1\right) = 58 + 39 = 97$$

$$\text{„ } 50 \text{ „ } : 97 + \frac{45+1}{2} + \left(\frac{50}{2} + 1\right) = 97 + 49 = 146$$

$$\text{„ } 60 \text{ „ } : 146 + \frac{55+1}{2} + \left(\frac{60}{2} + 1\right) = 146 + 59 = 205$$

$$\text{„ } 70 \text{ „ } : 205 + \frac{65+1}{2} + \left(\frac{70}{2} + 1\right) = 205 + 69 = 274$$

$$\text{„ } 80 \text{ „ } : 274 + \frac{75+1}{2} + \left(\frac{80}{2} + 1\right) = 274 + 79 = 353$$

$$\text{„ } 90 \text{ „ } : 353 + \frac{85+1}{2} + \left(\frac{90}{2} + 1\right) = 353 + 89 = 442$$

$$\text{„ } 100 \text{ „ } : 442 + \frac{95+1}{2} + \left(\frac{100}{2} + 1\right) = 442 + 99 = 541$$

Möglichkeiten der Darstellung durch Fünf-, Zwei- und Einpfennigstücke. Die so erhaltenen Zahlen: 10, 29, 58, 97, 146,

205, 274, 353, 442, 541 bilden, beiläufig bemerkt, eine sogenannte arithmetische Reihe zweiter Ordnung. Wie nämlich die vorstehende Aufstellung zeigt, werden die Zuwachszahlen, die von Reihe zu Reihe zu der früheren Zahl hinzutreten, also beim Übergang von 30 zu 40 Pfennigen die Zahl 39, von 40 zu 50 die Zahl 49, darauf 59, 69 usw., beständig um 10 größer. Diese Zuwachszahlen bilden somit eine arithmetische Reihe der gewöhnlichen Art (erster Ordnung) und die endgültigen Zahlen danach eine arithmetische Reihe der zweiten Ordnung.

Nehmen wir nun als weitere Wechselmünze das Zehnpfennigstück hinzu, so ergeben sich für den Betrag von 20 Pfennigen folgende Darstellungsmöglichkeiten:

1) 2 Zehnpfennigstücke . . . . 1 Möglichkeit
2) 1 Zehnpfennigstück, im übrigen Fünf-,
    Zwei- und Einpfennigstücke . . . . 10 Möglichkeiten
3) 0 Zehnpfennigstücke 29   ,,

zusammen 40 Möglichkeiten.

Entsprechend ergeben sich für 30 Pfennige folgende Darstellungsmöglichkeiten: $1 + 10 + 29 + 58 = 98$, und in dieser Weise geht dies fort nach den Zahlen unserer obigen Reihe: 10, 29, 58, 97, 146 ... Hiernach ergeben sich also weiterhin folgende Darstellungsmöglichkeiten:

$$
\begin{aligned}
\text{für } 40 \text{ Pfennige}: \quad &98 + 97 = 195 \\
\text{,, } 50 \quad \text{,,} \quad : \quad &195 + 146 = 341 \\
\text{,, } 60 \quad \text{,,} \quad : \quad &341 + 205 = 546 \\
\text{,, } 70 \quad \text{,,} \quad : \quad &546 + 274 = 820 \\
\text{,, } 80 \quad \text{,,} \quad : \quad &820 + 353 = 1173 \\
\text{,, } 90 \quad \text{,,} \quad : \quad &1173 + 442 = 1615 \\
\text{,, } 100 \quad \text{,,} \quad : \quad &1615 + 541 = 2156.
\end{aligned}
$$

Die so erhaltenen Zahlen bilden, da ihre Differenzen eine arithmetische Reihe zweiter Ordnung bilden, eine arithmetische Reihe dritter Ordnung.

Ein Einmarkstück läßt sich also auf 2156 Arten mittelst Zehn-, Fünf-, Zwei- und Einpfennigstücken wechseln. Nimmt man auch das Fünfzigpfennigstück als Wechselgeld hinzu, so ergeben sich insgesamt für das Wechseln des Einmarkstücks $1 + 341 + 2156 = 2498$ Möglichkeiten, womit die von uns erhobene Frage endgültig beantwortet ist.

Der mathematisch gebildete Leser wird bei der Lektüre der vorstehenden Entwicklungen das Verlangen nach einer allgemeineren Behandlungsweise empfunden haben, und so mögen denn wenigstens die ersten Schritte auf diesem Wege hier noch getan werden[1]):

Es sei $f_2(n)$ die Anzahl der Möglichkeiten, den Betrag von n Pfennigen durch Ein- und Zweipfennigstücke zu bezahlen; $f_5(n)$ die Anzahl der Möglichkeiten, n Pfennige in Ein-, Zwei- und Fünfpfennigstücken zu bezahlen, und entsprechende Bedeutung habe $f_{10}(n)$. Nun ist:

$$f_2(10\,i) \qquad = 5\,i + 1,$$
$$f_2(10\,i + 5) = 5\,i + 3.$$

Wir bemerken dabei ausdrücklich, daß von diesen Gleichungen nicht nur die zweite, sondern auch die erste noch für $i = 0$, also nicht nur für $i > 0$, gilt, indem $f_2(0) = 1$ ist resp. so festgesetzt werde.

Nun ist weiter:

$$f_5(10\,k) = 1 + f_2(5) + f_2(10) + f_2(15) + \ldots + f_2(10\,k)$$

$$= 1 + \sum_{i=1}^{k} \left\{ f_2(10\,i - 5) + f_2(10\,i) \right\}$$

oder, da

$$f_2(10\,i - 5) = 5\,i - 2,$$
$$f_2(10\,i) = 5\,i + 1, \text{ also } f_2(10\,i - 5) + f_2(10\,i) = 10\,i - 1 \text{ ist:}$$

$$f_5(10\,k) = 1 + \sum_{i=1}^{k} (10\,i - 1)$$

$$= 1 + 10 \cdot (k + 1)\frac{k}{2} - k$$

$$= 5\,k^2 + 4\,k + 1.$$

Ferner ist

$$f_5(10\,k + 5) = 1 + f_2(5) + f_2(10) + f_2(15) + \ldots + f_2(10\,k + 5)$$

oder, da $f_2(0) = 1$ ist:

$$f_5(10\,k + 5) = f_2(0) + f_2(5) + f_2(10) + f_2(15) + \ldots + f_2(10\,k + 5)$$

$$= \sum_{i=0}^{k} \left\{ f_2(10\,i) + f_2(10\,i + 5) \right\}$$

----

[1]) Vgl. E. Hollaender, a. a. O.

$$= \sum_{i=0}^{k} (10\,i + 4)$$

$$= 10 \cdot \sum_{i=0}^{k} i + 4\,(k+1)$$

$$= 5\,k^2 + 9\,k + 4.$$

Sodann ist

$$f_{10}\,(10\,l) = 1 + f_5\,(10) + f_5\,(20) + f_5\,(30) + \ldots + f_5\,(10\,l)$$

$$= 1 + \sum_{k=1}^{l} f_5\,(10\,k)$$

$$= 1 + \sum_{k=1}^{l} (5\,k^2 + 4\,k + 1)$$

$$= 1 + 5 \cdot \frac{l}{6} \cdot (l+1)\,(2\,l+1) + 4 \cdot \frac{l\,(l+1)}{2} + l$$

$$= \frac{1}{6}\,(10\,l^3 + 27\,l^2 + 23\,l + 6).$$

$$f_{10}\,(10\,l + 5) = f_5\,(5) + f_5\,(15) + f_5\,(25) + \ldots + f_5\,(10\,l + 5)$$

$$= \sum_{k=0}^{l} f_5\,(10\,k + 5)$$

$$= \sum_{k=0}^{l} (5\,k^2 + 9\,k + 4)$$

$$= 5\,\frac{l}{6}\,(l+1)\,(2\,l+1) + 9\,\frac{l\,(l+1)}{2} + 4\,(l+1)$$

$$= \frac{l+1}{3} \cdot (5\,l^2 + 16\,l + 12)$$

$$= \frac{1}{3}\,(5\,l^3 + 21\,l^2 + 28\,l + 12).$$

Wir brechen hier ab, da die vorstehenden Ausführungen und Formeln zur Genüge zeigen, in welcher Weise sich dies fortsetzt. Die Zahlen $f_2\,(10\,i)$ resp. $f_2\,(10\,i + 5)$ bilden eine arithmetische Reihe erster Ordnung, die Zahlen $f_5\,(10\,k)$ resp. $f_5\,(10\,k + 5)$ eine solche zweiter, die $f_{10}\,(10\,l)$ resp. $f_{10}\,(10\,l + 5)$ eine dritter Ordnung, und so geht dies fort.

Kapitel V.

Ein chinesisch-japanisches Ratspiel.

Im fernsten Osten, in Japan und China, ist unter dem Namen Metsukeji oder Schriftzeichenfindespiel ein Ratspiel bekannt[1]), das dort mit chinesischen Schriftzeichen gespielt wird, an deren Stelle wir hier unsere Zahlen gebrauchen werden. Auch in der abendländischen Literatur findet sich das Spiel — mit Zahlen — seit langem[2]), und ich bin nicht in der Lage, anzugeben, ob es im Abendlande früher oder später als in Ostasien aufgetreten ist, und ob irgendwelche Abhängigkeit zwischen beiden Vorkommnissen besteht.

Man denke sich für das Spiel, um einen konkreten Fall zu schaffen, sechzig verschiedene chinesische Schriftzeichen oder statt dessen, wie wir annehmen wollen, die Zahlen 1—60 verwandt. Diese mögen auf drei verschiedenen Tafeln der Größe nach verzeichnet sein, und zwar (s. Fig. 11) auf Tafel I in Zeilen zu je drei, auf Tafel II in Zeilen zu je vier und auf Tafel III in Zeilen zu

---

[1]) Siehe T. Hayashi in Tōkyō Sūgaku-Buturigakkwai Kizī-Gaiyō, vol. III, 1906, December, p. 199—201, sowie von demselben: „A brief history of the Japanese mathematics", Nieuw Archief voor Wiskunde (2) VI, 1905, p. 349.

[2]) Siehe Bachets schon oben zitierte „Problemes plaisans et delectables, qui se font par les nombres" (Lyon 1612), p. 37 ff.; 4. Ausgabe von A. Labosne (Paris 1879), p. 34—37. Bachet zitiert hier übrigens (Ausgabe 1612, p. 38/39) die Anmerkungen, die Pierre Forcadel in seiner französischen Ausgabe (1561) der Arithmetik des Gemma Frisius macht, sowie Gosselins Übersetzung der Arithmetik des Niccolò Tartaglia (nach Cantor, „Geschichte der Mathematik", Bd. II (Leipzig 1900, 2. Aufl.), S. 613 erschien diese Ausgabe Gosselins „vielleicht 1577"); ich konnte diese beiden Werke zurzeit nicht einsehen.

I. Tafel.

1. Spalte	2. Spalte	3. Spalte
1	2	3
4	5	6
7	8	9
10	11	12
13	14	15
16	17	18
19	20	21
22	23	24
25	26	27
28	29	30
31	32	33
34	35	36
37	38	39
40	41	42
43	44	45
46	47	48
49	50	51
52	53	54
55	56	57
58	59	60

II. Tafel.

1. Spalte	2. Spalte	3. Spalte	4. Spalte
1	2	3	4.
5	6	7	8
9	10	11	12
13	14	15	16
17	18	19	20
21	22	23	24
25	26	27	28
29	30	31	32
33	34	35	36
37	38	39	40
41	42	43	44
45	46	47	48
49	50	51	52
53	54	55	56
57	58	59	60

III. Tafel.

1. Spalte	2. Spalte	3. Spalte	4. Spalte	5. Spalte
1	2	3	4	5
6	7	8	9	10
11	12	13	14	15
16	17	18	19	20
21	22	23	24	25
26	27	28	29	30
31	32	33	34	35
36	37	38	39	40
41	42	43	44	45
46	47	48	49	50
51	52	53	54	55
56	57	58	59	60

Fig. 11.

je fünf. Eine Person — P — denkt sich nun eine der 60 Zahlen, die der Spielende — S — sich anheischig macht, zu erraten. *Zu dem Ende werden P die drei Tafeln vorgehalten, und er gibt nun an, in welcher Spalte die von ihm gedachte Zahl auf Tafel I, auf Tafel II, auf Tafel III liegt. Aus diesen Angaben bestimmt S, und zwar ohne Ansehen der Tafeln, die gedachte Zahl.* — Daß die Angaben des P ausreichend sein werden zur Bestimmung der gedachten Zahl, leuchtet bald ein. Wenn uns nämlich beispielsweise gesagt würde, daß die gedachte Zahl auf Tafel I der ersten, auf II der zweiten, auf III der dritten Spalte angehört, so würden wir alsbald sehen: Von den Zahlen der dritten Spalte von III gehören nur 18, 38, 58 der zweiten Spalte von II an und von diesen wieder nur 58 der ersten Spalte von I; die gedachte Zahl müßte also 58 sein. In anderen Fällen ergibt sich, wie weitere Versuche zeigen würden, die Bestimmung ebenso eindeutig, und es bedarf nur noch eines allgemeinen Beweises hierfür, der erbracht sein wird, wenn wir zeigen, wie sich die gedachte Zahl den Bedingungen unseres Spiels gemäß durch Berechnung, ohne Ansehen der Tafeln also, eindeutig bestimmen läßt.

Nehmen wir zu dem Ende statt unseres besonderen Falles sogleich den allgemeineren an, daß die drei Tafeln bzw. m, n, r Spalten aufweisen, wo m, n, r drei ganze Zahlen sein sollen, von denen keine durch einen Teiler der anderen teilbar ist, die also, wie man bekanntlich sagt, relativ prim sind. Die Anzahl der zu dem Spiel mindestens erforderlichen Zahlen ist dann $m \cdot n \cdot r$, und es mag diese Anzahl gebraucht werden. Die gedachte Zahl sei X, und zwar mag sie auf der Tafel I in Spalte a, auf Tafel II in Spalte b, auf Tafel III in Spalte c liegen. *Die Aufgabe des Spielenden oder Ratenden besteht dann natürlich darin, aus diesen gegebenen Größen a, b, c, m, n, r die gesuchte Zahl X zu bestimmen resp. zu berechnen.*

Wenn X auf der m-teiligen Tafel I in Spalte a liegt, so bedeutet dies offenbar: $X = m \cdot \mu + a$, wo μ irgendeine, uns noch unbekannte ganze Zahl (eventuell Null) ist ($\mu + 1$ wäre, von oben nach unten gerechnet, die Zeile der Tafel I, der X angehört). Ebenso ergeben sich zwei entsprechende weitere Gleichungen mit bezug auf die Tafeln II und III, und unter Wiederholung der ersten Gleichung haben wir somit:

$$\text{(I)} \begin{cases} X = m \cdot \mu + a \\ X = n \cdot \nu + b \\ X = r \cdot \rho + c. \end{cases}$$

Wir betrachten nun den Ausdruck:

$$\text{(II)} \quad X' = a \cdot n\,r\,x + b \cdot m\,r\,y + c \cdot m\,n\,z;$$

darin sollen x, y, z ganze Zahlen sein, die durch folgende Gleichungen definiert sein mögen:

$$\text{(III)} \begin{cases} n\,r\,x = 1 + m \cdot u \\ m\,r\,y = 1 + n \cdot v \\ m\,n\,z = 1 + r \cdot w. \end{cases}$$

Da $n\,r$ einerseits und m andererseits relativ prim sind, so läßt sich die Gleichung $n\,r\,x = 1 + m \cdot u$ in der Tat stets in ganzzahligen Werten für x und u, wie wir soeben für x forderten oder annahmen, auflösen, und Entsprechendes gilt auch für die beiden anderen Definitionsgleichungen (III). Wir dürfen also in der Tat annehmen, daß die durch (III) definierten Größen x, y, z und ebenso übrigens auch u, v, w gleich allen früher eingeführten ganze Zahlen sind; auch X' ist dann natürlich eine ganze Zahl. Die Gleichung (II) nimmt nun in Verbindung mit der ersten Gleichung von (III) die folgende Form an:

$$\begin{aligned} X' &= a + a\,m\,u + b\,m\,r\,y + c\,m\,n\,z \\ &= a + m\,(a\,u + b\,r\,y + c\,n\,z) \end{aligned}$$

und, wenn wir den Klammerinhalt kurz mit μ' bezeichnen, wo dieses μ', da sämtliche Größen innerhalb der Klammer ganze Zahlen sind, natürlich auch ganzzahlig ist, so haben wir:

$$X' = a + m \cdot \mu'.$$

Entsprechend nimmt Gleichung (II) in Verbindung mit der zweiten Gleichung von (III) die Form an:

$$\begin{aligned} X' &= a \cdot n\,r\,x + b + b\,n\,v + c\,m\,n\,z \\ &= b + n\,(a\,r\,x + b\,v + c\,m\,z) \\ &= b + n \cdot \nu', \end{aligned}$$

wo ν' gleichfalls eine ganze Zahl ist, und schließlich liefert uns die dritte Gleichung von (III) eine entsprechende dritte Gleichung von der Form: $X' = c + r \cdot \rho'$, wo auch ρ' eine ganze Zahl ist. Aus diesen so erhaltenen Gleichungen:

$$(IV) \begin{cases} X' = m \cdot \mu' + a \\ X' = n \cdot \nu' + b \\ X' = r \cdot \rho' + c \end{cases}$$

in Verbindung mit den Gleichungen (I) folgt nun:

$$X' - X = m\,(\mu' - \mu)$$
$$X' - X = n\,(\nu' - \nu)$$
$$X' - X = r\,(\rho' - \rho),$$

d. h. die Differenz $X' - X$ ist ein Vielfaches von m, von n und von r, also auch, da m, n, r relativ prim sind, ein Vielfaches von $m \cdot n \cdot r$, der Gesamtzahl unserer Objekte (Zahlen auf jeder der Tafeln). Dabei ist natürlich der Fall, daß $\mu' = \mu$, $\nu' = \nu$, $\rho' = \rho$, also $X' - X = 0$ ist, mit eingeschlossen. Wir sehen also: X' ist entweder $= X$ oder um ein Vielfaches von $m \cdot n \cdot r$ größer als X (X ist seiner Definition nach $\leq m \cdot n \cdot r$; wenn X' und X sich um ein Vielfaches von $m \cdot n \cdot r$ unterscheiden sollen, so muß also X' das größere von beiden sein, wofern sie nicht beide gleich groß sind). Wenn es uns also gelingt, X' zu berechnen, so haben wir damit auch X gefunden. Brauchen wir alsdann doch nur X' durch $m \cdot n \cdot r$ zu dividieren und den hierbei verbleibenden Rest zu nehmen; dieser ist dann unser X. Nun ist aber X' durch die Gleichung (II) definiert, und diese Gleichung enthält außer den gegebenen Zahlen a, b, c, m, n, r nur noch die Zahlen x, y, z, die durch die Gleichungen (III) definiert sind. Freilich ist diese Definition von x, y, z keine eindeutige, vielmehr bleibt x um Vielfache von m, y um Vielfache von n, z um solche von r unbestimmt, und dies hat die Wirkung, daß auch X' unbestimmt, jedoch nur um Vielfache von $m \cdot n \cdot r$, bleibt. Offenbar ist aber diese Unbestimmtheit von X' für die Ermittelung von X, da X' zu diesem Ende ja durch $m \cdot n \cdot r$ zu dividieren ist, belanglos. — Der Leser, dem diese Verhältnisse noch weiterer Aufklärung zu bedürfen scheinen, wird solche wohl bei Betrachtung des sogleich zu erörternden Spezialfalles, bei dem wir hierauf zurückkommen werden, finden.

Prinzipiell ist unsere Aufgabe damit jedenfalls gelöst[1]), und

---

[1]) Dem mathematisch gebildeten Leser braucht nicht erst gesagt zu werden, daß sich diese Entwicklung bei Verwendung von Kongruenzen etwas einfacher gestaltet hätte, doch ist auf diese Schreibweise, um möglichst wenig vorauszusetzen, hier verzichtet worden.

wir wollen unser Resultat nun für den besonderen Fall, von dem wir ausgingen, d. h. für den Fall $m = 3$, $n = 4$, $r = 5$, nutzbar machen. Für diesen Fall nehmen die Gleichungen (III) die Form an:

$$20 \cdot x = 1 + 3 \cdot u$$
$$15 \cdot y = 1 + 4 \cdot v$$
$$12 \cdot z = 1 + 5 \cdot w,$$

und deren Lösungen sind:

$$x = 2 + 3\,\xi, \quad u = 13 + 20\,\xi$$
$$y = 3 + 4\,\eta, \quad v = 11 + 15\,\eta$$
$$z = 3 + 5\,\zeta, \quad w = 7 + 12\,\zeta,$$

wo die ξ, η, ζ irgendwelche ganze Zahlen sind[1]). Diese Ausdrücke — mit beliebigen ganzzahligen Werten für ξ, η, ζ — enthalten die Gesamtheit der ganzzahligen Lösungen, die die unbestimmten Gleichungen (III) für unseren besonderen Fall besitzen, und wir wollen, um zu zeigen, daß diese Vieldeutigkeit, wie übrigens schon oben gesagt wurde, für das Endresultat belanglos ist, mit dieser Gesamtheit von Lösungen, also nicht etwa mit einer von ihnen, wie etwa derjenigen für $\xi = \eta = \zeta = 0$, d. h. $x = 2$, $y = 3$, $z = 3$, auch weiter operieren. Dann ist:

$$n\,r\,x = 20\,(2 + 3\,\xi) = 40 + 60\,\xi$$
$$m\,r\,y = 15\,(3 + 4\,\eta) = 45 + 60\,\eta$$
$$m\,n\,z = 12\,(3 + 5\,\zeta) = 36 + 60\,\zeta$$

und nach Gleichung (II):

$$X' = a\,(40 + 60\,\xi) + b\,(45 + 60\,\eta) + c\,(36 + 60\,\zeta)$$
$$= 40\,a + 45\,b + 36\,c + 60\,(a\,\xi + b\,\eta + c\,\zeta).$$

---

[1]) Wem die Auflösung solcher unbestimmten Gleichungen, die nach einem einmal eingebürgerten, wenn auch historisch unberechtigten Ausdruck gewöhnlich „Diophantische Gleichungen" genannt werden, nicht geläufig ist, mag folgendes beachten: Die Gleichung $20 \cdot x = 1 + 3 \cdot u$ mit der Forderung nur ganzzahliger Werte für x und u läßt sich in Worten so aussprechen: „Welches Vielfache von 20 ist gleich einem Vielfachen von 3, vermehrt um 1?" oder aber so: „Welches Vielfache von 20 läßt, durch 3 dividiert, den Rest 1?" Man sieht, daß zunächst $x = 1$ nicht genügt, wohl aber bereits $x = 2$; dagegen genügen $x = 3$, $x = 4$ nicht, sondern erst wieder $x = 5$, und man erhält so für x die Reihe von Werten: $2, 5, 8, 11$ usw. oder, wie wir schrieben: $x = 2 + 3\,\xi$, wo ξ eine ganze Zahl ist.

Da nun aber X' durch 60 zu dividieren ist und nur der bei dieser Division verbleibende Rest ≤ 60 Interesse hat, während der Quotient der Division belanglos ist, so dürfen wir offenbar den Ausdruck $60\,(a\,\xi + b\,\eta + c\,\zeta)$, der ein Vielfaches von 60 ist, weil ja die Größen der Klammer sämtlich ganze Zahlen sind, völlig außer acht lassen. Wir hätten also von vornherein $\xi = \eta = \zeta = 0$ setzen dürfen, ohne eine Beschränkung zu begehen, und haben somit für X' jetzt die Formel:

$$X' = 40\,a + 45\,b + 36\,c$$

gewonnen. Wird dem Ratenden also beispielsweise angegeben, daß die gedachte Zahl sich auf Tafel I in Spalte 3, auf Tafel II in Spalte 3 und auf Tafel III in Spalte 2 befindet, so berechnet er nur:

$$X' = 40 \cdot 3 + 45 \cdot 3 + 36 \cdot 2,$$

d. h. dividiert diesen Ausdruck durch 60 und nimmt den dabei sich ergebenden Rest; dieser ist 27, und somit ist 27 die gedachte Zahl.

Die hier entwickelte Theorie des Spiels läßt sich, wie leicht zu sehen, ohne weiteres auf den *Fall von mehr als drei Tafeln* übertragen. Haben wir beispielsweise 4 Tafeln von beziehungsweise 3, 4, 5 und 7 Spalten — die 4 Zahlen sind, wie verlangt, relativ prim —, gehen also die als Objekte gebrauchten Zahlen von *1 bis $3 \cdot 4 \cdot 5 \cdot 7 = 420$*, so haben wir zunächst ein Vielfaches von *$4 \cdot 5 \cdot 7$* zu suchen, das bei Division durch *3* den Rest *1* läßt (vgl. S. 46, Anm.); dies ist *280* selbst. Darauf ein Vielfaches von *$3 \cdot 5 \cdot 7$*, das nach *4* den Rest *1* läßt; dies ist *105* selbst. Sodann ein Vielfaches von *$3 \cdot 4 \cdot 7$*, das nach *5* den Rest *1* läßt; das ist *336*. Schließlich ein Vielfaches von *$3 \cdot 4 \cdot 5$*, das bei Division durch *7* den Rest *1* gibt; dies ist *120*. Wir erhalten so für X' die Formel:

$$X' = 280\,a + 105\,b + 336\,c + 120\,d,$$

wo a, b, c, d die Spalten sind, in denen sich die gedachte Zahl auf den Tafeln I, II, III, IV befindet. Von diesem so berechneten X' ist dann der Rest nach *420* zu nehmen. Steht also die gedachte Zahl beispielsweise auf Tafel I in Spalte 1, auf

Tafel II in Spalte 4, auf Tafel III in Spalte 5 und auf Tafel IV
in Spalte 2, so wäre:

$$X' = 280 \cdot 1 + 105 \cdot 4 + 336 \cdot 5 + 120 \cdot 2.$$

Von diesen Produkten können wir das zweite und dritte als
Vielfache von *420* sofort ignorieren, während die beiden anderen
zusammen $= 520$ sind. Da hiervon der Rest nach *420* zu nehmen
ist, so ergibt sich als gedachte Zahl: *100*.

Kapitel VI.

Das Erraten gedachter Zahlen.

Jemand (A) fordert einen anderen (B) auf, sich eine Zahl zu denken, mit ihr gewisse Rechenoperationen vorzunehmen und das Endresultat der Rechnung ihm, dem A, zu nennen, worauf dieser sich anheischig macht, die gedachte Zahl anzugeben. Das ist in der Hauptsache das Wesen aller in diesem Abschnitte zusammengestellten Zahlenkunststücke, so verschieden diese im einzelnen auch sind. Bei manchen dieser Kunststücke handelt es sich freilich nicht darum, die gedachte Zahl oder die gedachten Zahlen selbst zu erraten, sondern um andere verwandte Aufgaben, so um die *Angabe des Resultats einer Rechnung, die mit einer gedachten Zahl vorgenommen wird,* usw. Wo nicht anderes angegeben ist, hat man sich das Verfahren so vorzustellen, daß der Ratende — A — dem B vorschreibt, welche Operationen er mit der gedachten Zahl ausführen soll.

I. Zähle zu der gedachten Zahl 1 hinzu, verdreifache die Summe, ziehe darauf 2 ab, verdreifache diese Differenz und zähle sodann die gedachte Zahl und 2 hinzu.

Das so erhaltene Resultat, das dem A nun angegeben wird, weist als letzte Ziffer stets eine 5 auf; streicht man diese fort, so bleibt nur die gedachte Zahl übrig.

Ist nämlich x die gedachte Zahl, so ergeben die vorgeschriebenen Operationen der Reihe nach:

$$x + 1$$
$$3(x + 1) = 3x + 3$$
$$3x + 1$$
$$3(3x + 1) = 9x + 3$$
$$9x + 3 + x + 2 = 10x + 5.$$

Das Endresultat besteht also zunächst aus dem Zehnfachen der
gedachten Zahl; d. h. aus der gedachten Zahl mit einer rechts
angehängten Null; dazu kommt aber noch 5, d. h. die angehängte
Null ist durch 5 ersetzt. Streicht man diese fort, so bleibt mithin nur die gedachte Zahl übrig.

Beispiele: 1) Ist die gedachte Zahl 7, so ergeben die auszuführenden Operationen der Reihe nach: *7, 8, 24, 22, 66, 75*.

2) Bei *13* als der gedachten Zahl haben wir die folgenden Stufen: **13**, *14, 42, 40, 120,* **135**.

*II. Multipliziere die gedachte Zahl mit 9 und addiere dazu 9;
darauf multipliziere diese Summe mit 11, zähle sodann die gedachte
Zahl und 2 hinzu, ziehe schließlich 200 ab.*

Das so erhaltene Resultat, das dem A angegeben wird, ist
in der Regel, nämlich stets, wenn die gedachte Zahl > 1 ist,
eine drei- oder mehrstellige Zahl, von der die beiden letzten
Ziffern *01* sind; streicht man diese fort und addiert zu dem
übrigbleibenden Rest *1*, so hat man die gedachte Zahl.

Ist diese nämlich x, so ergeben die vorgeschriebenen Operationen der Reihe nach:

$$9\,x$$
$$9\,x + 9$$
$$99\,x + 99$$
$$100\,x + 101$$
$$100\,x - 99 = 100\,(x - 1) + 1.$$

Das erhaltene Resultat besteht also zunächst aus dem Hundert-
fachen von $x - 1$, d. h. aus einer Zahl, die um *1* kleiner als die
gedachte ist, mit zwei rechts angehängten Nullen; dazu ist dann
rechts noch *01* getreten, das man nur abzustreichen und zu
dem verbleibenden Rest $(x - 1)$ zu addieren braucht, um die
gedachte Zahl x zu erhalten.

Beispiele: 1) $x = 7$.
7, 63, 72, 792, 801, **601**.
2) $x = 13$.
13, *117, 126, 1386, 1401,* **1201**.

*III. Addiere zu der gedachten Zahl 4, multipliziere die Summe
mit 5, ziehe 21 ab, multipliziere darauf mit 5, addiere sodann 2,
multipliziere schließlich mit 4.*

Das so erhaltene Resultat, das dem A angegeben wird, in der Regel eine drei- oder mehrstellige Zahl, weist am Ende *88* auf; man braucht nur *12* dazu zu zählen und die alsdann am Ende stehenden beiden Nullen zu streichen, um die gedachte Zahl zu erhalten.

Ist x die gedachte Zahl, so ergeben nämlich die einzelnen, von B vorgenommenen Operationen der Reihe nach:

$$x + 4$$
$$5\,x + 20$$
$$5\,x - 1$$
$$25\,x - 5$$
$$25\,x - 3$$
$$100\,x - 12 = 100\,(x - 1) + 88.$$

Beispiele: 1) $x = 7$.

7, 11, 55, 34, 170, 172, 688.

2) $x = 13$.
13, *17, 85, 64, 320, 322,* **1288.**

IV. Der Ratende (A) kann die Wahl der auszuführenden Operationen natürlich auch dem B überlassen, nur muß dieser ihm die Operationen nennen, etwa in folgender Weise:

Ich multipliziere die gedachte Zahl mit 3, addiere dann 7, multipliziere diese Summe mit 3, subtrahiere davon 15, dividiere dann durch 3, multipliziere schließlich mit 5; das erhaltene Resultat ist 115.

Von diesem Endresultat *115* braucht der Ratende (A) dann nur *10* zu subtrahieren und den Rest, *105* also, durch *15* zu dividieren, um die gedachte Zahl, *7* also, zu erhalten.

Ist nämlich x die gedachte Zahl, so ergeben die einzelnen Operationen:

$$3\,x$$
$$3\,x + 7$$
$$9\,x + 21$$
$$9\,x + 6$$
$$3\,x + 2$$
$$15\,x + 10$$

Beispiel: $x = 13$.

$$13,\ 39,\ 46,\ 138,\ 123,\ 41,\ 205.$$

$$\frac{205 - 10}{15} = 13.$$

V. Nimm das Dreifache der gedachten Zahl und sodann hiervon die Hälfte (läßt sich diese Division durch 2 nicht genau ausführen, wie B ja angeben wird, so ist ihm aufzugeben, vor der Halbierung 1 zu addieren). Darauf multipliziere mit 3 und gib an, wie oft 9 in der so erhaltenen Zahl steckt[1]).

Man hat hier zwei Fälle zu unterscheiden, je nachdem x, die gedachte Zahl, gerade oder ungerade ist:

1) x gerade, $= 2\,n$.

Die einzelnen Operationen ergeben:

$$6\,n$$
$$3\,n$$
$$9\,n$$
$$n$$

2) x ungerade, $= 2\,n + 1$.

Die einzelnen Operationen ergeben:

$$6\,n + 3$$
$$\mathbf{6\,n + 4}\ \text{(Addition von } 1\text{)}$$
$$3\,n + 2$$
$$9\,n + 6$$
$$n$$

In beiden Fällen erscheint also das Endresultat, das B dem Ratenden angibt, hier in der übereinstimmenden Form n, und von diesem hat A im ersten Falle nur das Doppelte, $2\,n$ also, zu nehmen, um die gedachte Zahl zu erhalten; war dagegen (Fall 2) die Division durch 2 nicht ohne vorherige Erhöhung um 1 ausführbar, was, wie gesagt, dem A angegeben werden muß, so hat er zu dem Doppelten des Endresultats, d. h. zu $2\,n$, noch 1 zu addieren, um die gedachte Zahl: $2\,n + 1$, zu bekommen.

---

[1]) Siehe Bachet, l. c., Ausgabe von 1612, p. 14—17 („Probleme I"); Ausgabe von 1879, p. 15 f.

Beispiele: 1) *12.*
12, 36, 18, 54, **6.**

2) *7.*
7, *21,* **22,** *11, 33,* **3.**

VI. Verdreifache die gedachte Zahl und nimm hiervon die Hälfte (falls diese Division durch 2 nicht genau ausführbar ist, so addiere vorher 1). Darauf multipliziere wieder mit 3 und halbiere sodann abermals, und zwar wieder nach vorheriger Addition von 1, falls die Halbierung nicht ausführbar ist. Nun gib an, wie oft 9 in der jetzt erhaltenen Zahl steckt[1]).

Wir haben jetzt, gemäß der zweimaligen Division durch 2, die einer einmaligen Division durch 4 gleichkommt, 4 Fälle zu unterscheiden, nämlich die folgenden:

1) Die gedachte Zahl ist durch 4 teilbar, also von der Form *4 n.* Die einzelnen Operationen sind dann der Reihe nach:

$$4n, \ 12n, \ 6n, \ 18n, \ 9n, \ n.$$

2) Die gedachte Zahl gibt bei Division durch 4 den Rest 1, ist also von der Form *4 n + 1*; wir haben dann sukzessive folgende Ergebnisse[2]):

$$4n+1, \ 12n+3, \ \mathbf{12n+4}, \ 6n+2, \ 18n+6, \ 9n+3, \ n.$$

3) Die gedachte Zahl läßt bei Division durch 4 den Rest 2, ist also von der Form *4 n + 2*; wir haben dann stufenweise folgende Resultate:

$$4n+2, \ 12n+6, \ 6n+3, \ 18n+9, \ \mathbf{18n+10}, \ 9n+5, \ n.$$

4) Die gedachte Zahl gibt nach 4 den Rest 3, ist also von der Form *4 n + 3*; die einzelnen Operationen ergeben:

$$4n+3, \ 12n+9, \ \mathbf{12n+10}, \ 6n+5, \ 18n+15, \ \mathbf{18n+16},$$
$$9n+8, \ n.$$

Das Endresultat erscheint hier also, übereinstimmend in allen vier Unterfällen, in der Form *n.* Von dieser Zahl, die dem *A* somit angegeben wird, hat er nun, um die gedachte Zahl

---

[1]) Siehe B a c h e t, l. c., Ausgabe von 1612, p. 17—25 („Probleme II"); Ausgabe von 1879, p. 17—22.
[2]) Die bedingte Addition von 1 heben wir hier, wie bei den weiteren Unterfällen, durch den Druck hervor.

zu erhalten, das Vierfache, $4n$ also, zu nehmen; dazu ist in dem Falle, daß vor der ersten Halbierung 1 addiert werden mußte, 1 hinzuzufügen, so daß man also $4n+1$ erhält; in dem Falle dagegen, daß vor der zweiten Halbierung 1 addiert werden mußte, ist 2 hinzuzufügen ($4n+2$ also); schließlich in dem Falle, daß beide Halbierungen nur nach vorheriger Addition von 1 ausführbar waren, ist 3 hinzuzufügen ($4n+3$ also). Dem Ratenden A muß B also, wie schon in dem verwandten Falle V hervorgehoben wurde, jedesmal, wenn eine 1 addiert wird, dies sogleich angeben.

Beispiele: 1) *12.*
       12, *36, 18, 54, 27,* **3.**

    2) *13.*
       13, *39,* **40,** *20, 60, 30,* **3.**

    3) *14.*
       ·**14,** *42, 21, 63,* **64,** *32,* **3.**

    4) *15.*
       15, *45,* **46,** *23, 69,* **70,** *35,* **3.**

VII. Streiche von der gedachten (mehrstelligen) Zahl zunächst die Einer, darauf von der so verbleibenden Zahl wieder die letzte Ziffer und fahre so fort; hierauf addiere alle die nach den einzelnen Verstümmelungen übrigbleibenden Zahlen. Gib dann das Resultat dieser Addition und die Quersumme der gedachten Zahl an[1]).

Der Ratende, A, braucht alsdann nur das ihm angegebene Ergebnis der Addition mit 9 zu multiplizieren und zu diesem Produkte die ihm genannte Quersumme hinzuzuzählen, so hat er die Zahl, die B sich gedacht hat.

Weist nämlich die gedachte Zahl, von links nach rechts gerechnet, etwa die Ziffern a, b, c, d auf, so hat sie den Wert:

$$1000\,a + 100\,b + 10\,c + d.$$

Nach Streichung der Einer verbleibt eine Zahl vom Werte $100\,a + 10\,b + c$, nach abermaliger Streichung der letzten Ziffer die Zahl $10\,a + b$ und nach weiterer Streichung die Zahl a. Diese verschiedenen Zahlen, nämlich:

---

[1]) Nach E. Stucke, „Eine Eigenschaft der Quersumme", Zeitschr. für mathem. und naturw. Unterr., 43. Jahrg., 1912, S, 124,

$$100\,a + 10\,b + c$$
$$10\,a + b$$
$$a$$

ergeben die Summe $111\,a + 11\,b + c$. Durch Multiplikation mit 9 wird daraus $999\,a + 99\,b + 9\,c$, und durch Hinzuzählen der Quersumme $a + b + c + d$ wird hieraus wieder: $1000\,a + 100\,b + 10\,c + d$, d. h. die gedachte Zahl.

Beispiel: Die gedachte Zahl sei die Jahreszahl 1918. Durch die Streichungen erhält man der Reihe nach:

$$191$$
$$19$$
$$1$$
$$\overline{}$$
$$211;$$

das Neunfache dieser Summe ist 1899. Addiert man dazu die Quersumme 19 der gedachten Zahl, so resultiert 1918, die gedachte Zahl.

VIII. Angabe des Resultats einer Addition vor Ausführung dieser.

A, der Ratende, schreibt eine Zahl, etwa von vier Stellen, hin, und B schreibt darunter eine zweite Zahl, darauf A wieder eine, sodann B abermals eine und schließlich A eine letzte Zahl. Dabei werde etwa vereinbart, daß höchstens vierstellige Zahlen hingeschrieben werden sollen. A fordert nun B auf, die hingeschriebenen fünf Zahlen zu addieren, und er selbst schreibt vor Ausführung dieser Addition, indem er sich sogleich, nachdem er seine letzte Zahl hingeschrieben hat, abwendet, das Resultat der Addition auf einen Zettel, den er hinterher dem erstaunten B vorhält oder ihm auch sogleich überreicht. Die verschiedenen der Reihe nach hingeschriebenen Zahlen, von denen wir die von A hingeschriebenen mit A_1, A_2, A_3, die von B hingeschriebenen mit B_1, B_2 bezeichnen, seien:

$$
\begin{aligned}
A_1 \quad & 1917 \\
B_1 \quad & 5423 \\
A_2 \quad & 8082 \\
B_2 \quad & 35 \\
A_3 \quad & 9964
\end{aligned}
$$

A kann nun sofort angeben, daß *25421* die Summe der fünf Zahlen ist, und zwar findet er diese Summe, indem er einfach von B_1 die Zahl *2* subtrahiert und zu der so erhaltenen Zahl *20000* addiert, d. h. vor die Zahl eine *2* schreibt[1]). A hat nämlich die Zahl A_2 so gewählt, daß $A_1 + A_2 = 9999$, und ebenso die Zahl A_3 so, daß $B_2 + A_3 = 9999$ ist. Es ist also:

$$A_1 + A_2 + B_2 + A_3 = 2 \cdot 9999 = 2 \cdot (10000 - 1) = 20000 - 2.$$

Das Resultat der Addition hängt somit im wesentlichen nur von der Zahl B_1 ab: man braucht zu dieser nur *20000* zu addieren, d. h. vor sie, wenn sie vierstellig ist, links eine *2* zu setzen, und sodann *2* zu subtrahieren, um das Resultat zu erhalten. Dieses ist also hier *25421*, das A anzugeben bereits in der Lage wäre, bevor überhaupt die letzten drei Summanden (A_2, B_2, A_3) nur hingeschrieben sind.

IX. Erraten des Resultats einer mit einer gedachten Zahl vorgenommenen Rechnung ohne Kenntnis der gedachten Zahl.

A fordert B auf, sich eine dreistellige Zahl zu denken, jedoch von der Art, daß die erste und letzte Ziffer ungleich sind und sich um mehr als *1* von einander unterscheiden. Nachdem B in Gedanken eine solche Zahl gewählt hat, fordert A ihn auf, diese Zahl umzukehren und darauf die kleinere dieser beiden dreistelligen Zahlen von der größeren zu subtrahieren, schließlich dieses Resultat und die Umkehrung davon zu addieren, und A gibt alsdann, ohne daß B ihm irgendeine Angabe macht, und ohne daß er selbst imstande, wäre, die gedachte Zahl zu erraten, das Endresultat der angeordneten Operationen an; es ist stets, welches auch die gedachte dreistellige Zahl sein mag, *1089*.

Weist nämlich die gedachte dreistellige Zahl, von links nach rechts gerechnet, die Ziffern a, b, c auf, so hat sie den Wert $100\,a + 10\,b + c$ und die Umkehrung davon den Wert $100\,c + 10\,b + a$. Nach Voraussetzung sind a und c ungleich, also a etwa $> c$, und zwar ist nach Voraussetzung dann weiter $a - c > 1$. Weil $a > c$, so ist von den vorgenannten beiden dreistelligen Zahlen die erstere die größere, und die Subtraktion

---

1) Wenn B_1 resp. $B_1 - 2$ nicht, wie hier, vier-, sondern dreistellig ist, so wird vor die Zahl natürlich nicht 2, sondern statt dessen 20 geschrieben; bei zweistelligem $B_1 - 2$ wäre es entsprechend 200, bei einstelligem 2000.

beider voneinander ergibt $100\,(a-c)+(c-a)$. Es ist dies eine dreistellige Zahl mit einer 9 in der Mitte, während die beiden äußeren Zahlen sich zu 9 ergänzen. Um dies zu erkennen, müssen wir unser Resultat $100\,(a-c)+(c-a)$, dessen letzter Bestandteil $(c-a)$ ja negativ ist, in folgende Form bringen:

$$100\,(a-c-1)+90+(10-a+c).$$

Die erste Ziffer dieser dreistelligen Zahl ist somit $a-c-1$, eine Zahl, die wegen unserer Voraussetzung $a-c>1$ jedenfalls ≥ 1 ist, so daß also unsere „dreistellige" Zahl unter allen Umständen wirklich dreistellig ist. Ihre zweite Ziffer ist 9 und zum Schluß kommt die Ziffer $10-a+c$. Wie behauptet, ergeben mithin die erste und letzte Ziffer, nämlich $a-c-1$ und $10-a+c$, zusammen 9. A würde also, beiläufig bemerkt, das Resultat dieser Subtraktion der beiden dreistelligen Zahlen angeben können, wenn B ihm nur eine der beiden äußeren Zahlen des Resultats nennt; ist die erste Zahl beispielsweise 4, so wäre das Resultat unserer Subtraktion 495. Doch unser Verfahren verlangt ja etwas anderes, nämlich die Umkehrung des Teilresultats:

$$100\,(a-c-1)+90+(10-a+c),$$

und offenbar hat diese umgekehrte Zahl den Wert:

$$100\,(10-a+c)+90+(a-c-1).$$

Bei Addition dieser beiden zueinander inversen dreistelligen Zahlen erhält man nun, gleichgültig, welche Werte a und c haben, stets: $100\cdot 9+2\cdot 90+9=1089$, wie zu beweisen war. — Wären a und c gleich, so würde die gedachte Zahl gleich ihrer Umkehrung sein, also die Subtraktion beider 0 ergeben. Wäre $a-c=1$, so würde diese Subtraktion 99, also keine dreistellige Zahl, ergeben, und das Kunststück wäre, wie leicht zu sehen, in der angegebenen Weise nicht ausführbar.

X. Nochmals das Erraten des Resultats einer Rechnung mit einer gedachten Zahl ohne Kenntnis dieser.

A fordert B auf, sich eine vierstellige Zahl zu denken, darauf diese umzukehren und sodann die ursprüngliche und die durch Umkehrung entstandene Zahl zu addieren. Das Resultat dieser Addition läßt A sich nun angeben, jedoch mit Ausnahme einer Ziffer, die A selbst zu erraten sich anheischig macht.

Sind a, b, c, d von links nach rechts die Ziffern der gedachten vierstelligen Zahl, so hat diese den Wert:

$$1000\,a + 100\,b + 10\,c + d$$

und die durch Umkehrung der Ziffern daraus hervorgehende:

$$1000\,d + 100\,c + 10\,b + a$$

Die Summe der beiden ist also: $1001\,(a + d) + 110\,(b + c)$,

und diese Zahl ist nun, da 1001 und 110 Vielfache von 11 sind, stets durch 11 teilbar. Alsdann ist es aber sehr leicht möglich, eine Ziffer des Resultats, die uns vorenthalten wird, zu ergänzen; denn bekanntlich besitzt jede durch 11 teilbare Zahl die Eigenschaft, daß die Summe ihrer ersten, dritten, fünften usw. Ziffer und die Summe ihrer zweiten, vierten, sechsten usw. Ziffer sich um 0 oder ein Vielfaches von 11 unterscheiden. Denkt B sich beispielsweise die Zahl 1918, so ergibt diese zusammen mit der umgekehrten Zahl, d. h. mit 8191, die Summe 10109, und wenn B nun dem A die dritte Ziffer vorenthält und nur die übrigen vier: 10.09 angibt, so vermag A sofort zu sagen, daß die fehlende dritte Ziffer 1 sein muß $(1 + 1 + 9 = 0 + \mathbf{11})$.

Man erkennt leicht, daß dies Verfahren nicht nur bei vierstelligen, sondern bei beliebigen Zahlen von gerader Stellenzahl anwendbar ist.

XI. Zwei Zahlen: die eine gerade, die andere ungerade, liegen vor. Von zwei Personen (B und C) soll die eine die eine der Zahlen, die andere die andere wählen. A soll erraten, wer die gerade Zahl gewählt hat[1]).

Zu dem Ende fordert A die Person B auf, die von ihr gewählte Zahl zu verdoppeln, und die Person C, die ihrige zu verdreifachen, und läßt sodann die beiden Resultate addieren und diese Summe sich angeben. Ist die Summe gerade, so geht daraus offenbar hervor, daß B die ungerade Zahl gewählt hat und C die gerade; bei ungeradem Resultat ist es umgekehrt. Denn wenn C, der seine Zahl mit 3 zu multiplizieren hat, die ungerade Zahl gewählt hat, so wird sein Produkt ungerade und damit offenbar auch die Summe der beiden Produkte, während im anderen Falle diese Summe offenbar gerade wird.

---

[1]) Siehe B a c h e t, l. c., Ausgabe von 1612, p. 59—61 („Probleme VIII“); Ausgabe von 1879, p. 47 f. („Problème IX“).

Man hätte natürlich statt 2 auch eine andere gerade Zahl ebensogut für den einen Multiplikator wählen können und statt 3 irgendeine andere ungerade Zahl, insbesondere auch 1, hätte also dort von einer Multiplikation ganz absehen können; immerhin wäre in diesem letzteren Falle das Verfahren als Kunststück wohl allzu durchsichtig geworden.

In historischer Beziehung mag noch bemerkt werden, daß das von uns zitierte Werk Bachets keineswegs das früheste Vorkommnis dieses Kunststücks darstellt, vielmehr findet sich dieses insbesondere bereits in lateinischen Handschriften[1]), die aus dem 14. Jahrhundert stammen und die Sammlungen von Scherzaufgaben enthalten, und zwar hier in einer Fassung, die wir modernisiert so wiedergeben wollen:

Jemand (B) hat in der einen Hand ein Zweimarkstück, in der anderen ein Dreimarkstück. Ein anderer (A) will erraten, in welcher Hand das eine und in welcher das andere Geldstück steckt.

Das Verfahren ist natürlich das gleiche wie zuvor: Verdoppelung des Geldes der Rechten, Verdreifachung desjenigen der Linken, darauf Addition und Angabe, ob die Summe gerade oder ungerade ist.

Das Verfahren unseres Kunststücks läßt sich übrigens leicht ausdehnen auf den Fall[2]), daß irgend zwei Zahlen b und c gegeben sind, die relativ prim, aber nicht beide Primzahlen sind. Enthält die eine Zahl, b, beispielsweise den Faktor p, so gibt A seine Anweisung etwa dahin, daß B die von ihm gewählte Zahl mit p, C die seinige mit q, das relativ prim zu p, sonst aber beliebig gewählt sein mag, multipliziere und sodann beide Produkte addiert werden. Ist diese Summe nun durch p teilbar, so ist damit erwiesen, daß die Person C die Zahl b gewählt hat; denn dann ist diese Summe ja $c \cdot p + b \cdot q$, d. h. durch p teilbar, während sie im anderen Falle $b \cdot p + c \cdot q$, also nicht durch p teilbar, ist.

Auch wenn die beiden gegebenen Zahlen nicht relativ prim sind, sondern etwa die eine (b) gerad-gerade, d. h. durch 4 teilbar, die andere (c) ungerad-gerade, d. h. durch 2, aber nicht durch

<hr>

[1]) Siehe M. Curtze, „Mathematisch-historische Miscellen", Bibl. mathem. N. F. IX, 1895, p. 77.

[2]) Siehe Bachet, l. c., Ausgabe von 1612, p. 64—67 („Probleme X" nebst „Advertissement"); Ausgabe von 1879, p. 50 f. („Problème XI").

4 teilbar ist, läßt sich ein geeignetes Verfahren leicht angeben: Man läßt B wieder seine Zahl mit 2, C die seinige mit 3 multiplizieren und die Summe der Produkte angeben. Wählte B die gerad-gerade Zahl b, so ist die resultierende Summe, $2 . b + 3 . c$ nämlich, ungerad-gerade; wählte B aber die Zahl c, so ist die Summe, d. h. $2 . c + 3 . b$, gerad-gerade, so daß A hiernach leicht erkennen kann, wie die Wahl getroffen ist.

XII. Das Erraten zweier einstelliger Zahlen, die jemand sich gedacht hat.

A, der zwei einstellige Zahlen erraten will, die B auf seine Aufforderung hin sich denkt, wendet etwa das folgende Verfahren, das dem oben sub I gelehrten nachgebildet ist, an: A gibt dem B auf, von der ersten Zahl das Neunfache zu nehmen und dazu die zweite Zahl zu addieren, sodann von dieser Summe das Zehnfache zu nehmen und dazu 5 und das Zehnfache der ersten Zahl zu addieren. Die alsdann sich ergebende dreistellige Zahl, die B dem A nun angibt, weist an erster und zweiter Stelle Stelle die beiden Zahlen auf, die B sich gedacht hat, während am Ende eine für unseren Zweck bedeutungslose 5 steht.

Werden die beiden Zahlen, die B sich gedacht hat, x und y genannt, so ergeben nämlich die von A vorgeschriebenen Operationen der Reihe nach:

$$9\,x$$
$$9\,x + y$$
$$90\,x + 10\,y$$
$$90\,x + 10\,y + 5 + 10\,x = 100\,x + 10\,y + 5.$$

XIII. Das Erraten zweier beliebiger Zahlen, die jemand sich gedacht hat.

Die von A dem B erteilte Vorschrift lautet so: Nimm die Differenz beider Zahlen, multipliziere diese Differenz mit der kleineren der beiden Zahlen und subtrahiere darauf dies Produkt von dem Produkt der beiden Zahlen. Aus dem Resultat, das B dem A nun nennt, braucht dieser nur die Quadratwurzel zu ziehen, um sogleich die kleinere der beiden gedachten Zahlen zu erhalten.

Sind nämlich x und y die beiden gedachten Zahlen, x die größere von ihnen, so sind nach der Vorschrift von A der Reihe nach die folgenden Ausdrücke zu bilden:

$$x - y; \quad (x - y) . y = x\,y - y^2; \quad x\,y - (x\,y - y^2) = y^2.$$

Dieser Wert, der dem A angegeben wird, liefert ihm also, wie gesagt, sofort die kleinere der beiden gedachten Zahlen.

Um die größere der beiden gedachten Zahlen zu finden, läßt man die Differenz der beiden Zahlen mit der größeren multiplizieren, also $(x - y) x = x^2 - x y$ bilden und hierzu das Produkt der beiden Zahlen, $x y$ also, addieren. Das Ergebnis (x^2), das B dem A nennt, liefert diesem dann durch Quadratwurzelausziehung sogleich die größere der beiden Zahlen.

XIV. Das Erraten von mehreren, etwa vier, einstelligen Zahlen.

Der Ratende (A) gibt dem B, der sich vier einstellige Zahlen gedacht hat, etwa folgende Weisungen: Nimm das Fünffache der ersten Zahl und addiere dazu die zweite Zahl, sowie 6; diese Summe multipliziere mit 20 und addiere dazu die dritte Zahl und 3; diese Summe multipliziere mit 10 und subtrahiere davon alsdann das Hundertfache der zweiten Zahl; schließlich addiere dazu die vierte Zahl und 4. Das so erhaltene Resultat, das dem A angegeben wird, liefert ihm dadurch, daß er davon 1234 abzieht, sogleich die vier gedachten Zahlen.

Das Verfahren, das den in den ersten Abschnitten dieses Kapitels für das Erraten einer Zahl gebrauchten nahe verwandt ist, ist durch folgende der Reihe nach zu bildende Ausdrücke gekennzeichnet, wobei a, b, c, d die vier gedachten Zahlen sind:

$$5\,a + b + 6$$
$$100\,a + 20\,b + 120 + c + 3$$
$$1000\,a + 200\,b + 1230 + 10\,c - 100\,b$$
$$1000\,a + 100\,b + 10\,c + 1230 + d + 4 = 1000\,a + 100\,b + 10\,c + d + 1234.$$

Nach Subtraktion von *1234* bleibt somit in der Tat die vierstellige, von den vier gedachten Zahlen a, b, c, d gebildete Zahl $1000\,a + 100\,b + 10\,c + d$ allein übrig.

Dieses Verfahren bleibt natürlich auch dann noch anwendbar, wenn von den vier gedachten Zahlen die erste, a, zweistellig ist, die anderen drei aber einstellig sind. So läßt sich insbesondere folgende, in der einschlägigen Literatur viel vorkommende Aufgabe nach diesem Verfahren lösen: In einer Gesellschaft von 20 Personen ist einer Person ein Ring auf den Finger gesteckt; jemand außerhalb dieses Kreises soll erraten, wo sich der Ring befindet, und zwar 1. bei welcher Person, 2. an welcher der beiden Hände, 3. auf welchem Finger, 4. auf welchem Gliede des Fingers. Es handelt sich mithin um die Bestimmung von vier Zahlen, von denen die erste ein- oder zweistellig, die übrigen einstellig sind. Die Personen braucht man sich nur im Kreise herum von einer gewissen Stelle ab mit 1—20 numeriert zu denken; ferner denke man sich jede linke Hand mit 1, jede rechte mit 2 bezeichnet; die Finger jeder Hand mögen vom Daumen ab mit 1—5 numeriert werden und die Glieder jedes Fingers von der Spitze ab nach der Wurzel hin. Das vorstehende Verfahren oder ein anderes äquivalentes liefert alsdann die gesuchten vier Zahlen.

$XV.$ *Den Geburtstag einer Person in einer Gesellschaft zu erraten.*

Ein hierfür anzuwendendes Verfahren, ähnlich dem soeben (sub XIV) gebrauchten, wollen wir uns selbst herleiten[1]), etwa in folgender Weise: Der Tag sei der $x$te seines Monats, der Monat der $y$te des Jahres und die Jahreszahl sei z, wobei das Jahrhundert fortgelassen werden darf, da über dieses, wenn es sich um eine anwesende, dem Ratenden bekannte Person handelt, kein Zweifel bestehen kann. Jede der drei zu ratenden Größen x, y, z ist mithin eine ein- oder zweistellige Zahl, und als Ziel schwebt uns vor, daß der Ratende zum Schluß eine sechsstellige Zahl vor sich sieht, deren erstes Ziffernpaar ihm den Tag (x), deren zweites den Monat (y) und deren letztes ihm das Jahr (z) angibt. Natürlich darf das ganze Verfahren nicht allzu durchsichtig sein, und man wird daher zum Zwecke einer Verschleierung anstreben, daß in der sechsstelligen Zahl nicht die gesuchten Ziffern selbst, sondern etwa alle um 1 zu groß erscheinen, wodurch der Kunstgriff für viele Augen bereits genügend verhüllt wird.

Die Operationen, die der Ratende nun mit den Größen x, y, z ausführen läßt, um sich am Ende das Resultat der Rechnung angeben zu lassen, sollen sich tunlichst auf Addition und Multiplikation beschränken, damit jedenfalls das Auftreten nega-

---

[1]) Vgl. einen Brief resp. eine Abhandlung von Haton de la Goupillière („Théorie algébrique d'un jeu de société") in den Nouv. Annales de Mathématiques (4) X, 1910, p. 177—188.

tiver oder gebrochener Zahlen vermieden werde. Man nehme
also von dem Tage x etwa das a-fache und addiere dazu b, multipliziere diese Summe mit c und addiere dazu das d-fache von y,
multipliziere diese Summe mit e und addiere dazu das f-fache
von z, multipliziere diese Summe mit g und addiere dazu schließlich h. In Formelform stellt sich das Verfahren also so dar,
daß man den Ausdruck bildet:

$$\left\{\left[(a \cdot x + b) \cdot c + d \cdot y\right] \cdot e + f \cdot z\right\} \cdot g + h.$$

Unserer Forderung gemäß soll dieser Ausdruck nun sein
$= 10000\,x + 100\,y + z + i$, wo i, wie wir vorläufig annahmen,
etwa 111111 ist. Wir erhalten so die Bedingungsgleichung:

$$a\,c\,e\,g \cdot x + b\,c\,e\,g + d\,e\,g \cdot y + f\,g \cdot z + h = 10000 \cdot x + 100 \cdot y + z + i.$$

Da diese Gleichung für alle Werte von x, y, z bestehen soll, so
erfordert sie:

$$(1) \qquad a\,c\,e\,g = 10000$$
$$(2) \qquad d\,e\,g = 100$$
$$(3) \qquad f\,g = 1$$
$$(4) \quad b\,c\,e\,g + h = i.$$

Aus Gleichung (1) und (2) folgt: $\dfrac{a\,c}{d} = 100$ oder $a\,c = 100\,d$.

Soll das ganze Verfahren nach Möglichkeit einfach gestaltet
werden, so werden wir, um nicht zu große Zahlen zu bekommen,
$d = 1$, also $a\,c = 100$, ansetzen. Da gebrochene und negative
Größen vermieden werden sollen, so bestimmen wir wegen
Gleichung (3): $f = g = 1$. Durch diese Festsetzungen reduzieren
unsere Gleichungen sich auf folgende:

$$a\,c = 100$$
$$d = f = g = 1$$
$$e = 100$$
$$100\,b\,c + h = i.$$

Wenn a und c ganze Zahlen sein sollen, so bestehen dafür wegen
$a\,c = 100$ die Möglichkeiten $1 \cdot 100$, $2 \cdot 50$, $4 \cdot 25$, $5 \cdot 20$, $10 \cdot 10$
resp. diejenigen mit Vertauschung der beiden Faktoren. Von
diesen Möglichkeiten scheiden die erste und letzte wohl von
vornherein aus, da die Multiplikationen mit 10 und 100 das
Verfahren allzu durchsichtig machen würden; man wird sich also

für eine der anderen Eventualitäten, etwa für $a = 20$, $c = 5$, entscheiden. Die Gleichung $100\,b\,c + h = i$ nimmt alsdann die Form an:

$$500\,b + h = i$$

oder, wenn wir, wie geplant, $i = 111111$ festsetzen:

$$500\,b + h = 111111.$$

Um diese Gleichung zu befriedigen, setzen wir etwa: $b = 222$, $h = 111$ fest.

Das Verfahren, das sich so ergibt, findet also seinen Ausdruck in folgender Vorschrift: Nimm von der Zahl, die den Tag angibt, das Zwanzigfache und addiere dazu 222; diese Summe multipliziere mit 5 und addiere dazu die Zahl, die den Monat angibt; diese Summe multipliziere mit 100 und addiere dazu die Jahreszahl, sowie 111. Diese Summe läßt der Ratende sich angeben und braucht dann nur 111111 davon abzuziehen, um Tag, Monat, Jahr zu erhalten.

In Formelform ausgedrückt, sieht unser Verfahren so aus:

$$\left[(20 \cdot x + 222) \cdot 5 + y\right] \cdot 100 + z + 111 = 10\,000\,x + 100\,y + z + 111111.$$

Ist der zu erratende Geburtstag beispielsweise der 14. Februar 1877, so wäre $x = 14$, $y = 2$, $z = 77$ zu setzen, und es wäre zu bilden:

$$20 \cdot 14 = 280$$
$$280 + 222 = 502$$
$$502 \cdot 5 = 2510$$
$$2510 + 2 = 2512$$
$$2512 \cdot 100 = 251200$$
$$251200 + 77 + 111 = 251388.$$

Diese Zahl würde dem Ratenden genannt werden, und er subtrahierte dann nur in Gedanken davon 111111, erhielte also 140277, d. h. 14. II. 77.

Man beachte, daß wir bei allen Festsetzungen bestrebt waren, ein tunlichst einfaches Verfahren zu erhalten, und daß man natürlich ein wesentlich komplizierteres, insbesondere zum Zwecke der Verschleierung, hätte konstruieren können.

Kapitel VII.

Das Erraten der Verteilung von mehreren Gegenständen unter eine entsprechende Anzahl von Personen.

Drei Schalen mit Früchten: Aprikosen, Erdbeeren und Johannisbeeren, stehen auf einem Tisch, und drei Personen: Adolf, Berthold, Christoph, nehmen von diesen drei Schalen je eine und verzehren die Früchte. R, eine vierte Person, kommt hinterher hinzu und macht sich anheischig, zu erraten, welche Schalen die einzelnen gewählt haben. Zu dem Ende gibt er von 24 Spielmarken dem Ersten (Adolf) eine, dem Zweiten (Berthold) 2, dem Dritten (Christoph) 3 Spielmarken und legt den Rest der 18 Spielmarken auf den Tisch mit der Aufforderung, derjenige, der die erste Schale, die der Aprikosen, gewählt habe, solle von den 18 Spielmarken ebenso viele an sich nehmen, wie er bereits von ihm (R) erhalten habe; der Erwähler der zweiten Schale, mit den Erdbeeren, solle doppelt so viele Spielmarken nehmen wie er von R bekommen, und der Erwähler der dritten Schale, mit den Johannisbeeren, viermal soviel. Die drei Personen verfahren dieser Weisung gemäß, ohne daß jedoch R hiervon etwas sieht. Hinterher wendet R sich wieder dem Tisch zu, wobei er sieht, wie viele von den 18 Spielmarken übriggeblieben sind, und gibt darauf an, wer die einzelnen Schalen gewählt hat[1]).

---

[1]) Das Spiel ist behandelt von Bachet, l. c., Ausgabe von 1612, p. 115 ff.; Ausgabe von 1879, p. 127 ff.; doch findet es sich offenbar schon vorher in der Literatur: Bachet zitiert und kritisiert hier (Ausgabe von 1612, p. 124 ff.) die seinen Angaben nach fehlerhafte Behandlung, die der Gegenstand im dritten Bande der Arithmetik von Forcadel, eines in den Jahren 1556—1557 erschienenen Werkes, das mir

Für die Anzahl der auf dem Tisch verbleibenden Spielmarken kommt, wie wir noch weiter unten näher begründen werden, nur eine der folgenden Zahlen in Betracht: *1, 2, 3, 5, 6, 7*, und aus dieser Restzahl von Spielmarken, die R auf dem Tisch liegen sieht, kann er sogleich e i n d e u t i g erkennen, wer die einzelnen Schalen gewählt hat. Als mnemotechnischer Führer vermag ihm hierbei der folgende Merkvers zu dienen:

Par fer, César, jadis, devint, si grand, prince.

Wir haben diesen Merkvers, ohne Rücksicht auf die sprachliche Bedeutung, geflissentlich durch Kommata in sechs Stücke geteilt, und von jedem dieser sechs Stücke interessieren uns nur die darin vorkommenden Vokale. Je nachdem nämlich die Zahl der auf dem Tische verbliebenen Spielmarken *1, 2, 3, 5, 6, 7* ist, nimmt R von den sechs Stücken des Merkverses das erste, zweite, dritte usw. Sieht er beispielsweise, daß auf dem Tisch noch 5 Spielmarken liegen, so nimmt er von dem Merkvers, da *5* die vierte der sechs möglichen Restzahlen ist, das vierte Stück: „devint“, und die darin vorkommenden Vokale: *e, i* besagen ihm dann: Die erste Person (Adolf) hat *e*, die Schale der Erdbeeren, gewählt und die zweite (Berthold) *i (j)*, die Schale der Johannisbeeren, die dritte (Christoph) also, was nicht mehr ausgedrückt zu werden braucht, *a*, die Schale mit den Aprikosen. In der Tat ergibt sich folgendes: Wenn Adolf *e*, den zweiten Gegenstand, gewählt hat, so muß er der von R gegebenen Vorschrift gemäß von den 18 Spielmarken *2* nehmen; Berthold als Erwähler von *i* hat $2 \cdot 4 = 8$ Marken zu nehmen und Christoph deren $3 \cdot 1 = 3$. Das sind zusammen 13 Spielmarken, so daß also 5 auf dem Tisch bleiben. Dabei bleibt denn nur noch die Frage offen, ob dieses Resultat: ein Rest von 5 Spielmarken, nicht auch zugleich bei einer anderen Konfiguration sich ergeben kann, oder ob diese Beziehungen überall umkehrbar eindeutig sind. Denn nur dann natürlich, wenn einem bestimmten Rest von Spielmarken eindeutig eine

<hr>

zurzeit nicht zugänglich ist, gefunden hat, und A. L a b o s n e nennt in der von ihm besorgten B a c h e t - Ausgabe von 1879 (p. 134; s. dazu p. 92, Anm.) ein zu Madrid 1599 erschienenes Werk von D i e g o P a l o - m i n o; anscheinend kann dies nur der „Liber de mutatione aeris, in quo assidua et mirabilis mutationis temporum historia cum suis causis enarratur“ (Matriti 1599) sein, ein Werk, das mir unbekannt ist und auch mit Hilfe des Auskunftsbureaus der Deutschen Bibliotheken nicht erreichbar war.

bestimmte Konfiguration entspricht, vermag R die Aufgabe, die er sich gestellt, mit Sicherheit zu erfüllen.

Um dahin zu gelangen, diese Verhältnisse zu durchschauen, nehmen wir zunächst an, daß wir folgende Konfiguration haben:

$$\begin{matrix} A & B & C \\ a & e & i, \end{matrix}$$

wobei A, B, C für Adolf, Berthold, Christoph gesetzt sind. Die Anzahl der Spielmarken, die die drei Personen dann vom Tisch nehmen, ist $1 \cdot a + 2 \cdot e + 3 \cdot i$; dabei verstehen wir unter a, e, i jetzt natürlich nicht die drei Gegenstände, sondern gewisse ihnen entsprechende Zahlenäquivalente: In der Vorschrift des R, die wir oben gaben, waren dies die Zahlen $a = 1$, $e = 2$, $i = 4$, doch wollen wir uns jetzt die Entscheidung über die Wahl der Zahlen noch vorbehalten. Außer dieser einen Konfiguration $\begin{smallmatrix} A & B & C \\ a & e & i \end{smallmatrix}$ gibt es nun offenbar noch fünf weitere, nämlich alle diejenigen, die durch Permutation der drei Elemente a, e, i aus dieser hervorgehen. Die Anzahlen der Spielmarken, die vom Tische genommen werden, sind nun der Reihe nach für diese sechs verschiedenen Fälle die folgenden:

$$(\mathrm{I}) \quad \begin{cases} 1 \cdot a + 2 \cdot e + 3 \cdot i \\ 1 \cdot a + 2 \cdot i + 3 \cdot e \\ 1 \cdot e + 2 \cdot a + 3 \cdot i \\ 1 \cdot e + 2 \cdot i + 3 \cdot a \\ 1 \cdot i + 2 \cdot a + 3 \cdot e \\ 1 \cdot i + 2 \cdot e + 3 \cdot a \end{cases}$$

Sollen sich nun, wie wir ja als unerläßliches Postulat erkannten, in allen sechs Fällen verschiedene Spielmarkenreste ergeben, so müssen diese sechs Ausdrücke sämtlich verschieden groß sein, und man wird also die Frage aufwerfen, wann darunter zwei gleiche vorkommen. Wir kommen so im ganzen, da jeder Ausdruck mit jedem anderen zu kombinieren ist, auf 15 Bedingungsgleichungen. Diese selbst brauchen wir hier, da sie äußerst einfach sind, im einzelnen nicht anzugeben; sie reduzieren sich sämtlich auf die Forderung, daß zwei der Größen a, e, i einander gleich sind oder aber eine der drei Größen a, e, i das arithmetische Mittel der beiden anderen ist. Ist umgekehrt keine dieser Bedingungen erfüllt, sind also a, e, i voneinander verschieden, und ist die der

Größe nach mittlere der drei Zahlen nicht gerade das arithmetische Mittel der beiden anderen, so können unter den sechs Ausdrücken (I) also keinerlei gleiche vorkommen. Die oben angegebenen Werte $a = 1$, $e = 2$, $i = 4$ genügen dieser Forderung, während $a = 1$, $e = 2$, $i = 3$ beispielsweise nicht genügen würden. Ebenso würden z. B. $a = 1$, $e = 2$, $i = 5$ oder $a = 2$, $e = 3$, $i = 5$ usw. genügen; nur müßte bei diesen Festsetzungen die Zahl der Spielmarken größer sein, da beispielsweise für $a = 1$, $e = 2$, $i = 5$ der erste Ausdruck von (I) den Wert 20 hätte. Wählt man nun, wie oben geschah, $a = 1$, $e = 2$, $i = 4$, so ergeben sich für die sechs Ausdrücke (I) der Reihe nach die folgenden Werte: $17, 15, 16, 13, 12, 11$, so daß also als Reste von 18 sich der Reihe nach diese ergeben: $1, 3, 2, 5, 6, 7$. Um eine Anordnung dieser Reste nach ihrer Größe zu haben, denken wir uns den zweiten und dritten Ausdruck von (I) miteinander vertauscht; zugleich sei jede der Konfigurationen von (I) durch die beiden ersten der Buchstaben a, e, i gekennzeichnet, also die letzte Konfiguration von (I) beispielsweise durch i, e. Alsdann entsprechen die sechs Konfigurationen und die Spielmarkenreste sich folgendermaßen, wobei wir der jeweiligen Konfiguration zugleich das betreffende Stück des Merkverses beigeben:

Rest	Konfiguration
1	a, e Par fer
2	e, a César
3	a, i jadis
5	e, i devint
6	i, a si grand
7	i, e prince

Man sieht also, daß der Spielmarkenrest eindeutig die betreffende Konfiguration erkennen läßt, und daß der Merkvers diese Beziehungen hinlänglich klar zum Ausdruck bringt. Übrigens wird auch ein anderer, lateinischer Merkvers, der den französischen zu ersetzen vermag, angegeben, nämlich [1]):

Salve, certa, animae, semita, vita, quies.

Dabei geben der dritte und vierte Teil nicht bloß die beiden ersten, sondern alle drei Vokale in ihrer gehörigen Reihenfolge: animae ($ae = e$) und semita.

Würde R, statt 24, 25 Spielmarken nehmen und den drei Personen A, B, C bzw. 1, 2, 4 Marken geben, so daß auf dem Tisch wieder, wie zuvor, 18 Marken verbleiben, und würden wir $a = 1$, $e = 2$, $i = 3$ festsetzen, so würden wir statt der Ausdrücke (I) solche von folgender Form:

$$1 \cdot a + 2 \cdot e + 4 \cdot i$$

haben, jedoch würden die Verhältnisse im wesentlichen dieselben geblieben sein, da die Faktoren in den Produkten nur gewissermaßen ihre Rollen vertauscht hätten. Jedenfalls leuchtet von vornherein ein, daß auch in diesem Falle sich für die sechs verschiedenen Konfigurationen wieder lauter verschiedene Reste ergeben, und das ist der springende Punkt hierbei. In der Tat: Nehmen wir die Konfigurationen wieder in derselben Reihenfolge wie in (I), also zunächst a, e, i, darauf a, i, e usw., so erhalten wir jetzt der Reihe nach folgende Reste: 1, 3, 2, 6, 5, 7. Denken wir uns sodann die Konfigurationen wieder so geordnet, daß die Reste ihrer Größe nach aufeinanderfolgen, also die zweite und dritte Konfiguration und ebenso die vierte und fünfte miteinander vertauscht, so würde sich folgender Merkvers als für diesen Fall geeignet erweisen [2]):

Avec, éclat, l'Aï, brillant, devint, libre.

Dem fünften der Reste 1, 2, 3, 5, 6, 7, d. h. dem Rest 6, ordnet dieser Merkvers (fünftes Stück: „devint") beispielsweise die Konfiguration e, i, a zu.

Auch das *Äquivalent Null* kann man natürlich einer der

---

[1]) Ich finde diesen z. B. bei O z a n a m, „Récréations mathématiques et physiques", t. I, Ausg. von 1790, besorgt von J. F. d e M o n t u c l a, p. 160.

[2]) Siehe A. L a b o s n e in seiner schon mehrfach zitierten B a c h e t - Ausgabe von 1879, p. 130.

Größen *a, e, i* geben und beispielsweise mit A. Labosne[1]) setzen: *a = 1, e = 3, i = 0*. Der Ratende *R* wird in diesem Falle im ganzen nur 18 Spielmarken nehmen und davon den *A, B, C*, wie im ersten Falle, bzw. *1, 2, 3* geben, also 12 Marken auf dem Tische zurücklassen. Die Beziehung zwischen den sechs Konfigurationen und den Resten *1, 2, 3, 5, 6, 7* gestaltet sich dann so, daß hier der Merkvers:

Il a, jadis, brillé, dans ce, petit, État

Anwendung findet. In tabellarischer Zusammenstellung prägt sich dies so aus:

Rest	Konfiguration
1	*i, a* Il a
2	*a, i* *jadis*
3	*i, e* *brillé*
5	*a, e* *dans ce*
6	*e, i* *petit*
7	*e, a* *État*

Beteiligen sich außer dem Ratenden *R vier Personen: A, B, C, D (D =* Dietrich) an dem Spiel, und stehen demgemäß **vier** Schalen mit Früchten, außer den angegebenen noch eine vierte mit Orangen (*o*), auf dem Tisch, von denen jede Person eine wählt, so gestaltet sich das Spiel folgendermaßen: *R gibt den Personen A, B, C, D bzw. 1, 2, 3, 4 Spielmarken, und auf sein Geheiß nimmt dann, ohne daß er selbst dies noch sieht, der Erwähler des ersten Gegenstandes (a) von den 78 Spielmarken, die R auf den Tisch gelegt hat, ebenso viele Spielmarken, wie er schon hat, der Erwähler des zweiten Gegenstandes (e) viermal, der des dritten (i) sechzehnmal so viele, wie er schon hat, während der Erwähler des vierten Gegenstandes (o) gar keine Spielmarken nimmt. Aus dem auf dem Tische verbleibenden Rest von Spielmarken, den R nun, sich dem Tische wieder zuwendend, sieht, vermag er eindeutig die betreffende Kon-*

---

[1]) Siehe l. c. p. 133.

Rest	A	B	C	D
0	o	a	e	i
1	a	o	e	i
3	o	e	a	i
5	a	e	o	i
7	e	o	a	i
8	e	a	o	i
12	o	a	i	e
13	a	o	i	e
18	o	e	i	a
21	a	e	i	o
22	e	o	i	a
24	e	a	i	o
27	o	i	a	e
29	a	i	o	e
30	o	i	e	a
33	a	i	e	o
38	e	i	o	a
39	e	i	a	o
43	i	o	a	e
44	i	a	o	e
46	i	o	e	a
48	i	a	e	o
50	i	e	o	a
51	i	e	a	o

figuration zu erkennen[1]). In der Tat ergeben sich zwischenden Spielmarkenresten und den 24 verschiedenen Konfigurationen die auf S. 71 zusammengestellten umkehrbar eindeutigen Zuordnungen.

Das allgemeine mathematische Problem, um das es sich hier handelt, wäre so zu formulieren: *In dem Ausdruck $x_1 \cdot y_1 + x_2 \cdot y_2 + x_3 \cdot y_3 + \ldots + x_n \cdot y_n$ werden mit den n Größen y sämtliche überhaupt möglichen Permutationen vorgenommen. Hierdurch entstehen im ganzen n! solche Ausdrücke; wie sind bei gegebenen, ganzzahligen Werten der x die y ganzzahlig so zu wählen, daß alle diese n! Summen verschiedene Werte haben?* Eine erschöpfende Erledigung dieses Problems ist bisher nicht gegeben[2]).

---

[1]) Auch diesen Fall der vier Personen behandelt und erledigt Bachet (Ausgabe von 1612, p. 120 ff.) bereits; seine Angabe, daß seines Wissens dies niemand vor ihm getan habe, ist nach Labosne, l. c., p. 134, dahin zu berichtigen, daß dieser Fall schon in dem bereits oben genannten Werke von Palomino eine ingeniöse Lösung gefunden hat.

[2]) Für den Fall, daß die x die Zahlen $1, 2, 3 \cdots n$ sind, hat A. Labosne (l. c. p. 241 f.) eine Lösung des Problems gegeben, die jedoch wegen der dabei in der Regel auftretenden allzu großen Zahlen keinen rechten praktischen Wert besitzt und daher im Grunde nur die Möglichkeit einer Lösung erweist. An sich bietet sich diese Lösung übrigens leicht dar, zumal in der besonderen Form, in der Bourlet sie gab (die Notiz Bourlets aus dem Bull. des sc. mathém. 17, Paris 1893, p. 105—107, ist mir allerdings im Augenblick im Original nicht zugänglich; ich schöpfe hier vielmehr aus zweiter Quelle, nämlich aus: W. Rouse Ball, „Récréations mathématiques et problèmes des temps anciens et modernes", 2. französ. Ausgabe von J. Fitz-Patrick, t. I, Paris 1907 p. 98 f.).

Kapitel VIII.

Mathematische Scherze, Paradoxa, Curiosa.

$$\text{I.} \quad \frac{26}{65} = \frac{2}{5}.$$

In dem Ausdruck $\dfrac{2 \cdot 6}{6 \cdot 5}$ ist es natürlich erlaubt, den Faktor *6* im Zähler und Nenner durch „Heben" zu beseitigen, so daß der Ausdruck $= \dfrac{2}{5}$ wird. Seltsamerweise ist auch $\dfrac{26}{65} = \dfrac{2}{5}$, und es könnte hiernach scheinen, daß auch in diesem Ausdruck ein „Heben" der *6* des Zählers gegen die des Nenners erlaubt sei, zumal auch in anderen Brüchen, wie $\dfrac{19}{95} = \dfrac{1}{5}$ oder $\dfrac{16}{64} = \dfrac{1}{4}$, ein solches „Heben" zulässig zu sein scheint.

Fragen wir also, *welche Brüche mit zweistelligem Zähler und Nenner eine solche Streichung je einer Ziffer gestatten!* Sind a, b die Ziffern des Zählers und b die gleichfalls im Nenner vorkommende und c dessen zweite Ziffer, so drückt sich unsere Forderung durch die folgende Gleichung aus:

$$\frac{10\,a + b}{10\,b + c} = \frac{a}{c}.$$

Es muß also $10\,ac + bc = 10\,ab + ac$ oder $c = \dfrac{10\,ab}{9\,a + b}$ sein. Dabei dürfen wir annehmen, daß a und b verschieden sind; denn der Fall $a = b$ wäre trivial, weil alsdann auch $c = a = b$ wäre. Nimmt man nun 1) $a = 1$ an, so lautet unsere Bedingungsgleichung: $c = \dfrac{10\,b}{9+b}$, und diese liefert uns für c ganz-zahlige Werte nur, wenn $b=6$ oder $b=9$ ist, und zwar im ersteren Falle: $c=4$, im zweiten: $c=5$. Die so erhaltenen Brüche $\dfrac{16}{64}$ und $\dfrac{19}{95}$ kennen wir bereits. Ist 2) $a=2$, so ergibt sich nur für $b=6$ ein brauchbarer Wert von c, nämlich: $c=5$. Der so erhaltene Bruch $\dfrac{26}{65}$ ist uns gleichfalls schon bekannt. Für $a=3$ erhalten wir überhaupt keine Lösung und für $a=4$ nur eine, nämlich: $b=9$, $c=8$, d. h. den Bruch $\dfrac{49}{98} = \dfrac{4}{8} = \dfrac{1}{2}$. Für $a>4$ ergeben sich überhaupt keine Lösungen mehr. Es genügen somit unserer Forderung nur folgende Brüche: $\dfrac{16}{64}$; $\dfrac{19}{95}$; $\dfrac{26}{65}$; $\dfrac{49}{98}$ und natürlich die dazu rezi-proken.

Wir können übrigens dieser Betrachtung noch einen Zusatz geben: Wenn unsere obige Bedingungsgleichung

$$10\,ac + bc = 10\,ab + ac \quad \text{erfüllt ist, so ist auch}$$
$$110\,ac + 11\,bc = 110\,ab + 11\,ac$$

oder $\quad 100\,ac + 10\,bc + bc = 100\,ab + 10\,ab + ac$

oder $\quad c\,(100\,a + 10\,b + b) = a\,(100\,b + 10\,b + c)$,

also $\quad \dfrac{100\,a + 10\,b + b}{100\,b + 10\,b + c} = \dfrac{a}{c}$, mit anderen Worten:

wenn $\dfrac{10\,a + b}{10\,b + c} = \dfrac{a}{c}$ ist, so ist auch $\dfrac{100\,a + 10\,b + b}{100\,b + 10\,b + c} = \dfrac{a}{c}$ oder,

angewandt auf unsere speziellen Brüche: Da $\dfrac{26}{65} = \dfrac{2}{5}$ ist, so ist

auch $\dfrac{266}{665} = \dfrac{2}{5}$; da $\dfrac{19}{95} = \dfrac{1}{5}$ ist, so auch $\dfrac{199}{995} = \dfrac{1}{5}$ usw. Ja, man

kann dies noch weiter fortsetzen; denn es ist auch $\dfrac{2666}{6665} = \dfrac{2}{5}$

und ebenso $\dfrac{26666}{66665} = \dfrac{2}{5}$ usw.; einen Beweis hierfür zu geben, darf dem Leser überlassen bleiben.

$$\textbf{II.} \quad \sqrt{2\,\frac{2}{3}} = 2\sqrt{\frac{2}{3}}.$$

Es ist $\sqrt{2\frac{2}{3}} = \sqrt{\frac{8}{3}} = 2\sqrt{\frac{2}{3}}$; ebenso $\sqrt{3\frac{3}{8}} = \sqrt{\frac{27}{8}} = 3\sqrt{\frac{3}{8}}$; ebenso $\sqrt{4\frac{4}{15}} = \sqrt{\frac{64}{15}} = 4\sqrt{\frac{4}{15}}$ und $\sqrt{5\frac{5}{24}} = \sqrt{\frac{125}{24}} = 5\sqrt{\frac{5}{24}}$.

In allen diesen Fällen tritt mithin die unter der Quadratwurzel stehende ganze Zahl einfach vor die Wurzel, und, wer sich befugt hält, auf Grund einiger Fälle zu verallgemeinern, würde sich so in die Lage versetzt fühlen, die schöne Formel

$$\sqrt{a + \frac{m}{n}} = a\sqrt{\frac{m}{n}}$$

aufzustellen. Ja, noch mehr als das: er würde vermutlich doch nicht auf halbem Wege stehen bleiben, sondern sogleich zu der allgemeineren Formel $\sqrt[k]{a + \frac{m}{n}} = a\sqrt[k]{\frac{m}{n}}$ fortschreiten. Denn auch für diese läßt sich die Richtigkeit durch zahlreiche Beispiele „beweisen". Ist doch beispielsweise

$$\sqrt[3]{2\frac{2}{7}} = \sqrt[3]{\frac{16}{7}} = 2\sqrt[3]{\frac{2}{7}} \quad \text{oder} \quad \sqrt[3]{3\frac{3}{26}} = \sqrt[3]{\frac{81}{26}} = 3\sqrt[3]{\frac{3}{26}} \quad \text{oder}$$

$$\sqrt[3]{4\frac{4}{63}} = \sqrt[3]{\frac{256}{63}} = 4\sqrt[3]{\frac{4}{63}} \quad \text{oder} \quad \sqrt[4]{2\frac{2}{15}} = \sqrt[4]{\frac{32}{15}} = 2\sqrt[4]{\frac{2}{15}} \quad \text{oder}$$

$$\sqrt[5]{2\frac{2}{31}} = \sqrt[5]{\frac{64}{31}} = 2\sqrt[5]{\frac{2}{31}} \quad \text{usw.}$$

Wann ist, so fragen wir also, $\sqrt[k]{a + \frac{m}{n}} = a\sqrt[k]{\frac{m}{n}}$? Gilt dies allgemein oder nur für ganz besondere Werte von k, a, m, n? Durch Potenzieren ergibt unsere Gleichung:

$$a + \frac{m}{n} = a^k \cdot \frac{m}{n}$$

$$\text{oder} \quad \frac{m}{n}(a^k - 1) = a$$

$$\frac{m}{n} = \frac{a}{a^k - 1}.$$

Soll also die angegebene Besonderheit bestehen, so muß $\frac{m}{n}$ ein Bruch dieser besonderen Form sein und zu der Zahl a in dieser besonderen Beziehung stehen; wir beschränken uns dabei auf diejenigen Fälle, wo a eine ganze Zahl und $\frac{m}{n}$ demnach jedenfalls ein Bruch im gewöhnlichen Sinne ist. In der Tat ist
$$\sqrt[k]{a + \frac{a}{a^k - 1}} = \sqrt[k]{\frac{a^{k+1}}{a^k - 1}} = a\sqrt[k]{\frac{a}{a^k - 1}}.$$
Unsere obigen numerischen Beispiele sind sämtlich von dieser Form.

III. $x^y = y^x$.

Es ist $2^4 = 16$ und $4^2 = 16$, d. h. $2^4 = 4^2$. Hiernach scheint es, daß in einer Potenz Basis und Exponent miteinander vertauschbar, also $x^y = y^x$, wäre. Daß dies jedoch nicht allgemein gilt, braucht kaum noch gesagt zu werden; ist doch beispielsweise 2^3 mit 3^2 keineswegs gleich, vielmehr ersteres 8, letzteres 9.

Fragen wir also, *wann die Gleichung*

$$x^y = y^x$$

in ganzen Zahlen oder Brüchen x, y besteht[1])! Wenn x und y Brüche bzw. ganze Zahlen sind, so ist $\frac{y}{x}$ auch ein Bruch (**eventuell** eine ganze Zahl), und wir wollen diesen Bruch mit $\frac{n}{m}$ bezeichnen (n und m also ganze Zahlen und, da $x = y$ trivial wäre, etwa $n > m$). Unsere Gleichung nimmt dann, wenn wir $y = \frac{n}{m}\,x$ setzen, die Form an:

---

[1]) In historischer und literarischer Beziehung vermag ich für diese Frage nur auf zwei kurze Briefstellen aus dem Briefwechsel zwischen Daniel Bernoulli und Goldbach hinzuweisen: jener schließt seinen Brief vom 29. Juni 1728 mit diesem „sehr merkwürdigen und von ihm gelösten" Problem, und Goldbach antwortet hierauf am 31. Januar 1729 unter kurzer Mitteilung seiner Lösung; s. „Correspondance mathématique et physique de quelques célèbres géomètres du XVIIIème siècle", herausg. von P. H. v. Fuss (St. Petersburg 1843), t. II, p. 262 und p. 280/81.

$$x^{\frac{n}{m}\,x} = \left(\frac{n}{m}\cdot x\right)^{x}$$

oder, wenn $x = \dfrac{a}{b}$ (a und b ganze Zahlen) ist:

$$x^{\frac{n}{m}\cdot\frac{a}{b}} = \left(\frac{n}{m}\cdot x\right)^{\frac{a}{b}}.$$

Daraus folgt:
$$\left(x^{\frac{n}{m}}\right)^{a} = \left(\frac{n}{m}\cdot x\right)^{a}$$

und weiter:
$$x^{\frac{n}{m}} = \frac{n}{m}\cdot x$$

$$x^{\frac{n-m}{m}} = \frac{n}{m}$$

$$x = \left(\frac{n}{m}\right)^{\frac{m}{n-m}}$$

$$y = \left(\frac{n}{m}\right)^{\frac{n}{n-m}}.$$

Natürlich dürfen wir dabei m und n als relativ prim voraussetzen, und so ist auch $n-m$ zu m sowohl wie zu n relativ prim. Die für x und y erhaltenen Ausdrücke können also rational nur sein, wenn $\sqrt[n-m]{\dfrac{n}{m}}$ rational ist, d. h. wenn sowohl der Zähler n wie der Nenner m eine $(n-m)$te Potenz ist. Das ist nun aber für $n-m \geq 2$ nicht möglich; denn, wenn wirklich m eine $p$te Potenz ist, wo p zur Abkürzung für $n-m$ gesetzt sei, d. h. wenn $m = \mu^{p}$ ist (μ eine ganze Zahl), so ist die $p$te Potenz der nächstgrößeren Zahl, d. h. $(\mu+1)^{p} = \mu^{p} + p\cdot\mu^{p-1} + \ldots + 1$,

also jedenfalls $\qquad > \mu^{p} + p$,

d. h. $\qquad\qquad > n$, so daß also, wie gesagt, m und n nicht zugleich $p$te Potenzen von ganzen Zahlen sein können. Es muß mithin, sollen x und y rational sein, notwendig $n-m = 1$ sein. Wir erhalten so das Resultat, daß

$$x = \left(\frac{m+1}{m}\right)^{m}$$

$$y = \left(\frac{m+1}{m}\right)^{m+1}$$

sein muß, und umgekehrt genügen auch alle Brüche dieser Form (m eine beliebige ganze Zahl) unserer Forderung; denn es ist:

$$x^y \text{ oder } \left\{\left(\frac{m+1}{m}\right)^m\right\}^{\left(\frac{m+1}{m}\right)^{m+1}} = \left(\frac{m+1}{m}\right)^{\frac{m \cdot (m+1)^{m+1}}{m^{m+1}}}$$

$$= \left(\frac{m+1}{m}\right)^{(m+1) \cdot \frac{(m+1)^m}{m^m}}$$

$$= \left\{\left(\frac{m+1}{m}\right)^{(m+1)}\right\}^{\left(\frac{m+1}{m}\right)^m}$$

$$\text{d. i.} \qquad = y^x.$$

Man ersieht aus dem für x und y erhaltenen Resultat übrigens sofort, daß die einzige ganzzahlige Lösung, die unsere Gleichung besitzt, die für $m = 1$ ist, und das ist die uns schon bekannte: $x = 2$, $y = 4$.

Für $m = 2$ erhält man die Lösung: $x = \frac{9}{4}$, $y = \frac{27}{8}$; in der Tat ist

$$\left(\frac{9}{4}\right)^{\frac{27}{8}} = \left(\frac{9}{4}\right)^{\frac{3}{2} \cdot \frac{9}{4}} = \left(\frac{3}{2}\right)^{3 \cdot \frac{9}{4}} = \left(\frac{27}{8}\right)^{\frac{9}{4}}.$$

Für $m = 3$ ergibt sich die Lösung: $x = \frac{64}{27}$, $y = \frac{256}{81}$.

IV. *Umkehrbare Quadratzahlen.*

Das Quadrat von 13 ist 169; kehrt man in dieser Zahl die Ziffernfolge um, schreibt man also 961, so hat man gerade das Quadrat der Zahl, die aus 13 durch Umkehrung der Ziffernfolge hervorgeht, nämlich von 31. Die Gleichung $13^2 = 169$ gestattet also auf beiden Seiten die Umkehrung der Ziffernfolge. Dasselbe gilt von $12^2 = 144$; denn es ist $21^2 = 441$.

So erhebt sich die Frage, welche zweiziffrigen Zahlen sonst noch diese Eigenschaft besitzen. Es seien x und y die beiden Ziffern einer solchen Zahl (x natürlich $\leqq y$, da $x = y$ trivial ist), und wir fordern also, daß, wenn wir nun die beiden Quadrate

$$(10\,x + y)^2 = 100\,x^2 + 20\,x\,y + y^2$$
$$(10\,y + x)^2 = 100\,y^2 + 20\,x\,y + x^2$$

berechnen, diese in solcher Beziehung zueinander stehen, daß die Zahl $100\,x^2 + 20\,xy + y^2$ durch Umkehrung ihrer Ziffernfolge in $100\,y^2 + 20\,xy + x^2$ übergeht. Dabei wollen wir zunächst annehmen, daß die Quadratzahlen nur dreiziffrig, x und y also jedenfalls ≤ 3 sind. Betrachten wir nun die erste unserer Quadratzahlen ($100\,x^2 + 20\,xy + y^2$), so rühren deren Einer ausschließlich von dem Gliede y^2 her, da die anderen Glieder zu den Einern keinen Beitrag liefern können; die Einer der Zahl sind also $\leq y^2$; entsprechend folgt, daß die Hunderter der zweiten Zahl $\geq y^2$ sind. Da nun aber die Einer der einen gleich den Hundertern der anderen sein sollen, so folgt, daß beide gerade $= y^2$ sein müssen. Ebenso ergibt sich, daß die Hunderter der ersten und die Einer der zweiten Zahl gerade $= x^2$ sein müssen. Wir ersehen hieraus, daß auch der Fall $x = 2$, $y = 3$ resp. umgekehrt auszuschließen ist, da alsdann $20\,x\,y > 100$ sein, also einen Beitrag zu den Hundertern liefern würde. Es bleiben somit nur die Fälle, daß von den Zahlen x, y die eine 1, die andere 2 oder 3 ist, und diese beiden Fälle: 12 und 13 erwähnten wir bereits oben. — Die vorstehenden Schlüsse gelten freilich für den Fall vierziffriger Quadratzahlen nicht mehr, doch liefert dieser Fall keine für unsere Frage brauchbaren Ergebnisse (s. die Note S. 96).

Wenden wir uns nun zu dreiziffrigen Zahlen, und nennen wir die drei Ziffern x, y, z, so hätten wir also die Ausdrücke zu betrachten:

$$(100\,x + 10\,y + z)^2 = 10000\,x^2 + 2000\,xy + 100\,y^2 + 200\,xz + 20\,yz + z^2$$

$$(100\,z + 10\,y + x)^2 = 10000\,z^2 + 2000\,yz + 100\,y^2 + 200\,xz + 20\,xy + x^2.$$

Diese beiden Ausdrücke sollen nun also in der Beziehung zueinander stehen, daß die Umkehrung der Ziffernfolge den einen in den anderen überführt. Dabei wollen wir auch hier annehmen, daß die Quadratzahlen nur fünf-, nicht sechsziffrig sind (s. die Note S. 96), und natürlich müssen alsdann x und $z \leq 3$ sein. Da $x = z$ trivial wäre, so wird also von den Zahlen x, z die eine mindestens $= 2$, also 2 oder 3, sein müssen; dann würde aber der eine der Ausdrücke $2000\,xy$ und $2000\,yz$, falls etwa $y > 2$ wäre, > 10000 werden, also einen Beitrag zu den Zehntausendern liefern, und es folgt somit, daß $y \leq 2$ sein muß. Man sieht so, daß die Ziffern der beiden Quadratzahlen die folgenden sind:

	Zehn-tausender	Tausender	Hunderter	Zehner	Einer
I.	x^2	$2\,x\,y$	$y^2 + 2\,x\,z$	$2\,y\,z$	z^2
II.	z^2	$2\,y\,z$	$y^2 + 2\,x\,z$	$2\,x\,y$	x^2

Aus dem Ausdruck der Hunderter: $y^2 + 2\,xz$ folgt, daß der Fall $x = 2$, $z = 3$ oder $x = 3$, $z = 2$ von vornherein auszuschließen ist, da alsdann selbst für $y = 0$ die Ziffer der Hunderter > 10 werden würde. Aus demselben Grunde entfällt für $y = 2$ die Annahme $x = 1$, $z = 3$ resp. $x = 3$, $z = 1$. Somit bleiben nur folgende Möglichkeiten übrig:

1) $y = 0$ und zwar a) $x = 1$, $z = 2$;   b) $x = 1$, $z = 3$;
2) $y = 1$ „   „   a) $x = 1$, $z = 2$;   b) $x = 1$, $z = 3$·
3) $y = 2$, $x = 1$, $z = 2$.

Alle die so sich ergebenden fünf Zahlen weisen in der Tat die geforderte Eigenschaft auf; es ist nämlich:

$$102^2 = 10404 \text{ und } 201^2 = 40401;$$
$$103^2 = 10609 \text{ „ } 301^2 = 90601;$$
$$112^2 = 12544 \text{ „ } 211^2 = 44521;$$
$$113^2 = 12769 \text{ „ } 311^2 = 96721;$$
$$122^2 = 14884 \text{ „ } 221^2 = 48841.$$

V. *Merkwürdige Multiplikationsergebnisse.*

Die Zahl *142857* liefert, nimmt man von ihr das Doppelte, Dreifache, Vierfache, Fünffache, Sechsfache, merkwürdige Resultate. Man erhält nämlich:

$$142857 \times 2 = 285714$$
$$142857 \times 3 = 428571$$
$$142857 \times 4 = 571428$$
$$142857 \times 5 = 714285$$
$$142857 \times 6 = 857142$$

Die Zahl selbst und die angegebenen Vielfachen weisen sämtlich den gleichen Ziffernzyklus auf, den wir in Fig. 12 auf der Peripherie eines Kreises darstellen: Für die Zahl selbst beginnt diese Ziffern-

folge mit 1, für das Doppelte der Zahl mit 2, für das Dreifache
mit 4 usw.; dabei ist die Drehungsrichtung auf dem Kreise in
allen Fällen die des Uhrzeigers. — Daß
die sechsziffrige Zahl bei diesen Multiplikationen mit 2, 3, 4, 5, 6 sich, abgesehen von dieser „zyklischen" Vertauschung ihrer sechs Ziffern, stets selbst
reproduzieren muß, ist nun von vornherein leicht folgendermaßen einzusehen:
Die Zahl $142\,857$ ist die Periode des

Dezimalbruchs, der $= \dfrac{1}{7}$ ist. Um eine

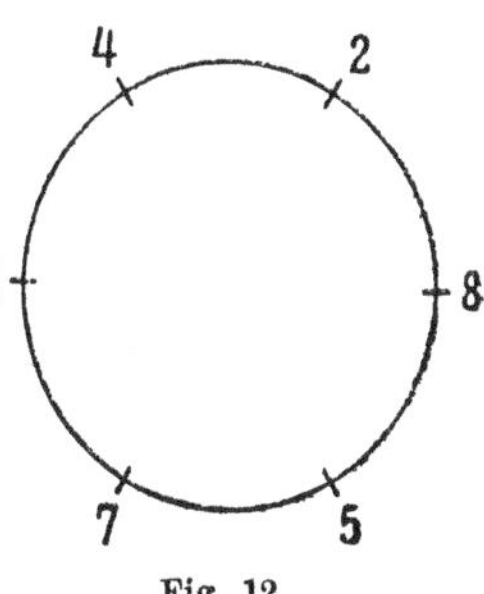

Fig. 12.

vollkommene Einsicht in diese Zahlenverhältnisse zu bekommen, geben wir hier das übliche Rechen-

schema für die Verwandlung von $\dfrac{1}{7}$ in einen Dezimalbruch an:

$$10 : 7 = 0,1428571 \ldots .$$
$$\underline{7}$$
$$30$$
$$\underline{28}$$
$$20$$
$$\underline{14}$$
$$60$$
$$\underline{56}$$
$$40$$
$$\underline{35}$$
$$50$$
$$\underline{49}$$
$$10$$

Hätte man, statt $\dfrac{1}{7}$, jetzt $\dfrac{2}{7}$ in einen Dezimalbruch zu verwandeln,
so wäre das Schema im wesentlichen dasselbe, nur wäre die erste
zu dividierende Zahl, statt vorher 10, jetzt 20, die bisher an
dritter Stelle vorkam, aber von da ab wäre der Gang derselbe;
es wäre also nur der Kopf des ersten Schemas abzutrennen und

am Schwanzende wieder anzufügen. Ähnlich ist es bei $\dfrac{3}{7}, \dfrac{4}{7}, \dfrac{5}{7}, \dfrac{6}{7}$.
Man sieht also, daß:

$$\frac{1}{7} = \frac{142\,857}{999\,999}$$

$$\frac{2}{7} = \frac{285\,714}{999\,999}$$

$$\frac{3}{7} = \frac{428\,571}{999\,999} \quad \text{usw.}$$

ist, und daß und warum alle diese auf den rechten Seiten im Zähler
auftretenden Zahlen dieselben sechs Ziffern, nur mit zyklischen
Vertauschungen, aufweisen müssen. Dabei ist der Zähler des
zweiten Bruches natürlich das Doppelte von dem des ersten,
weil der zweite Bruch $= \dfrac{2}{7}$, der erste $= \dfrac{1}{7}$ ist und die Nenner
gleich sind, und ebenso muß der Zähler des dritten Bruches
gleich dem Dreifachen von demjenigen des ersten sein.

Eine andere merkwürdige Multiplikationsbeziehung ist die
folgende:

$$999\,999\,999 \times 999\,999\,999 = 12\,345\,678\,987\,654\,321$$
$$\times (1+2+3+4+5+6+7+8+9+8+7+6+5+4+3+2+1)$$

Das Verständnis für diese Zahlenverhältnisse erhält man durch
folgende Erwägungen: Es ist $11 \times 11 = 121$; berechnet man
111×111, also dem üblichen Schema nach:

$$
\begin{array}{r}
111 \\
111 \\
111
\end{array}
$$

so erhält man 12321: Die Ziffern steigen von 1 bis zur Mitte hin
von Stelle zu Stelle um je eins und nehmen dann jenseits der
Mitte ebenso wieder ab. Analog ist $1111 \times 1111 = 1234321$ und
weiter auch $11111111 \times 11111111 = 123456789\,87654321$.
Nimmt man statt der Einsen in jeder Zahl überall Neunen, wie
auf der linken Seite unserer Gleichung geschieht, so hat man damit dem Produkt den $9 \times 9 = 81$ fachen Wert gegeben; $9 \times 9 = 81$
ist aber andererseits gerade der Wert unseres Klammerausdrucks

$$1+2+3+4+5+6+7+8+9+8+7+6+5+4+3+2+1,$$

wie folgende Schreibweise sogleich zeigt:

$$1+2+3+4+5+6+7+8+9$$
$$+8+7+6+5+4+3+2+1$$
$$\overline{9+9+9+9+9+9+9+9+9.}$$

Damit ist unsere Gleichung vollkommen verifiziert.

VI. *Ein russisches Multiplikationsverfahren.*

In Rußland, angeblich unter russischen Bauern, aber auch wohl jedenfalls im Geschäftsleben, wird nicht selten ein Multiplikationsverfahren angewandt, das wir an einem konkreten Beispiel, etwa 37×54, erläutern wollen:

37	*54 +*	
18	*108*	*54*
9	*216 +*	*216*
4	*432*	*1728*
2	*864*	*1998*
1	*1728 +*	

Das Verfahren besteht also darin, daß man von dem einen Faktor beständig die Hälfte — bei ungeraden Zahlen ohne den Rest 1 — und von dem anderen das Doppelte nimmt. So schreibt man statt der Faktoren *37* und *54* zunächst *18* und *108*, statt deren wieder *9* und *216* usw., bis der eine Faktor auf *1* reduziert ist. Bleibt bei den Divisionen durch 2 der Rest 1, wie in unserem Beispiel bei *37*, so setzt man zu der betreffenden Zeile rechts ein Kreuz; ebenso erhält die letzte Zeile, also diejenige, die links eine *1* aufweist, immer ein Kreuz. Zum Schluß werden die mit Kreuz versehenen Zahlen sämtlich addiert, und diese Summe ist das gesuchte Produkt [1]).

---

[1]) Auf das auch in Deutschland offenbar seit längerem bekannte Verfahren verwies kürzlich erneut eine Notiz von Th. Meyer in der Zeitschr. für den mathem. und naturw. Unterr., 47. Jahrg. (1916), S. 78—79, s. auch ebenda S. 228; der Herausgeber, W. Lietzmann, zitiert hierbei: E. Czuber, „Über ein Multiplikationsverfahren", Zeitschr. für das Realschulwesen, 40. Jahrg., 1915, Dezemberheft, der mit den Worten schließe: „Wir möchten einen leisen Zweifel dazu äußern, daß russische Bauern wirklich auf diese Weise multiplizieren." Siehe auch W. Rouse Ball, „Récréations mathématiques", 2. franzüs. Ausg. von J. Fitz-Patrick, t. I (Paris 1907), p. 52/53 (dort Hinweis auf Journ. de mathém. élém. 1896, p. 22, 23, 37).

Das Prinzip des Verfahrens ist äußerst einfach: Es sei $a \cdot z$ das zu berechnende Produkt. Nun ist $a \cdot z = \left(\dfrac{a - \varepsilon}{2}\right) \cdot (2\,z) + \varepsilon \cdot z$, und zwar gilt diese Gleichung identisch für jeden Wert von ε. Wir können also insbesondere festsetzen, daß für gerades a dieses $\varepsilon = 0$, für ungerades a dagegen $\varepsilon = 1$ sein soll. So schreiben wir denn das Produkt $a \cdot z$ in der Form $\left(\dfrac{a - \varepsilon}{2}\right) \cdot (2\,z)$, müssen aber in dem Falle, daß a ungerade ist, uns noch z, den zweiten der vorigen Faktoren, zu dem neuen Produkt addiert denken; diesen Addenden deuteten wir oben durch das Kreuz an. Auf das neue Produkt $\left(\dfrac{a - \varepsilon}{2}\right) \cdot (2\,z)$ wird dann dasselbe Verfahren: Halbierung des ersten, Verdoppelung des zweiten Faktors, Kreuz bei ungeradem erstem Faktor, angewandt usw. Schließlich sind zu dem letzten z, dessen zugehöriger Faktor 1 ist, alle diejenigen früheren z, deren $\varepsilon = 1$ war, d. h. alle mit Kreuz versehenen z, zu addieren, und diese Summe ist das zu berechnende Produkt.

VII. *Paradoxa.*

Ein Landmann hatte bestimmt, daß von seinen drei Erben der eine die Hälfte, der zweite ein Drittel und der dritte ein Neuntel des Erbes erhalten solle. Er hinterließ nun 17 Pferde, und die Erben waren in Verlegenheit, wie sie diese den Vorschriften des Erblassers gemäß unter sich verteilen sollten.

In dieser Notlage erbarmte sich ihrer ein Nachbar und sagte großmütig: „Ich gebe euch mein Pferd dazu; dann sind es 18 Pferde, und ihr könnt nun teilen: Der erste von euch bekommt die Hälfte, also 9 Pferde, der zweite bekommt ein Drittel, also 6 Pferde, und der dritte ein Neuntel, d. h. 2 Pferde. Das sind zusammen 17 Pferde; es bleibt mithin 1 Pferd übrig, das ist meins, das ich wieder mitnehme."

Wie ist es möglich, daß trotz der „Teilung" eins der 18 Pferde übrigbleibt? Wir haben es hier mit einem Zahlenscherz, einem „Witz", zu tun, der übrigens arabischen Ursprungs sein soll[1])

---

[1]) Diese Angabe, deren Richtigkeit ich nicht nachzuprüfen versucht habe, finde ich bei W. Rouse Ball, „Récréations mathématiques et problèmes des temps anciens et modernes", 2. franz. Ausgabe von

und der darauf beruht, daß $\frac{1}{2} + \frac{1}{3} + \frac{1}{9}$ weniger als ein Ganzes, nämlich nur $\frac{17}{18}$, ergibt. Der Erblasser, der dem einen Erben die Hälfte, dem anderen ein Drittel und dem dritten ein Neuntel seines Nachlasses vermachte, verfügte also gar nicht über seinen gesamten Besitz, sondern nur über $\frac{17}{18}$ desselben. Hätte er 18 Pferde hinterlassen, so wären mithin bei einer Verteilung nach seinen Vorschriften nur 17 Tiere zur Verteilung gelangt und eins übriggeblieben. So durfte der „Nachbar" sein Pferd, zumal wenn es nicht besser war als eins der übrigen Tiere, unbedenklich in den Nachlaß hineingeben; es mußte bei der Verteilung übrigbleiben. — Der Erblasser würde über seinen gesamten Nachlaß verfügt haben, wenn er dem dritten Erben, statt eines Neuntels, ein Sechstel zugesprochen hätte; denn $\frac{1}{2} + \frac{1}{3} + \frac{1}{6} = 1$.

In der schon oben (S. 24) erwähnten Sammlung der „Aufgaben zur Verstandesschärfung"[1]) findet sich das folgende Paradoxon: *Zwei Händler kauften gemeinsam Schweine für 100 solidi, und zwar bezahlten sie für je 5 Schweine 2 solidi. Von ihrer anfänglichen Absicht, die Tiere zu mästen und darauf mit Vorteil wiederzuverkaufen, mußten sie jedoch Abstand nehmen, und so versuchten sie, die Schweine sogleich mit Gewinn wiederzuverkaufen. Dabei vermochten sie jedoch keinen höheren Preis als den des Einkaufs zu erzielen: 2 solidi für je 5 Schweine. Als sie dies sahen, sprachen sie zueinander: Teilen wir die Herde! Gesagt, getan! Sie teilten und verkauften, wie sie gekauft hatten, und erzielten jetzt einen Gewinn; wie ist das möglich? — Sie hatten die 250 Schweine, die sie gemeinschaftlich besaßen, in zwei gleiche Herden von je 125 Schweinen geteilt, von denen die eine die besseren, die andere die schlechteren Tiere umfaßte. Der Verkäufer der besseren Herde verkaufte nun 2 Schweine für 1 solidus, derjenige der schlechteren Herde 3 Tiere für 1 solidus. Tatsächlich wurden so also, wie beim Einkauf, 5 Schweine für 2 solidi verkauft. Der erste Händler*

J. Fitz-Patrick, t. I (Paris 1907), p. 111, wo der Scherz sich in einer etwas anderen, allerdings nur in der äußeren Einkleidung abweichenden Form findet. Die hier gegebene Fassung ist mir aus mündlicher Überlieferung seit langem bekannt und besitzt anscheinend in Deutschland volkstümliche Verbreitung.

[1]) L. c. p. 441: VI. Propositio. „De duobus negotiatoribus C. solidos habentibus."

*erzielte nun bereits durch den Verkauf von 120 Schweinen 60 solidi,
der zweite durch den von ebenso vielen Tieren 40 solidi; zusammen
ergaben also die zweimal 120 Schweine bereits 100 solidi, den Einkaufspreis. Der Erlös der übrigen 10 Schweine — 5 von jeder Herde —
war also der Gewinn der Händler.*

Daß ein Gewinn erzielt werden mußte, leuchtet von vornherein ein: Gekauft waren die Schweine zu einem Preise von
2 solidi für 5 Tiere, also zu einem Stückpreise von $^2/_5 = 0{,}4$ solidus.
Demgegenüber beträgt der Verkaufspreis für die eine Herde
$\frac{1}{2}$ solidus für das Stück, für die andere $\frac{1}{3}$ solidus, der durch-
schnittliche Verkaufspreis mithin, da beide Herden gleich viele
Schweine zählen, $\dfrac{\frac{1}{2} + \frac{1}{3}}{2} = {}^5/_{12} = 0{,}417$ solidus, also mehr als
der Einkaufspreis. Irrig und absichtlich irreführend ist die An-
gabe, die beiden Männer hätten die Schweine verkauft, „wie
sie sie gekauft hätten", d. h. „5 Schweine für 2 solidi": Freilich
werden 2 Schweine der besseren Sorte für 1 solidus und 3 der
zweiten auch für 1 solidus, diese 5 Schweine also zusammen für
2 solidi, verkauft; aber die Zahl der Schweine beider Sorten
oder beider Herden ist dieselbe und steht nicht etwa im Verhältnis 2 : 3. Wäre dies der Fall, würden also 100 Schweine
erster und 150 zweiter Sorte verkauft, und zwar von den ersten
je 2, von den zweiten je 3 für 1 solidus, so wäre die Angabe, daß
„wieder 5 Schweine für 2 solidi" verkauft wären, nicht zu be-
anstanden, und der Erlös für sämtliche 250 Schweine wäre als-
dann $\dfrac{100}{2} + \dfrac{150}{3} = 100$ solidi, d. h. natürlich gleich dem Einkaufs-
preise. Von einem Gewinn wäre in diesem Falle also keine Rede.

Verwandt mit dieser Geschichte, aber doch gewissermaßen invers
zu ihr, ist die folgende [1]: *Zwei Bäuerinnen A und B gingen täg-
lich auf den Markt und verkauften neben anderem Obst je 30 Äpfel.
A nahm 5 Pf. für jeden Apfel, während B 3 Stück für 10 Pf.
verkaufte. Eines Tages war A verhindert, in die Stadt zu gehen,
und sie gab ihrer Genossin wenigstens die 30 Äpfel mit. B ver-*

---

[1] Ich entnehme diese dort als alt bezeichnete Geschichte dem
interessanten Aufsatz von A. Witting, „Ernst und Scherz im Gebiete
der Zahlen", Zeitschr. für mathem. u. naturw. Unterr., 41. Jahrg., 1910,
S. 49/50.

mischte die Äpfel mit den ihrigen und rechnete folgendermaßen: „Von der einen Sorte kosten 2 Stück, von der anderen 3 Stück 10 Pf., von der Mischung demnach 5 Stück 20 Pf." Sie verkaufte also das Stück mit 4 Pf. Am Ende hatte sie 10 Pf. zu wenig.

Auch hier handelt es sich um höchst einfache und durchsichtige Verhältnisse: Der Stückpreis der einen Sorte beträgt 5 Pf., derjenige der anderen $3\frac{1}{3}$ Pf. Da beide Sorten in gleicher Stückzahl vertreten sind, so würde sich bei Vermischung beider Sorten als einheitlicher Verkaufspreis für das Stück $\dfrac{5 + 3\frac{1}{3}}{2} = 4\frac{1}{6}$ Pf.

ergeben, und bei diesem Verkaufspreis (6 Äpfel 25 Pf.) würde sich ein Erlös von 2,50 Mk. für die 60 Äpfel, d. h. natürlich ebensoviel wie bei Einzelverkauf der beiden Sorten $(30 \cdot 5 + 30 \cdot \dfrac{10}{3}$

$= 250$ Pf.), ergeben. Indem die Bäuerin B jedoch das Stück, statt für $4\frac{1}{6}$ Pf., für 4 Pf. verkauft, erleidet sie an jedem Apfel einen Ausfall von $\frac{1}{6}$ Pf., insgesamt also einen solchen von 10 Pf. Der Schluß von B: „Von der einen Sorte kosten 2 Stück, von der anderen 3 Stück 10 Pf., von der Mischung demnach 5 Stück 20 Pf.", würde nur dann richtig und angebracht sein, wenn in dem Gemenge auf 3 Stück der zweiten 2 Stück der ersten resp. auf 30 Stück der zweiten 20 Stück der ersten Sorte kämen. In Wirklichkeit sind jedoch noch weitere 10 Äpfel der teureren Sorte vorhanden und, indem auch diese, statt zu ihrem Stückpreise von 5 Pf., zu dem Preise von 4 Pf. verkauft werden, muß ein Ausfall von zusammen 10 Pf. entstehen.

Die beiden vorstehenden Geschichten sind, wie schon gesagt wurde, gewissermaßen invers zu einander, und zwar insofern, als bei der ersten eine Trennung der Ware (Schweine) in zwei Sorten gleicher Stückzahl und darauf getrennter Verkauf beider Sorten zu verschiedenen, relativ günstigen Preisen, — bei der zweiten Geschichte dagegen eine Vermengung zweier, in gleicher Stückzahl vorhandener Sorten einer Ware (Äpfel) und darauf Verkauf zu einem relativ niedrigen Einheitspreise stattfindet. Der Fehlschluß der Verkäufer ist freilich in beiden Fällen prinzipiell genau derselbe.

VIII. *Einige besondere Fragen.*

1. *A hält in einer seiner beiden geschlossenen Hände einen kleinen Gegenstand; B will erraten, in welcher, und setzt hierauf den n ten Teil seiner Barschaft. Das bedeutet: wenn B falsch rät, so hat er $\dfrac{1}{n}$ seiner Barschaft an A zu zahlen, während im anderen Falle A dieselbe Summe an B zahlt. Die Aussichten auf Gewinn und Verlust sind somit offenbar gleich groß, und für A dieselben wie für B. Wenn dasselbe Verfahren nun mehrere Male hintereinander angewandt wird und B jedesmal $\dfrac{1}{n}$ seiner jeweiligen Barschaft setzt und hierbei ebenso oft gewinnt wie verliert, wird er alsdann insgesamt an Geld gewonnen oder verloren haben?*

Ist b die Barschaft des B, so beträgt diese nach einem ersten Gewinn $b\left(1+\dfrac{1}{n}\right)$ und nach einem darauffolgenden Verlust, da jetzt der n te Teil der vermehrten Barschaft, also von $b\left(1+\dfrac{1}{n}\right)$, gesetzt wird: $b\left(1+\dfrac{1}{n}\right)\left(1-\dfrac{1}{n}\right)$. Verliert B umgekehrt zuerst, so beträgt seine Barschaft hierauf $b\left(1-\dfrac{1}{n}\right)$ und nach nun folgendem Gewinn $b\left(1-\dfrac{1}{n}\right)\left(1+\dfrac{1}{n}\right)$. Es macht also keinen Unterschied, ob der Wettende erst gewinnt und dann verliert oder erst verliert und darauf gewinnt. Ebenso macht es bei 4 Malen, 2 Gewinnen und 2 Verlusten, wie man in derselben Weise erkennt, keinen Unterschied, in welcher Reihenfolge Gewinne und Verluste auftreten; das Resultat ist nach 4 Malen stets: $b\left(1+\dfrac{1}{n}\right)^{2}\left(1-\dfrac{1}{n}\right)^{2}$.

Dies gilt offenbar auch allgemein für $2\,m$ Male, und das Resultat ist dann $b\left(1+\dfrac{1}{n}\right)^{m}\left(1-\dfrac{1}{n}\right)^{m}=b\left(1-\dfrac{1}{n^{2}}\right)^{m}$, woraus zu ersehen ist, daß sich die Barschaft des B bei diesem Verfahren bei der zu erwartenden gleichen Häufigkeit von Gewinn und Verlust jedenfalls verringern muß.

2. In einer Gesellschaft wird folgende Frage aufgeworfen: *Zwei Gläser von gleichem Rauminhalt sind beide genau halb voll; das eine enthält Wein und das andere Wasser. Man füllt nun aus dem ersten Glase einen Eßlöffel voll Wein aus und entleert diesen in das andere Glas; dann füllt man aus diesem zweiten Glase, also aus dieser Mischung von Wasser mit Wein, gleichfalls einen Eßlöffel voll aus und entleert diesen wieder in das erste Glas, d. h. dasjenige mit Wein. Ist jetzt, nach diesen beiden Operationen, die dem ersten Glase entnommene Weinmenge größer oder kleiner als die dem zweiten Glase entnommene Wassermenge?*

„Natürlich", so läßt sich A, eine der anwesenden Personen, sogleich vernehmen, „ist die dem ersten Glase entnommene Weinmenge größer als die dem zweiten entnommene Wassermenge; denn man entnimmt dem ersten Glase ja einen vollen Eßlöffel Wein, dem zweiten aber keinen vollen Eßlöffel Wasser, da sich in diesem Eßlöffel ja Wein mit Wasser gemischt befindet." „Gewiß", so wagt B trotz der vielfachen Zustimmung, die A unter den übrigen Anwesenden findet, zu entgegnen, „gibt das erste Glas einen vollen Eßlöffel Wein ab, aber es erhält durch den zweiten Eßlöffel, den mit der Mischung, einen Teil des abgegebenen Weins zurück, und es wäre die Aufgabe einer genaueren Berechnung, festzustellen, inwieweit dies hier ins Gewicht fällt."

Eine solche nähere Betrachtung gestaltet sich nun folgendermaßen: Beträgt der Inhalt des halben Glases a Liter und der des Eßlöffels e Liter, wo, beiläufig bemerkt, nicht nur e, sondern in der Regel ja auch $a < 1$ sein wird, so enthält nach der ersten Operation das zweite Glas a Liter Wasser und e Liter Wein. Von diesem Gemisch entnimmt man nun e Liter, und zwar sind von diesen e Litern $e \cdot \dfrac{e}{a+e}$ Liter Wein und $e \cdot \dfrac{a}{a+e}$ Liter Wasser. Das erste Glas erhält also von den e Litern Wein, die es hergegeben hat, $e \cdot \dfrac{e}{a+e}$ Liter zurück, so daß es also am Ende nur

$$\left(e - e \cdot \frac{e}{a+e} \right) = e \cdot \frac{a}{a+e}$$

Liter Wein abgegeben hat. Das ist aber, wie wir soeben sahen, auch gerade die Wassermenge, die das zweite Glas hergibt. Die dem einen Glase entnommene Weinmenge ist also genau so groß wie die dem anderen entnommene Wassermenge.

3. *Eine Wage ist wegen einer Längendifferenz ihrer Hebelsarme unrichtig. Der Kaufmann, dem diese Wage gehört, verkauft nun zwei Kunden die gleiche Menge von derselben Ware, und zwar wiegt er dem ersten Kunden die Ware ab, indem er die Ware auf die Schale I, die Gewichte also auf Schale II legt, während er bei dem zweiten Kunden es umgekehrt macht. Gewinnt oder verliert der Kaufmann im ganzen hierbei?*

Ist p das Gewicht, das die beiden Kunden von der Ware verlangen, und sind l und l' die Längen der Hebelsarme, so erhält der eine Kunde tatsächlich, statt des geforderten Gewichtes p, von der Ware $p \cdot \dfrac{l}{l'}$, der andere dagegen $p \cdot \dfrac{l'}{l}$. Der Kaufmann verkauft also im ganzen die Gewichtsmenge $p \left(\dfrac{l}{l'} + \dfrac{l'}{l} \right)$, während er bezahlt bekommt die Gewichtsmenge $2\,p$. Er büßt hierbei somit Ware ein, wofern $\dfrac{l}{l'} + \dfrac{l'}{l} > 2$ ist, und das ist nun tatsächlich der Fall, wie man leicht folgendermaßen erkennt: Es ist $(l - l')^2 > 0$, also $l^2 + l'^2 > 2\,ll'$ und daher $\dfrac{l}{l'} + \dfrac{l'}{l} > 2$. Nur wenn $l = l'$ ist, d. h. die Wage richtig zeigt, ist dieser Schluß nicht mehr zulässig, da dann $(l - l')^2 = 0$ ist.

4. *Eine zeitgemäße Frage.*

Dem Verfasser dieses Buches wurde im Frühjahr 1917, als es in besonderem Maße darauf ankam, jedes Stückchen Land für die Volksernährung aufs beste auszunutzen und andererseits mit dem verfügbaren Saatgut so rationell wie möglich zu wirtschaften, die folgende Frage vorgelegt:

Wie pflanzt man Kartoffeln, so daß sie einerseits sich gegenseitig in ihrer Entwicklung nicht behindern, also überall den erforderlichen Mindestabstand voneinander haben, andererseits aber das vorhandene Ackerland möglichst ausgenutzt, d. h. mit möglichst vielen Kartoffeln belegt wird?

Nehmen wir an, daß für einen gewissen Gebietsteil G die Aufgabe gelöst, also die zweckmäßigste Anordnung gefunden ist, so wird jeder andere Gebietsteil G', der G kongruent ist, genau dieselbe Anordnung der Kartoffelpflanzen erhalten müssen, und, da wir uns diese Gebietsteile G und G' beliebig klein denken können, so folgt, daß die Konfiguration, die die Forderungen unserer Problemstellung erfüllen soll, überall homogen sein muß. Dies bedeutet, daß die Kartoffelpflanzen, wenn man sich die benachbarten durch geeignete Linien miteinander verbunden denkt, reguläre, unter sich kongruente Polygone, und zwar von derselben Art, bilden.

Nun läßt sich eine Fläche mit untereinander kongruenten, regulären Polygonen einer Art lückenlos nur auf drei Weisen ausfüllen: 1) durch Dreiecke, von denen je sechs um einen Punkt

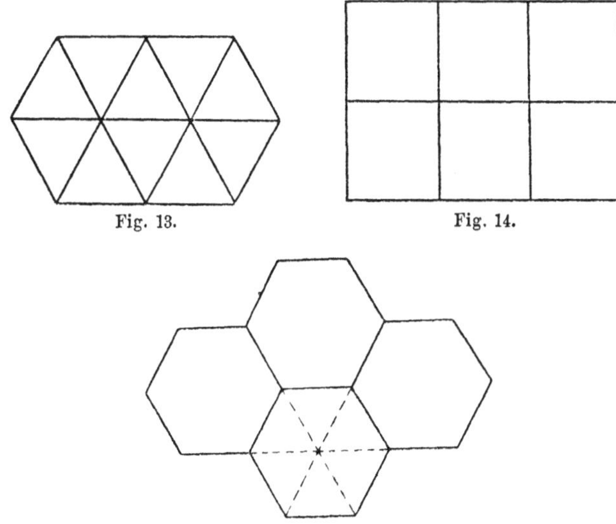

Fig. 13.

Fig. 14.

Fig. 15.

herum sich legen (Fig. 13); 2) durch Vierecke, von denen je vier (s. Fig. 14), und 3) durch Sechsecke, von denen je drei den Raum um einen Punkt herum ausfüllen (s. Fig. 15)[1]). Von diesen drei

---

[1]) Daß diese drei Fälle die einzigen sind, ist leicht einzusehen: Der Winkel eines regulären Polygons ist um so kleiner, je kleiner die Seitenzahl des Polygons ist. Der Dreieckswinkel ist somit der kleinste unter allen; von ihm sind sechs erforderlich, um den Winkelraum von $4\,R$ auszufüllen. Der zweitkleinste Polygonwinkel ist der Viereckswinkel: vier davon füllen den Raum um einen Punkt herum gerade aus. Von dem dann folgenden Fünfeckswinkel würden vier $> 4\,R$, drei aber $< 4\,R$ sein; dagegen ergeben drei Sechseckswinkel gerade $4\,R$. Vgl. übrigens meine „Mathem. Unterhaltungen und Spiele", 2. Aufl., Bd. I (1910), S. 125 f.

Fällen scheidet jedoch der letzte (Fig. 15) sofort aus: Offenbar würde bei einer solchen Anordnung der Kartoffelpflanzen die Ackerfläche nicht genügend ausgenutzt werden; vielmehr könnte auch noch im Mittelpunkt jedes Sechsecks eine Pflanze stehen, die dann von den Kartoffeln des Randes denselben Abstand hätte wie zwei benachbarte Pflanzen dieses Randes voneinander (siehe das untere Sechseck der Fig. 15). Damit reduziert sich der Fall der Fig. 15 auf den der Fig. 13, und es konkurrieren somit jetzt nur noch dreieckige (Fig. 13) und quadratische (Fig. 14) Bepflanzung miteinander.

Es sei nun d der erforderliche Mindestabstand zweier benachbarter Kartoffelpflanzen voneinander und A der Flächeninhalt der zu bestellenden Ackerfläche, die wir aus besonderem, sogleich erkennbarem Grunde als unbegrenzt groß oder doch als sehr groß annehmen wollen. — Nun ist

$$\text{der Inhalt des einzelnen Dreiecks (Fig. 13)} = \frac{d^2}{4} \cdot \sqrt{3}$$

$$\text{,, ,, ,, ,, Quadrats (Fig. 14)} = d^2, \text{ also}$$

$$\text{die Anzahl aller Dreiecke des ganzen Ackers} = \frac{A}{\frac{d^2}{4} \cdot \sqrt{3}}$$

$$\text{,, ,, ,, Quadrate ,, ,, ,,} = \frac{A}{d^2}.$$

Diese letzte Zahl — $\frac{A}{d^2}$ — gibt uns aber auch zugleich die Anzahl der Kartoffelpflanzen bei quadratischer Bepflanzung an; ist doch die Anzahl der Pflanzen gleich der Anzahl der Quadrate, wie man sich folgendermaßen überzeugt [1]): Zu jedem Quadrat gehören vier Pflanzen (in jeder Quadratecke steht eine); umgekehrt gehören aber zu jeder Pflanze auch vier dort zusammenstoßende Quadrate. — Da im Falle der dreieckigen Bepflanzung zu jedem Dreieck drei Kartoffelpflanzen, umgekehrt zu jeder Pflanze aber

---

[1]) Voraussetzung hierbei ist, daß die Ackerfläche unbegrenzt groß ist, und hier liegt der Grund, der uns vorhin veranlaßte, diese Annahme zu machen. Ist die Ackerfläche begrenzt, wie wir der Wirklichkeit gemäß hätten annehmen müssen, so bestehen diese numerischen Verhältnisse, da die Randgebiete das Resultat störend beeinflussen, nicht mehr ganz streng, aber doch annähernd, und zwar im allgemeinen mit um so größerer Annäherung, je größer die Fläche ist.

sechs Dreiecke gehören, so ist offenbar — wieder unter der Voraussetzung eines unbegrenzt großen Areals — die Zahl der Pflanzen nur halb so groß wie die der Dreiecke. Wir erhalten so:

$$\text{Anzahl der Pflanzen bei dreieckiger Bepflanzung} = \frac{1}{2}\,\frac{A}{\frac{d^2}{4}\sqrt{3}}$$

$$\text{,,} \quad \text{,,} \quad \text{,,} \quad \text{,,} \quad \text{quadratischer} \quad \text{,,} \quad = \frac{A}{d^2}.$$

Somit ist die Differenz der Anzahl der Pflanzen bei dreieckiger Bepflanzung und derjenigen bei quadratischer

$$= \frac{A}{d^2}\left(\frac{1}{\frac{1}{2}\sqrt{3}} - 1\right)$$

$$= \frac{A}{d^2}\left(\frac{2\sqrt{3}}{3} - 1\right)$$

$$= \frac{A}{d^2}\left(1{,}155 - 1\right).$$

Da dieser Ausdruck positiv ist, so sieht man, daß die dreieckige Bepflanzung einer größeren Zahl von Pflanzen Raum gewährt als die quadratische, und zwar ist das Verhältnis so, daß bei der dreieckigen Bepflanzung durchschnittlich 1155 Pflanzen auf demselben Raum unterkommen, der bei quadratischer Bepflanzung nur 1000 Pflanzen aufnimmt. Die dreieckige Bepflanzung stellt somit die Lösung unseres Problems dar; Landwirten, Gärtnern usw. wird dies vermutlich seit langem geläufig sein, doch wird die Frage in normalen Zeiten eine erhebliche praktische Bedeutung wohl nicht gehabt haben, da die Notwendigkeit, mit dem Saatgut aufs sparsamste zu wirtschaften, im allgemeinen nicht vorlag.

IX. *Allerlei Kleinigkeiten.*

1. In einem arithmetischen Buche eines Hamburger Rechenmeisters des 18. Jahrhunderts[1] findet sich folgende Aufgabe:

---

[1] Johann Jürgen Ressing, „Arithmetische Ruhe-Stunden" (Hamburg 1738), S. 77.

> *Wenn an dem Elbe-Strand sich auf dem Lande setzen*
> *Acht wilde Gänse gut, um allda zu ergetzen,*
> *Ich aber nach sie schoß, und traff drey dieses mahl,*
> *Mein Rechner sage mir, wie viel bleibt an der Zahl?*

Die angegebene Antwort lautet natürlich: „*Die 3 so ge-schossen waren*" [1]).

2. *Es ist bitterkalt draußen: Ein Knabe will sich Handschuhe anziehen, doch, wie er sie aus der Tasche hervorholt, bemerkt er zu seinem Verdruß, daß er aus Versehen zwei linke Handschuhe mitbekommen hat. Wie wird er sich zu helfen suchen?*
Er krempelt natürlich den einen Handschuh um.

3. *Gibt es in Berlin wohl zwei Menschen, die genau gleich viele Haare auf dem Kopfe haben?*

Sicherlich! Denn die Zahl der Kopfhaare eines Menschen beträgt schwerlich mehr als 200 000 und selbst, wenn die Maximal-zahl hierfür 1 Million wäre, müßte es in Berlin Menschen mit gleich vielen Haaren geben. Denn wenn der erste 0, der zweite 1, der dritte 2, der vierte 3 usw. Haupthaare besäße und der millionundeinte 1 Million, so müßte der nächste unbedingt eine Anzahl aufweisen, die schon dagewesen ist. Wenn man somit auch ein Paar genau „gleichhaariger" Menschen in Berlin nicht mit Namen zu bezeichnen vermag, so ist man doch in der Lage, mit absoluter Sicherheit zu behaupten, daß es deren gibt. — Ebenso müssen sich beispielsweise unter 367 oder mehr Personen stets mindestens zwei befinden, die am gleichen Kalendertage Geburtstag haben.

4. Die „Regeldetri" findet zwar bei vielen Rechnungsarten ihre berechtigte Anwendung, doch wird sie auch oft gedankenlos dort angewandt, wo eine Proportionalität der betreffenden Größen gar nicht besteht. Einen grotesk-komischen Fall bietet die folgende

---

[1]) Die Scherzaufgabe findet sich begreiflicherweise auch an vielen anderen Orten und in anderen Formen; so lautet das Rätsel z. B. in einer niederländischen Handschrift so: „Ses musschen op eenen boom sittende iemant schieter dry af, hoe vele blyvender sitten?" Die Ant-wort ist: „Geene, want de reste vlieght wech"; s. Mone, „Räthselsamm-lung", Anzeiger für Kunde der teutschen Vorzeit, herausg. von **Franz Joseph Mone**, 7. Jahrg., 1838 Karlsruhe, col. 267.

Geschichte [1]): *Eine fürstliche Kammer gab einer kleinen Landstadt auf, Vorschläge zu tun, wie die Akzisegefälle bei ihr verstärkt werden könnten. Ihr untertänigster Bericht lief darauf hinaus: „Daß, da bisher bei den drei Toren ihrer Stadt die Einkünfte der Akzise, ein Jahr ins andere gerechnet, etwas über 280 Reichstaler betragen hätten, sie anheimstelle, ob nicht Serenissimus noch ein viertes Tor bei ihnen wolle bauen lassen, da sodann wahrscheinlich die Akzise an 400 Reichstaler betragen würde."* — Damit wäre also eine unerschöpfliche Steuerquelle erschlossen und die Sorgen aller Finanzminister mit einem Schlage beseitigt.

5. *Ein Schneider schneidet jeden Tag von einem 16 m langen Stück Tuch 2 m ab; wann hat er das Stück zerschnitten?*

Natürlich nicht nach 8, sondern schon nach 7 Tagen.

Eine Schnecke kriecht jeden Tag 5 m vorwärts und während der Nacht 2 m zurück; wann ist sie auf eine 10 m hohe Mauer gekommen?

Natürlich nicht erst am vierten, sondern schon am dritten Tage, da sie nach den beiden ersten Tagen und Nächten 6 m hoch sich befindet und somit am dritten Tage auf die Mauer hinauf gelangt.

6. In einer Gesellschaft wird folgende Frage gestellt:

Ein Gauner kauft in einem Laden einen Anzug zu 75 Mk. und legt einen Hundertmarkschein hin. Der Ladeninhaber hat im Augenblick nicht genug Kleingeld und wechselt daher den hingelegten Schein in der Nachbarschaft. Hinterher stellt sich heraus, daß der Schein eine sogenannte „Blüte", also falsch war, und der Ladeninhaber muß nun seinem Nachbarn die erhaltenen 100 Mk. zurückerstatten. Welches ist der Gesamtschaden des Ladeninhabers? (Davon, daß der Anzug dem Ladeninhaber nicht 75 Mk., sondern weniger, kostete, also von dem ihm gebührenden Geschäftsverdienst, soll abgesehen werden.)

„Der Gesamtschaden", so erklärt eilfertig ein Konfusionarius A, „beträgt 125 Mk.; denn der Geschäftsmann muß dem Nach-

---

[1]) Siehe „Juristisches Vade Mecum für lustige Leute, enthaltend eine Sammlung juristischer Scherze, witziger Einfälle und sonderbarer Gesetze, Gewohnheiten und Rechtshändel", 4. Th. (Frankfurt u. Leipzig 1796), S. 38/39.

barn 100 Mk. ersetzen und hat dem Gauner obendrein auf sein falsches Geld noch 25 Mk. herausgegeben."

„Freilich", so läßt sich jetzt mit aller Ruhe und Gründlichkeit B vernehmen, „erstattet der Geschäftsmann dem Nachbarn 100 Mk. zurück, aber dafür hatte er vorher von diesem für seine ‚Blüte' doch auch 100 Mk. in gutem Gelde erhalten. Dies beides gleicht sich somit aus. Geschädigt ist der Geschäftsmann also nur um den Wert des Anzugs, den der Gauner unentgeltlich erhalten, und um die 25 Mk., die der Gauner in bar herausbekommen hat, zusammen also um 100 Mk. — Daß der Gesamtschaden nur 100 Mk. und nicht mehr betragen kann, ergibt übrigens auch sogleich folgende Erwägung: Wäre der Hundertmarkschein echt gewesen, so könnte von einer Schädigung gar keine Rede sein. Der Geschäftsmann hat einen falschen Hundertmarkschein für echt in Zahlung genommen und ist daher um diese 100 Mk. geschädigt worden."

Note zu S. 79. Daß der im Text kurzerhand abgetane Fall, in dem die Quadratzahlen der zweiziffrigen Zahlen $10x+y$ und $10y+x$ vierziffrig sind, uns in der Tat keine für unseren Zweck brauchbaren Ergebnisse liefern würde, läßt sich etwa so beweisen: Nehmen wir an, daß x^2 sich aus dem Zehner a und dem Einer b zusammensetzt (a eventuell $=0$), also $=10a+b$ ist, und entsprechend $y^2=10c+d$. Ferner sei $2xy$, das eine dreiziffrige Zahl sein kann, $=100e+10f+g$; dabei ist, weil 9 und 8 die größtmöglichen Werte für x und y sind, $e=1$ oder 0. Unsere beiden Quadratzahlen nehmen in diesen neuen Größen nun die Form an:

$$1000(a+e)+100(b+f)+10(c+g)+d$$
und
$$1000(c+e)+100(d+f)+10(a+g)+b.$$

Die Einer der ersten Zahl sind d und ihre Tausender zunächst $a+e$, doch kommt zu diesen in dem Falle, daß $b+f \geqq 10$ ist, noch der Betrag $\left[\dfrac{b+f}{10}\right]$ hinzu, wo die eckige Klammer in üblicher Weise andeuten soll, daß an Stelle des etwaigen Bruches die nächstkleinere ganze Zahl zu nehmen ist. Die Forderung, daß die Tausender der einen Quadratzahl gleich den Einern der anderen sind und umgekehrt, führt so zu den zwei Bedingungsgleichungen: $a+e+\left[\dfrac{b+f}{10}\right]=b$; $c+e+\left[\dfrac{d+f}{10}\right]=d$.

Diese sagen uns, daß $a \leqq b$, $c \leqq d$ sein muß oder vielmehr, da die Fälle $a=b$, $c=d$ schon nach der Definition dieser Zahlen ausgeschlossen sind: $a<b$, $c<d$. Man sieht so zunächst, daß die Werte 8 oder 9 für x und y ausscheiden, da alsdann die Bedingungen $a<b$, $c<d$ nicht erfüllt wären. Da nun $e=1$ oder 0 und auch $\left[\dfrac{b+f}{10}\right]$, weil b und f einziffrige Zahlen sind, nur $=1$ oder 0 sein kann, so ist der Unterschied zwischen b und $a \leqq 2$, und dasselbe gilt für den Unterschied zwischen d und c. Damit scheiden aber für x und y auch die Werte 4,5,6,7 aus, da deren Quadrate zwischen Einer und Zehner durchweg einen Unterschied $\geqq 3$ aufweisen. Wenn aber für x und y keiner der Werte 4,5,6,7,8,9 in Betracht kommt, so ist damit die behauptete Unmöglichkeit dargetan.

In ganz entsprechender Weise läßt sich für das Gebiet der dreiziffrigen Zahlen dartun, daß der im Text nicht berücksichtigte Fall sechsziffriger Quadratzahlen für unsere Zwecke nichts ergeben kann.

Kapitel IX.

Etwas vom Zahlenaberglauben und von Zahlenmystik.

Im Jahre 1849 soll Preußens König, Friedrich Wilhelm IV., wie eine, besonders in den Jahren 1912 und 1913 vielfach wiederaufgefrischte Erzählung wissen will, eine merkwürdige Prophezeiung empfangen haben. „Im Jahre $1849 + 1 + 8 + 4 + 9$, d. h. im Jahre 1871“, so soll ihm der Mund des Propheten damals verkündet haben, „wird Deutschland ein Kaiserreich werden. Darauf im Jahre $1871 + 1 + 8 + 7 + 1$, also im Jahre 1888, wird der erste Deutsche Kaiser sterben, und sodann im Jahre $1888 + 1 + 8 + 8 + 8$, also im Jahre 1913, wird aus dem Kaiserreich eine Republik werden.“ Hatte diese letzte Prophezeiung auch wohl schon von vornherein wenig Wahrscheinlichkeit für sich, so wissen wir heute, nachdem das Jahr 1913 längst abgerollt ist, daß unser Wahrsager zu den vielen „falschen“ Propheten gehörte. Das Jahr 1913 hat dem Deutschen Reiche nicht nur keinerlei Verfassungsänderung, von der „prophezeiten“ gar nicht zu reden, gebracht, sondern eine seltsame Fügung des Schicksals hat es sogar gewollt, daß der Mund, der uns in früherer Zeit vor allen anderen oft den „großen Kladderadatsch“ angekündigt hatte, der August Bebels, in eben diesem selben Jahre 13, sogar am 13. Tage eines Monats (August), für immer verstummte.

Wie mag die seltsame „Prophezeiung“ entstanden sein? Zunächst stammt sie natürlich nicht aus dem Jahre 1849, sondern frühestens aus dem Jahre 1888. Irgendeinem Freunde der Zahlenmystik wird es aufgefallen sein, daß die Zahlen 1871 und 1888, Anfang und Ende von Kaiser Wilhelms I. Kaisertum, in der besonderen Beziehung zueinander stehen, daß $1871 + 1 + 8 + 7 + 1 = 1888$ ist. Dies der Kern der „Prophezeiung", um den das Übrige sich sodann von selbst herumkristallisierte. Zunächst entwickelte der „Prophet" seine Prognose weiter nach rückwärts und suchte eine Zahl, die zu 1871 wieder in derselben Beziehung stehe, wie 1871 zu 1888. Nennt man die Zehner dieser gesuchten Zahl x, die Einer y, so ist die Zahl selbst also $1800 + 10\,x + y$, und soll sie, vermehrt um ihre Quersumme, 1871 ergeben, so haben wir also die Bedingungsgleichung:

$$1800 + 10\,x + y + 1 + 8 + x + y = 1871$$

oder

$$11\,x + 2\,y = 62,$$

die als einzige hier brauchbare Lösung: $x = 4$, $y = 9$ liefert. Wenn nun auch der Erfinder der Prophezeiung vielleicht von Algebra keinerlei Ahnung gehabt haben wird, so wird er doch durch bloßes Probieren sehr schnell 1849 als die gesuchte Jahreszahl: $1849 + 1 + 8 + 4 + 9 = 1871$ herausgefunden haben. Hätte das Jahr 1849 in der preußisch-deutschen Geschichte einen besonderen Einschnitt bedeutet, wäre es z. B. das Jahr des Regierungsantritts von König Wilhelm I. oder von Friedrich Wilhelm IV. gewesen, so würde der „Prophet" sicherlich nicht ermangelt haben, seine Prophezeiung noch weiter rückwärts zu verlegen, und würde alsdann auf das Jahr 1829 als nächste Vorstufe gekommen sein, da $1829 + 1 + 8 + 2 + 9 = 1849$ ist[1]). Hier, bei 1829, wäre der die Treppe hinabsteigende Prophet freilich am Ende angelangt; denn zu 1829 läßt sich eine weitere geeignete Zahl nicht finden (1814 ist zu klein, 1815 aber bereits zu groß, und auch die Jahreszahlen des 18. Jahrhunderts sind durchweg zu klein). Nach oben hin dagegen hat unsere Treppe: 1829, 1849, 1871, 1888, 1913 ... naturgemäß kein Ende; die

---

[1]) An Versuchen, auch diese zunächst wenig geeigneten Zahlen der Kette ein- oder anzugliedern, hat es freilich nicht gefehlt, und jedenfalls fand ich in einem Buche von Erich Bischoff: „Die Kabbalah. Einführung in die jüdische Mystik und Geheimwissenschaft" (Leipzig 1903), S. 111, das folgende, ausschließlich auf Kaiser Wilhelm I. zugeschnittene und für ihn bestimmte Zahlenorakel beiläufig erwähnt: Geburtstag: 22. 3. 1797; diese Zahlen, vermehrt um 7, die Zahl der Buchstaben seines Namens, ergeben: $22 + 3 + 1797 + 7 = 1829$, das Jahr der Vermählung; sodann $1829 + 1 + 8 + 2 + 9 = 1849$, badischer Feldzug; das Weitere darauf wie oben.

nächste Stufe nach 1913 wäre 1927, doch wird sich der ungekannte Weissager gewiß hüten, abermals seinen Prophetenmund zu öffnen, nachdem inzwischen das Glied 1913 der Kette ausgefallen ist und der Seher eingesehen haben wird, daß das Prophezeien in die Zukunft denn doch ein wenig schwerer ist als das in die Vergangenheit.

Die Verbreitung, die jene Prophezeiung für 1913, wie es scheint, gefunden hatte, mag noch ein wenig dadurch gefördert sein, daß die betroffene Zahl des Jahrhunderts gerade die Zahl 13, diese vom Aberglauben meist beschattete Zahl, war, und da mag es denn in diesem Zusammenhange gestattet sein, auf diesen Aberglauben der 13 etwas näher einzugehen. Arithmetische Eigenschaften können es nicht gewesen sein, was den allbekannten üblen Ruf der 13 begründet hat. In fleckenloser Reinheit steht sie vielmehr in der Arithmetik da: gehört sie doch zu den Primzahlen, den reinsten und edelsten Gebilden der Zahlenwelt, und auch in additiver Beziehung darf sie sich die Darstellbarkeit als Summe zweier Quadratzahlen, 4 und 9, zu besonderem Verdienst anrechnen. Woher denn nun der schlechte Leumund der 13? Daß er mit der Zahl Jesu und seiner Jünger irgendwie zusammenhängt, ist ein Gedanke, der sich wohl jedem sogleich aufdrängt, doch scheint dieser Ursprung immerhin stark bestritten zu sein[1]). Fest steht nur, daß zahllose Menschen vor allem, was im Zeichen der 13 steht, sich zehnmal, vielleicht auch dreizehnmal, bekreuzen.

Fest steht weiter, daß aus diesem Grunde in vielen Hotels und Spitälern kein Zimmer 13, in einigen Lotterien kein Los 13, in manchen Theatern kein Parkettsitz 13, in einzelnen Gemeinden keine Hausnummer 13, in manchen Wolkenkratzern kein Stockwerk 13 existiert und daß dort, wo die Zahlenfolge an sich innegehalten werden muß, gelegentlich Surrogate wie 12a, $12\frac{1}{2}$, 12bis oder dergleichen an Stelle der anstößigen Zahl verwandt werden, obwohl die infernalische Zahl hierbei ja nur maskiert, aber nicht beseitigt ist. In der Tat müßte derjenige, der die gefährliche Zahl wirklich ausrotten wollte, seine Zahlenreihe etwa so ver-

---

[1]) J. H. Graf, „Über Zahlenaberglauben, insbesondere die Zahl 13“ (Bern 1904), S. 30/31, sieht allerdings diesen Ursprung als eine „Tatsache“ an.

laufen lassen: — — — *10, 11, 11a, 12, 14* — — — oder[1]): — — — *12, 14, 14a, 15* — — —.

Von Karl Sontag, dem berühmten Schauspieler, erzählte man, er habe einst bei Antritt einer seiner Gastspielfahrten schreckensbleich gewahrt, daß das Vehikel, das ihn soeben zum Bahnhof gefahren, die Nummer 1313 führte. Der Anblick der schlangenhaarigen Meduse hätte nicht mehr versteinernd auf ihn wirken können als diese doppelt-diabolische Zahl. Boshafte Menschen versichern, Sontag habe sofort telegraphiert: „Komme nicht zum Gastspiel, bin in falsche Droschke gestiegen"[2]). Freilich, wenn ein Pontifex maximus des Aberglaubens, wie Karl Sontag, so denkt und handelt, so besagt das nicht gar viel; aber selbst freie Geister sind oft genug in dieser Beziehung recht unfrei gewesen. Als kürzlich eine große Berliner Zeitung eine Umfrage „Sind Sie abergläubisch?" veranstaltete, antwortete Josef Kohler, der berühmte Berliner Jurist: „Ob ich abergläubische Anwandlungen habe? Ja, und sogar in starkem Maße. Ich schäme mich dessen nicht; meist sind es Halbgebildete, die sich über derartige Dinge gründlich erhaben fühlen. Wer tiefer blickt, der weiß, daß in der Natur tausend und abertausend uns unbekannte Kräfte walten, und daß unser Schicksal sich mit tausend Fäden verstrickt, deren Art und Richtung uns unbekannt ist. Die abergläubische Regung ist einfach ein Bewußtsein dessen, daß es im Himmel und auf Erden Dinge gibt, die sich unserer Weltweisheit entziehen. Daß nun gerade die eine oder andere Erscheinung solche Regungen hervorruft, beruht auf althergebrachter Anschauung, Erziehung und Gewöhnung. Mein Aberglaube ist durchweg prognostisch; ich halte darauf, den rechten Schuh vor dem linken anzuziehen, weil ich mir vorstelle, daß sich sonst etwas Mißliches ereignen wird, und wenn ich meine Utensilien in die Tasche lege, so ist es mir eine Angelegenheit, daß stets die rechte Tasche vor der linken an die

---

[1]) Nach einer Zeitungsnotiz (General-Anzeiger, Beibl. des Berliner Tagebl., vom 24. Sept. 1911), deren Richtigkeit ich freilich nicht nachzuprüfen versucht habe, ist im Rudolf Virchow-Krankenhause und in anderen Berliner Heilanstalten die 13 in der Tat durch 11a ersetzt.

[2]) Siehe Max Reichardt, „Humoristisches Theater-Lexicon" (2. Aufl., Wilmersdorf-Berlin 1895), S. 5, wo der Künstler mit leicht zu durchdringender Maske „Carl Montag" genannt wird.

Reihe kommt. Schlüpfe ich in ein Kleidungsstück, so ist es mir stets mißlich, wenn mein Arm sich im Ärmel vergreift; stolpere ich bei dem Verlassen meiner Wohnung, so habe ich ein beunruhigendes Gefühl, und die Zahl 13 vermeide ich möglichst. Man übe doch im Leben die Rücksicht, bei Numerierungen von Zimmern und Häusern die Zahl 13 auszulassen, man soll nicht gewaltsam eine ‚Freigeisterei‘ heranziehen"[1]. — In ebendemselben aufgeklärten Berlin soll einmal eine städtische Armenkommission in corpore ihre Demission eingereicht haben, weil sie aus 13 Mitgliedern bestand[2]. Ebenso sagt man Ferdinand, dem König der Bulgaren, eine unüberwindliche Abneigung gegen die 13 nach. Es war in den ersten Jahren unseres jungen Jahrhunderts, da wußte man von einer Feier zu erzählen, bei der der bulgarische Bautenminister Popow dem damaligen „Fürsten" in einer Rede antwortete; hierbei wollte der Minister an ein um 13 Jahre zurückliegendes Ereignis erinnern, glaubte jedoch mit Rücksicht auf den dreizehnfeindlichen Monarchen diese Reminiszenz nur mit folgenden Worten einleiten zu dürfen: „Vor zwölf Jahren und zwölf Monaten geruhten Ew. Königliche Hoheit . . ."[3]. Se non è vero, è ben trovato. Seltsamerweise hat der Lauf der Dinge es gefügt, daß das Jahr 1913 (zweiter **Balkankrieg**) den bulgarischen Waffen höchst ungünstig war, während ihnen im Jahre 1912 (erster **Balkankrieg**) stets die Sonne des Kriegsglücks gelächelt hatte.

Im Jahre 1858 fand sich in London eines Tages in Ferdinand Freiligraths Hause eine Gesellschaft zusammen, zu der Gottfried Kinkel und Frau, der ungarische General Klapka, der Held von Komorn, ferner Julius Rodenberg, der in seinen interessanten „Erinnerungen aus der Jugendzeit" hiervon erzählt, und andere gehörten. Freiligrath, sonst der heiterste von allen, war auffallend still. „Wir waren 13 bei Tisch", gab der sonst so freigesinnte Mann hinterher selbst als Grund seiner Verstimmung an[4]. Und wenige Wochen später tat Johanna

---

[1]) Siehe „Berliner Tageblatt", Nr. 235, 11. Mai 1913.
[2]) Siehe G r a f, a. a. O., S. 36.
[3]) Siehe G r a f, a. a. O., S. 39.
[4]) Siehe R o d e n b e r g, a. a. O., Bd. II (Berlin 1899), S. 237. — B i l l r o t h, der berühmte Chirurg, schrieb seinem Freund J o h a n n e s B r a h m s einst: „Mit Dir und mir sind wir 13, was vielleicht dem einen

Kinkel den unglückseligen Sturz aus dem Fenster, der das Leben der bedeutenden, tapferen Frau beschloß.

„Also doch!" So höre ich die Priester und Hohenpriester des Aberglaubens rufen, und wir wollen den Magiern und Obskuranten gleich noch einen weiteren Bissen hinwerfen: Am Ostermontag des Jahres 1899, so erzählte die Wiener Schriftstellerin Marie v. Glaser[1]), fand bei Johann Strauß in Wien zu Ehren Paul Lindaus ein Symposion statt. Zwölf Personen. Die Stimmung war die fröhlichste, als plötzlich, spät nach Theaterschluß, die Tür sich auftat und ein Freund des Hauses eintrat. Strauß war bestürzt wegen der 13, und auch dadurch, daß nun die Tochter des Hauses sich an einen Nebentisch setzte, wurde die unheilahnende Stimmung nicht gebannt. Im Juni desselben Jahres war der Gastgeber ein bleicher Mann, und Wien trauerte um seinen Walzerkönig[2]). — Um die verderbenbringende Zahl an Tischrunden zu vermeiden, soll es übrigens in manchen Großstädten besondere Institute geben, die sogleich für jede Gesellschaft zur Vermeidung der unheildräuenden **Dreizehn** den vierzehnten Mann liefern.

Zur Ehre der Menschheit darf aber gesagt werden, daß es

---

oder anderen störend sein könnte. Willst Du mir noch einige Dir sympathische Menschen nennen, so wäre es mir lieb"; siehe „Briefe von Theodor Billroth" (Hannover und Leipzig 1895), S. 273.

[1]) In der „Neuen Freien Presse", Nr. 17 108, 10. April 1912, S. 5/6.

[2]) M. v. Glaser nahm ihrer Erzählung nach selbst an der Gesellschaft teil. — Auch Paul Lindau gedenkt in dem soeben erschienenen und mir erst während der Drucklegung dieses Buches bekannt gewordenen zweiten Bande seines hochinteressanten Memoirenwerkes „Nur Erinnerungen" (Stuttgart und Berlin 1917), S. 178/179, dieser letzten Begegnung mit Johann Strauß am Ostersonntag 1899 und der Gesellschaft in Strauß' Hause, sagt aber von einer Dreizehnerzahl der Anwesenden nichts. Dagegen heißt es dort von Strauß: „Er war sehr alt geworden, bewegte sich zwar noch immer lebhaft, doch, wie es dem Freundesauge nicht entgehen konnte, recht mühsam, und er litt an starker Heiserkeit, die sich mitunter zur Stimmlosigkeit steigerte. Ich erklärte mir sein Unbehagen aus dem starken Bronchialkatarrh, an dem er lange Zeit gelitten und den er noch nicht überwunden hatte." Unter diesen Umständen und unter Berücksichtigung der Tatsache, daß Johann Strauß im 72. Lebensjahre stand, braucht man doch wirklich nach einer besonderen Todesursache nicht mehr zu suchen und die unglückselige Dreizehn ganz gewiß nicht dafür verantwortlich zu machen.

andererseits auch nicht an Männern gefehlt hat, die der gefährlichen Zahl unerschrocken ins Auge gesehen haben. Ludwig XIII. soll sogar eine förmliche Schwärmerei für die teuflische Zahl, die er in seinem Regentennamen führte, besessen haben, und als Gioacchino Pecci aus dem Konklave von 1878 als der Erkorene hervorging, nahm er unerschrocken den Namen „Leo XIII." an, und diese Wahl hat dem damals bereits 68jährigen Greise so wenig geschadet, daß er noch das seltene 25jährige Papstjubiläum feiern durfte und an Dauer seines Lebens wie seines Pontifikats nahezu seine sämtlichen Vorgänger hinter sich ließ. Unter den Schülern der französischen Kriegsschule Saint-Cyr gilt die Zahl 13 geradezu als Glückszahl: Wer als Dreizehnter bei der Abgangsprüfung rangiert, gilt für einen gemachten Mann; eine glänzende militärische Laufbahn ist ihm sicher, und der Marschallstab liegt in seinem Tornister zur jederzeitigen gefälligen Bedienung bereit. Mac Mahon, Bourbaki und andere sollen lebendige Beispiele dieses Dogmas gewesen sein.

Doch, schon viel zu lange verweilten wir bei dieser besonderen Form von Zahlenaberglauben, und natürlich soll und kann es nicht unsere Absicht sein, nun etwa in gleicher Weise alle möglichen anderen Formen von Zahlenaberglauben — ich weise beispielsweise nur auf die von Aberglauben besonders stark umrankten Zahlen 3 und 7 hin — eingehender zu behandeln, eine Aufgabe, die einigermaßen erschöpfend in den engen Grenzen eines Kapitels dieses Buches gewiß nicht im entferntesten zu bewältigen wäre. Nur ein Sektor, freilich einer der hervorstechendsten, aus dem Kreise des Zahlenaberglaubens konnte und sollte hier dem Leser vorgeführt werden, und so mag denn auch aus dem Gebiete der Zahlenmystik und Zahlenphantastik jetzt nur ein besonders prominentes und groteskes Beispiel hier erwähnt werden: Die Cheopspyramide, dieses älteste ägyptische Baudenkmal, ist der Gegenstand höchst seltsamer Theorien geworden, die Charles Piazzi Smyth (Astronomer Royal für Schottland, gest. 1900), John Taylor (Verlagsbuchhändler der Universität London) und andere aufgestellt haben. Nach diesen Theorien soll der Erbauer der Pyramide bereits die merkwürdigsten mathematischen, astronomischen, physikalischen Kenntnisse besessenund sie in die Größenverhältnisse seines Bauwerks hineingeheimnisst haben, um sie kommenden Geschlechtern bis in die fernste Zukunft hin durch das gigantische, gleichsam für die Ewigkeit errichtete Baudenkmal zu übermitteln. So „stellte" Taylor beispielsweise „fest", daß der Umfang der quadratischen Grundfläche der Pyramide zu der doppelten Pyramidenhöhe sich genau verhält wie 3,14159:1, so daß also der Umfang der Grundfläche gleich dem Umfang eines mit der Pyramidenhöhe beschriebenen Kreises wäre. Den absoluten Wert der Pyramidenhöhe wiederum fand Smyth so groß, daß er, mit 10^9 multipliziert, genau die Distanz Sonne-Erde ergibt, wobei der Baumeister nicht ermangelt hatte, auch die Elemente 10 und 9 dieses Multiplikators 10^9 in sein Bauwerk hineinzulegen, indem die vier nach oben, der „Sonne" zu, strebenden Pyramidenkanten einen Neigungswinkel gegen die Horizontale bilden, dessen trigonometrische Tangente genau $= \dfrac{9}{10}$ ist. Selbst das Gewicht des Erdballs deutet das mystische Bauwerk an, indem das Gewicht der gesamten Pyramide, bei genauer Berücksichtigung ihrer Hohlräume, bei genauer Berücksichtigung auch der verschiedenen spezifischen Gewichte der verschiedenen Baumaterialien, von Smyth als ein solches ermittelt wurde, daß es, mit 10^{15} multipliziert, genau das Gewicht des Erdballs ergibt, die Erddichte zu 5,7 angenommen. Und das alles, gelinde gerechnet, mehr als 2000 Jahre vor Christo![1]

[1] Diese Angaben über die seltsamen Theorien, die, wenigstens zu einem Teil, selbst einen John Herschel unter ihren Adepten gezählt haben sollen, entnehme ich freilich nicht den (mir unbekannten) englischen Originalschriften, sondern einem Vortrage, den Max Eyth im Verein für Mathematik und Naturwissenschaft zu Ulm am 14. Januar 1901 gehalten hat; siehe Max Eyth, „Lebendige Kräfte" (2. Aufl., Berlin 1908), IV: „Mathematik und Naturwissenschaft der Cheopspyramide"; siehe auch von demselben: „Der Kampf um die Cheopspyramide" (Heidelberg 1902), Bd. I, 14. Kapitel, insbesondere den angeblichen Aufsatz des „Dr. Thinker" (S. 422—438). Den Hinweis auf diese Dinge und auf Eyth verdanke ich H. Liebmann (Jahresber. der Deutschen Mathem.-Vereinig., Bd. 19, 1910, 2. Abt., S. 86/87).

Kapitel X.

Ahnentafeln.

In einem modernen. französischen Werke[1] finde ich, in
Versen von Chavignaud[2]), die folgende Frage bzw. Aufgabe
gestellt:

> Un maquignon consent à vendre son cheval
> Suivant un marché fait qui semble original.
> Il ne veut qu'un centime, en suivant son système,
> De son premier clou, puis le double, du deuxième,
> Enfin toujours doublant jusqu'au vingt-quatrième.
> Pour être possesseur de ce coursier mignon
> Quel prix doit-on donner à l'adroit maquignon?

Auf den ersten Blick wird der Kaufpreis, der für das Pferd
gefordert wird, manchem sehr bescheiden vorkommen: 1 Centime

---

[1] E. Fourrey, „Récréations arithmétiques" (Paris 1899), p. 171.
Siehe ferner u. a. Ozanam, „Récréations mathématiques et physiques",
Ausg. 1790, t. I, p. 79/80. — In der deutschen Literatur finde ich im
wesentlichen dieselbe Pferdekaufsgeschichte bei Christlieb Bene-
dict Funk, „Natürliche Magie" (Berlin u. Stettin 1783), S. 176 ff., und
zwar erscheint als der Käufer hier ein sogenannter starker Mann, der
von mehreren Männern nicht vom Platz gebracht werden konnte,
Johann Carl von Eckenberg, der sich im Jahre 1717 in Leipzig
sehen ließ; als Quelle wird hierfür a. a. O. angegeben das mir nicht bekannte Werk „Curiosa Saxonica", 30. Probe, A. 1731.

[2] Es handelt sich jedenfalls um L. Chavignaud, ex-maître
de pension, ancien professeur de Mathématiques à l'Institut Rollin,
dessen mir nicht bekanntem Werke: „Nouvelle Arithmétique appliquée
au Commerce et à la Marine, mise en vers" (Toulouse, 4e édit. 1843)
diese Verse entstammen werden.

für den ersten Hufnagel, 2 Centimes für den zweiten, 4 für den dritten, 8 für den vierten Nagel, und so immer das Doppelte bis zum 24. Hufnagel hin. Dennoch schließt unser französischer Poet mit den Worten:

> Et le total acquis fait voir en terminant
> Que le prix du cheval soit exorbitant.

In der Tat ergibt sich ein recht ansehnlicher Kaufpreis; man braucht ja nur die einfache Rechnung auszuführen und erhält dann:

1. Hufnagel	*1*	Centime	13. Hufnagel	*4096*	Centimes
2. ,,	*2*	Centimes	14. ,,	*8192*	,,
3. ,,	*4*	,,	15. ,,	*16384*	,,
4. ,,	*8*	,,	16. ,,	*32768*	,,
5. ,,	*16*	,,	17. ,,	*65536*	,,
6. ,,	*32*	,,	18. ,,	*131072*	,,
7. ,,	*64*	,,	19. ,,	*262144*	,,
8. ,,	*128*	,,	20. ,,	*524288*	,,
9. ,,	*256*	,,	21. ,,	*1048576*	,,
10. ,,	*512*	,,	22. ,,	*2097152*	,,
11. ,,	*1024*	,,	23. ,,	*4194304*	,,
12. ,,	*2048*	,,	24. ,,	*8388608*	,,

Allein auf den 24. Hufnagel entfallen also 83886 Francs 8 Centimes, und die übrigen 23 Hufnägel kosten zusammen um 1 Centime weniger als dieser 24ste. Für unsere Reihe von Zahlen: *1, 2, 4, 8, 16, 32* ..., die „Potenzen"[1]) der Zahl 2, gilt nämlich der Satz, daß jede Zahl dieser Reihe um 1 größer ist als alle vorhergehenden zusammengenommen. Setzt man nämlich an den Anfang unserer Zahlenreihe noch eine überzählige 1, so daß die Reihe also beginnt: *1, 1, 2, 4, 8, 16,* so ist jede dieser Zahlen ebenso groß wie die Summe der vorhergehenden: $2 = 1 + 1$; $4 = 2 + 1 + 1$; $8 = 4 + 2 + 1 + 1$; $16 = 8 + 4 + 2 + 1 + 1$. Gilt dies aber für den Anfang der Reihe, etwa bis zur Zahl *16* einschließlich, so gilt es auch weiterhin allgemein, wie aus der Schreibweise:

$$\underbrace{1,\ 1,\ 2,\ 4,}\ \underbrace{8,\ 16,}\ 32$$
$$16$$

---

1) Die Zahl *1* zählt dabei auch als Potenz der *2*, nämlich als nullte Potenz.

sofort erhellt: Wenn die Summe der Zahlen, die der *16* vorhergehen, = *16* ist, so beträgt diese Summe zuzüglich der Zahl *16* mithin *16* + *16* = *2 · 16*, und das ist nach der Definition unserer Reihe die auf *16* folgende Zahl der Reihe. Indem wir nun die zur Aushilfe hinzugenommene 1 wieder fortlassen, erhalten wir also das Resultat:

In der Reihe der Potenzen der Zahl 2 ist jede Zahl um 1 größer als die Summe aller vorhergehenden Zahlen.

Hiernach beträgt somit, um wieder auf unseren konkreten Fall zurückzukommen, der Kaufpreis für das Pferd soviel wie der doppelte Preis des 24. Hufnagels, vermindert um 1 Centime; der Kaufpreis ist also 167772 Francs 15 Centimes. Der Käufer, der ursprünglich geglaubt haben mochte, einen recht vorteilhaften Kauf abgeschlossen zu haben, muß mithin erkennen, daß er sich gründlich getäuscht, und daß die Kaufsumme in Anbetracht des Objektes eine ungeheuer hohe ist. Der Abschluß des Kaufgeschäfts war nur möglich, weil der Käufer mit einem so schnellen Wachstum der Potenzen der 2 nicht im entferntesten gerechnet hatte. Weit bekannter als unsere Geschichte und möglicherweise das Vorbild, dem die unsere nachgebildet ist, ist die des Schachbretts mit den Weizenkörnern, deren Zahl, mit 1 beginnend, von Feld zu Feld verdoppelt werden soll. Wenn wir auch hier nicht Centimes, sondern nur Weizenkörner haben, so ist doch der sich ergebende Gesamtbetrag, da wir statt der 24 Hufnägel jetzt **64** Brettfelder haben, ein ganz gewaltiger. Ergibt sich doch als Gesamtzahl der Weizenkörner eine 20stellige Zahl, eine Körnermenge, die ausreichen würde, um das gesamte Festland der Erde bis zu einer Höhe von fast 1 cm zu bedecken[1]).

Die Reihe der Potenzen der Zahl 2 besitzt nun eine besondere Bedeutung für die „Ahnentafeln", d. h. für jene Aufstellungen, die die Vorfahren eines einzelnen Menschen durch verschiedene Generationen hindurch angeben[2]). Der einzelne Mensch hat

---

[1]) Näheres siehe z. B. in meinem Buche „Mathem. Unterh. und Spiele", 2. Aufl., Bd. I, S. 37; über Geschichte und Literatur dieser Schachbrettaufgabe siehe J. Ruska in Zeitschr. für mathem. und naturw. Unterr., 47. Jahrg., 1916, S. 275—282.

[2]) Die Genealogie unterscheidet zwischen „Ahnentafel" und „Stammtafel": erstere stellt die Vorfahren eines Individuums dar (Aszendenz-

2 Eltern, 4 Großeltern, im allgemeinen 8 Urgroßeltern, 16 Ururgroßeltern, 32 Urururgroßeltern, und so geht dies eben fort
nach unseren Potenzen von 2. Hiernach ergeben sich nun recht
beträchtliche Ahnenzahlen. Rechnet man auf das Jahrhundert
nur 3 Generationen, so würde der einzelne jetztlebende Mensch
in seiner 15. Vorfahrengeneration, also in der Zeit vor rund
einem halben Jahrtausend, schon $2^{15} = 32768$ Ahnen zählen.
Bereits für die 31. Ahnengeneration, die also in eine Zeit vor
rund 1000 Jahren fiele, würde sich als Anzahl der Ahnen eine
Zahl ergeben, die größer als 2000 Millionen, also größer als die
Zahl aller gegenwärtig auf der Erde lebenden Menschen, ist.
Denkt man sich die Berechnung der Ahnenzahlen nun gar etwa
bis zum Beginn der römischen Zeitära ausgedehnt, so würde
man finden, daß der einzelne heute lebende Mensch in jener
Zeitperiode, da die Siebenhügelstadt erbaut wurde, weit, weit
mehr Ahnen hatte als die Zahl der Weizenkörner in der oben
erwähnten Schachbrettaufgabe beträgt. Bedeckten diese Weizenkörner des Schachbretts nun bereits die ganze feste Erde bis zu der
Höhe von fast 1 cm, so werden also die weniger genügsamen,
aber nicht minder zahlreichen Ahnen eines jetztlebenden Menschen
zur Zeit der Erbauung Roms keinenfalls überhaupt Platz auf der
festen Erde gefunden haben. Wenn wir also nicht annehmen
wollen, daß unsere Vorfahren zum großen Teil Wasser- oder
Luftbewohner waren, so stehen wir hier vor einem Rätsel, das
um so seltsamer erscheinen muß, als von so beispielloser Über-
völkerung kein Chronist, keine Überlieferung aus jener Zeit uns
berichtet. Dabei sahen wir denn sogar noch vollkommen davon
ab, daß diese ungeheure Zahl sich nur ergab als Ahnenzahl des
einzelnen heute lebenden Menschen, während die Zahl der
Ahnen aller jetztlebenden Menschen zusammengenommen für
jene ferne Zeitepoche vermutlich doch noch erheblich größer ist.

Der Leser hat natürlich sofort erkannt, daß wir hier das
Opfer eines Trugschlusses geworden sind; der Fehler liegt in der
Vernachlässigung des sogenannten „Ahnenverlustes". Die von
uns angegebenen Zahlen sind nur die Höchstzahlen, die regel-

---

tafel), letztere die Nachkommenschaft eines einzelnen Menschen bzw.
eines Elternpaares (Deszendenztafel), freilich wird die Bezeichnung
"Stammtafel" auch in Beschränkung auf die Nachkommenschaft einer
Person in männlicher Linie, also auf die „Agnaten", gebraucht.

mäßig nur in den beiden nächsten Generationen (Eltern und Großeltern) erreicht werden, für die dann folgenden Generationen aber nicht erreicht zu werden brauchen und für die fernen Generationen vollends gar nicht erreicht werden können, wie wir von vornherein mit aller Bestimmtheit behaupten dürfen, da eben so viele Menschen, wie wir schließlich errechneten, zu keiner Zeit auch nur annähernd auf der Erde gelebt haben. Ein und derselbe Ahne kann an verschiedenen, ja an vielen Stellen der Ahnentafel vorkommen, und so kommt es, daß die wirkliche Ahnenzahl kleiner, in den fernen Generationen erheblich kleiner ist als die Höchstzahl, die wir durch fortgesetzte Potenzierung der Zahl 2 erhalten. Diese Differenz nun zwischen der Höchstzahl und der wirklichen Ahnenzahl ist es, was man in der Genealogie als „Ahnenverlust" bezeichnet.

Nehmen wir, um den Ahnenverlust zunächst einmal an einem ganz einfachen Beispiel zu veranschaulichen, an, daß Vetter und Kusine, Kinder zweier Brüder zum Beispiel, eine Ehe schließen. Alsdann haben die aus dieser Ehe hervorgehenden Kinder nicht, wie andere Menschen, 8 Urgroßeltern, sondern deren nur 6: die beiden Großväter sind Brüder, haben also die gleichen Eltern; dazu kommen die Elternpaare der beiden Großmütter, das gibt insgesamt nur 6 Urgroßeltern (statt der sonstigen 8). Tatsächlich sind nun die meisten Menschen, wenn auch nicht wie Vetter und Kusine, so doch in mehr oder weniger entferntem Grade miteinander verwandt, und zwar nicht nur auf eine, sondern auf vielerlei Weisen, wodurch die oben angenommenen Ahnenzahlen ganz erhebliche Verminderungen erfahren. Diese stellen somit nur obere Grenzen dar, die in den entfernteren Generationen, wie schon gesagt wurde, niemals erreicht werden.

Außer dem soeben erwähnten, praktisch recht häufig vorkommenden Fall einer Ehe zwischen Vetter und Kusine mag noch ein zweites, extrem gewähltes Beispiel den Ahnenverlust veranschaulichen: Ein Ehepaar Müller mag zwei Kinder, einen Sohn (M_1) und eine Tochter (m_1), haben und ein Ehepaar Schulze gleichfalls einen Sohn (S_1) und eine Tochter (s_1). Diese beiden Geschwisterpaare heiraten einander: Herr Müller (M_1) Fräulein Schulze (s_1) und Herr Schulze (S_1) Fräulein Müller (m_1); aus jeder dieser beiden Ehen mögen wieder zwei Kinder, und zwar jedesmal ein Sohn und eine Tochter, hervorgehen. Nennen wir diese Kinder M_2, m_2 und S_2, s_2, wobei die großen Buchstaben, wie zuvor und auch weiterhin, männliche Personen, die kleinen weibliche bezeichnen sollen, und kennzeichnen wir die eheliche Verbindung zwischen zwei Personen durch das Zeichen $\sim$, die Abstammung einer oder mehrerer Personen von einer anderen bzw. von einem Elternpaare durch einen vertikalen Strich (Deszendenzstrich), so veranschaulichen sich die bisherigen Angaben über die Familien Müller und Schulze durch das folgende schematische Bild:

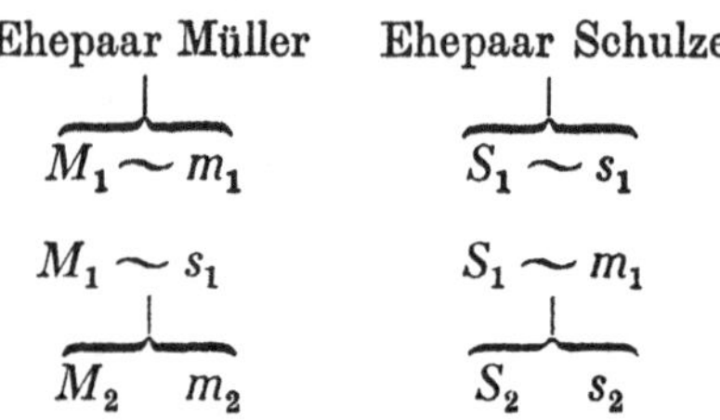

Gehen nun die beiden Geschwisterpaare M_2, m_2 und S_2, s_2 wieder entsprechende Ehen ein wie ihre Eltern und erwachsen aus diesen Ehen wieder je ein Sohn und eine Tochter, so erhalten wir als Fortsetzung unseres ersten Schemas das folgende:

$$M_2 \sim s_2 \qquad\qquad S_2 \sim m_2$$
$$M_3 \quad m_3 \qquad\qquad S_3 \quad s_3$$

Besitzt auch dieses Schema noch eine genau analoge Fortsetzung, nämlich die folgende:

$$M_3 \sim s_3 \qquad\qquad S_3 \sim m_3$$
$$M_4 \quad m_4 \qquad\qquad S_4 \quad s_4$$

und heiratet auch M_4 entsprechend Frl. s_4 und S_4 Frl. m_4, so haben die Kinder dieser Ehen zwar, wie jeder andere Sterbliche, 4 Großeltern (M_3, s_3; S_3, m_3), jedoch auch nur 4 (statt 8) Urgroßeltern (M_2, s_2; S_2, m_2) und auch nur 4 (statt 16) Urururgroßeltern (M_1, s_1; S_1, m_1) und ebenso nur 4 (statt 32) Urururgroßeltern („Ehepaar Müller"; „Ehepaar Schulze"). Natürlich hätten wir annehmen können, daß diese besonderen Verhältnisse (eine aus je zwei Kindern: Sohn und Tochter, bestehende Nachkommenschaft und wechselseitige Verehelichung der beiden Geschwisterpaare) noch durch zahlreiche weitere Generationen hindurch bestehen, und in diesen beiden so konstruierten Familien Müller und Schulze würde somit jedes Glied durch viele Generatioen hindurch immer nur je 4 Ahnen zählen. Den oben angegebenen beträchtlichen Höchstzahlen für die Ahnen einer Generation steht also die Zahl 4 als Mindestzahl für die Anzahl der Ahnen der entfernteren Generationen gegenüber. Wir haben dieses Beispiel selbst als ein „extremes" bezeichnet und wählten es auch nur, um den theoretischen Mindestwert der Ahnenzahlen zu ermitteln. In Wirklichkeit wird die Ahnenzahl in der Regel in den höheren Generationen weder diese untere Grenze 4 noch, wie schon gesagt, den oben angegebenen oberen Grenzwert erreichen, sondern zwischen beiden liegen.

Wir erhalten somit, wenn wir das Ergebnis dieser Betrachtungen noch einmal formulieren, das Resultat, daß die Zahl der Ahnen in der ersten Generation (Eltern) stets 2, in der zweiten (Großeltern) stets 4 beträgt und in der n.ten Generation ≥ 4 und $\leq 2^n$ ist ($n = 3, 4 \ldots$). Es sei gestattet, dazu noch, die Generation der Großeltern betreffend, ein Curiosum anzuführen, das dem hier behandelten Komplex von Fragen angehört: In Ottokar Lorenz' „Lehrbuch der gesammten wissenschaftlichen Genealogie" (Beriin 1898) findet sich[1]) eine Ahnentafel angegeben, die jedem sofort dadurch auffallen muß, daß sie nicht 4, sondern nur 3 Großeltern aufweist. Wir geben hier nur die für unseren Zweck in Betracht kommenden unteren zwei Generationen wieder, wie Lorenz sie angibt:

Gottfried II. der Bärtige, ⌣ Beatrix von Tuszien ⌣ Bonifazius
Herzog beider Lothringen │ │ von Tuszien

Gottfried III. der ⌣ Mathilde von Tuszien
Bucklige († 1076), │
Herzog von Nieder-
Lothringen

N.

Dabei ist allerdings dieser „N." eine von Lorenz nur angenommene bzw. erdichtete Person, worauf hier jedoch wenig ankommt. Jedenfalls aber würde dieser N., wenn er existiert hätte

---

[1]) A. a. O. S. 215.

oder hat[1]), nach dieser Ahnentafel nur 3 Großeltern (statt 4) gehabt haben, und zwar ist diese Verringerung der Zahl darauf zurückzuführen, daß die Eltern des N., Gottfried III. und Mathilde, Halbgeschwister waren. Wenigstens waren sie es der Lorenzschen Ahnentafel nach, und offenbar haben die Kinder einer zwischen Halbgeschwistern geschlossenen Ehe, und sie allein unter allen Menschen, stets nur 3 Großeltern; sind die Eltern gar vollbürtige Geschwister, so reduziert sich diese Zahl natürlich noch weiter: auf 2. Nun sind aber Ehen zwischen voll- oder halbbürtigen Geschwistern bekanntlich heute nicht zulässig und waren auch gewiß schon in der Zeit unserer lothringischen Herzöge nicht erlaubt[2]), und, wie dem auch sein mag, jedenfalls hat Lorenz bei Aufstellung dieser Ahnentafel einen ganz unverständlichen historischen Fehler begangen[3]), den wir jedoch hier zunächst beibehielten, da es uns weniger auf historische Wahrheit als auf ein instruktives Beispiel ankam. In Wirklichkeit entstammt nämlich Gottfried III. der Bucklige gar nicht der Ehe seines Vaters (Gottfrieds II.) mit Beatrix, sondern einer früheren Ehe Gottfrieds II. mit Doda[4]). Als Gottfried II. sich zum zweiten Male, mit Beatrix also, vermählte, war Gottfried der Bucklige bereits etwa 13 Jahre alt, und nach einer freilich wohl nicht genügend gesicherten Angabe sollen an diesem Hochzeitstage bereits

---

[1]) Nach Friedrich Dieckmann, „Gottfried III. der Bucklige, Herzog von Niederlothringen und Gemahl Mathildens von Canossa", Diss. Erlangen 1884, S. 17/18, ist es tatsächlich möglich, daß aus der Ehe Gottfrieds III. mit Mathilde ein Sohn hervorging, der jedoch früh gestorben sein müßte.

[2]) Die Eheverbote des kanonischen Rechts für Verwandte waren, wenn ich nicht irre, — ich habe das nicht näher festzustellen versucht —, sogar viel weitergehend als die des modernen Zivilrechts.

[3]) Das Lorenzsche Werk, das auch für unsere Ausführungen hier sonst noch mehrfach benutzt wurde und daher weiterhin noch verschiedentlich zitiert werden wird, ist nicht etwa eins unter vielen, sondern wird beispielsweise von Otto Forst-Battaglia, „Genealogie" (= Grundriß der Geschichtswissenschaft, herausg. von Aloys Meister, Reihe I, Abt. 4a), Leipzig und Berlin 1913, S. 3, geradezu als das grundlegende Werk der modernen genealogischen Wissenschaft hingestellt. Auf der anderen Seite haben freilich manche von Ottokar Lorenz' Werken, und darunter, wenn ich nicht irre, auch dieses, eine recht verschiedene und zum mindesten partiell-abfällige Beurteilung seitens der Fachmänner erfahren.

[4]) Siehe z. B. Dieckmann, a. a. O. S. 6/7 oder „Allgemeine Deutsche Biographie", Bd. IX (Leipzig 1879), S. 469.

die Kinder, die die beiden Neuvermählten aus ihren früheren
Ehen mitbrachten, Gottfried der Bucklige und Mathilde
also, einander versprochen sein[1]). Die tatsächlichen verwandt-
schaftlichen Beziehungen sind mithin so, wie sie das nachstehende
Schema zeigt:

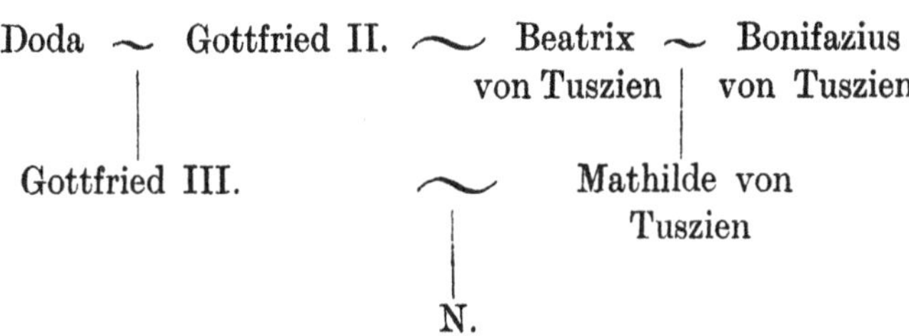

Bei dieser Lage der Dinge würde einer ehelichen Verbindung
zwischen Gottfried III. und Mathilde, da die beiderseitigen
Elternpaare völlig verschieden voneinander sind, auch heute
nichts im Wege stehen[2]). Zugleich sehen wir, daß die legendäre
Persönlichkeit N. bei zutreffender Darstellung der Verhältnisse
4 Großeltern, wie jeder andere Sterbliche: 2 Großväter (Gottfried II. und Bonifazius) und 2 Großmütter (Doda und Beatrix), aufzuweisen hat.

Im Gegensatz zu dem vorstehenden Beispiel scheint ein
anderes, das ich gleichfalls dem Werke von Lorenz entnehme[3]),
durchaus historisch zu sein: Die berühmte Kleopatra von
Ägypten scheint in der Tat in der Lage unseres N. gewesen zu
sein und nur drei Großeltern gehabt zu haben, da ihre Eltern wohl
Halbgeschwister waren. Überhaupt waren in der Dynastie der
Ptolemäer, die mit Kleopatra bekanntlich ihr Ende fand, Ge-
schwisterehen an der Tagesordnung, und unter diesen Umständen
erwartet man für die Ahnentafel der Kleopatra einen beträchtlichen Ahnenverlust; immerhin findet Lorenz für die achte
Ahnengeneration doch noch 76 Ahnen, eine Zahl, deren Richtigkeit ich nicht nachzuprüfen versucht habe. Da die Höchstzahl
dieser Generation 256 ist, so beträgt der Ahnenverlust mithin 180

---

[1]) Siehe Dieckmann, a. a. O. S. 9.
[2]) Vgl. hierzu auch Kap. XXIII des zur Zeit u. d. Pr. befindlichen
2. Bandes der 2. Aufl. meiner „Mathem. Unterh. u. Spiele".
[3]) Siehe a. a. O. S. 325.

und die wirkliche Ahnenzahl nur wenig mehr als ein Viertel der theoretisch möglichen.

Während eine Ahnentafel das Aussehen des vorhin gegebenen Beispiels, in dem alle Glieder nur zwei Familien, denen der Müller und der Schulze, entstammten, in Wirklichkeit wohl nie auch nur durch wenige Generationen hindurch besitzen wird, bietet die Geschichte allerdings ein illustres Beispiel für eine Ahnentafel, die durch mehrere Generationen hindurch ausschließlich von drei Familien bestritten wird. Von der geschichtlichen Verwirklichung mag jedoch erst weiterhin gesprochen und zunächst nur der Typus der Ahnentafel angegeben werden. Nennen wir die drei daran beteiligten Familien Müller, Schulze, Lehmann und kürzen wir diese Namen durch die Anfangsbuchstaben, und zwar durch große, wenn es sich um männliche, durch kleine, wenn es sich um weibliche Personen handelt, ab, so sieht die Ahnentafel, von der wir sprechen wollen, folgendermaßen aus:

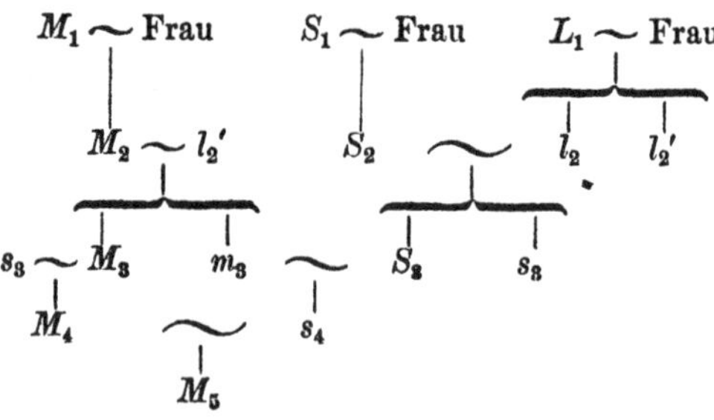

M_5 hat außer seinen 2 Eltern (M_4, s_4) und 4 Großeltern (M_3, s_3; S_3, m_3) nur 4 Urgroßeltern: M_2, l_2'; S_2, l_2, und nur 6 Ururgroßeltern: M_1 und Frau; S_1 und Frau; L_1 und Frau. Der Ahnenverlust in dieser vierten Ahnengeneration beträgt also 10. — Wählt man, wie es zumeist geschieht, für die Ahnentafel eine Darstellungsart, bei der alle Plätze oder, wie man gewöhnlich sagt, alle „Quartiere" in den verschiedenen Generationen, also für die Urgroßeltern deren 8, für die nächsthöhere Generation deren 16 usw., vorgesehen sind, so findet der Ahnenverlust natürlich in der Weise seinen Ausdruck, daß dieselben Personen mehrmals vorkommen. Unser Beispiel würde alsdann, wenn wir zugleich statt der horizontalen Anordnung der Ahnen gleicher Generation die vertikale bevorzugen, folgendes Gesicht annehmen:

$$M_5 \begin{cases} M_4 \begin{cases} M_3 \begin{cases} M_2 \begin{cases} M_1 \\ \text{u. Frau} \end{cases} \\ l_2' \begin{cases} L_1 \\ \text{u. Frau} \end{cases} \end{cases} \\ s_3 \begin{cases} S_2 \begin{cases} S_1 \\ \text{u. Frau} \end{cases} \\ l_2 \begin{cases} L_1 \\ \text{u. Frau} \end{cases} \end{cases} \end{cases} \\ s_4 \begin{cases} S_3 \begin{cases} S_2 \begin{cases} S_1 \\ \text{u. Frau} \end{cases} \\ l_2 \begin{cases} L_1 \\ \text{u. Frau} \end{cases} \end{cases} \\ m_3 \begin{cases} M_2 \begin{cases} M_1 \\ \text{u. Frau} \end{cases} \\ l_2' \begin{cases} L_1 \\ \text{u. Frau} \end{cases} \end{cases} \end{cases} \end{cases}$$

Eine Ahnentafel von ganz derselben Struktur für die angegebenen vier Ahnengenerationen, wie M_5, besitzt nun kein geringerer als Don Carlos, Spaniens berühmter Infant. Seine Ahnentafel ist nämlich die hier auf S. 116 wiedergegebene[1]).

Man überzeugt sich in der Tat leicht, daß diese Ahnentafel genau dieselbe Struktur besitzt wie die vorhergehende des M_5. In der vierten Ahnengeneration kommen Ferdinand V. der Katholische und seine Gemahlin Isabella von Kastilien nicht weniger als je viermal vor und verursachen daher zusammen einen Ahnenverlust von 6 Ahnen (in der anderen Ahnentafel gilt dasselbe von L_1 und Frau). Je zweimal kommen in dieser Generation vor: Kaiser Maximilian I., Maria von Burgund, Herzog Ferdinand von Viseo und Beatrix von Portugal; der hierdurch verursachte Ahnenverlust beträgt 4, so daß wir insgesamt wieder auf den bereits oben — bei der Ahnentafel von M_5 — angegebenen Ahnenverlust von 10 für diese vierte Generation kommen. In der dritten Ahnengeneration kommen alle vier verschiedenen Ahnen je zweimal vor; also Ahnenverlust: 4. Die Ursache des verhältnismäßig starken Ahnenverlustes, die man am schnellsten wohl aus der ersten unserer beiden schematischen Darstellungen der Ahnentafel des M_5 erkennt, ist eine zwiefache: 1) zwei Geschwisterpaare (Bruder und Schwester) heiraten sich wechselseitig: M_3 das Fräulein s_3 und deren Bruder, S_3, das

---

[1]) Vgl. Lorenz, a. a. O. S. 452.

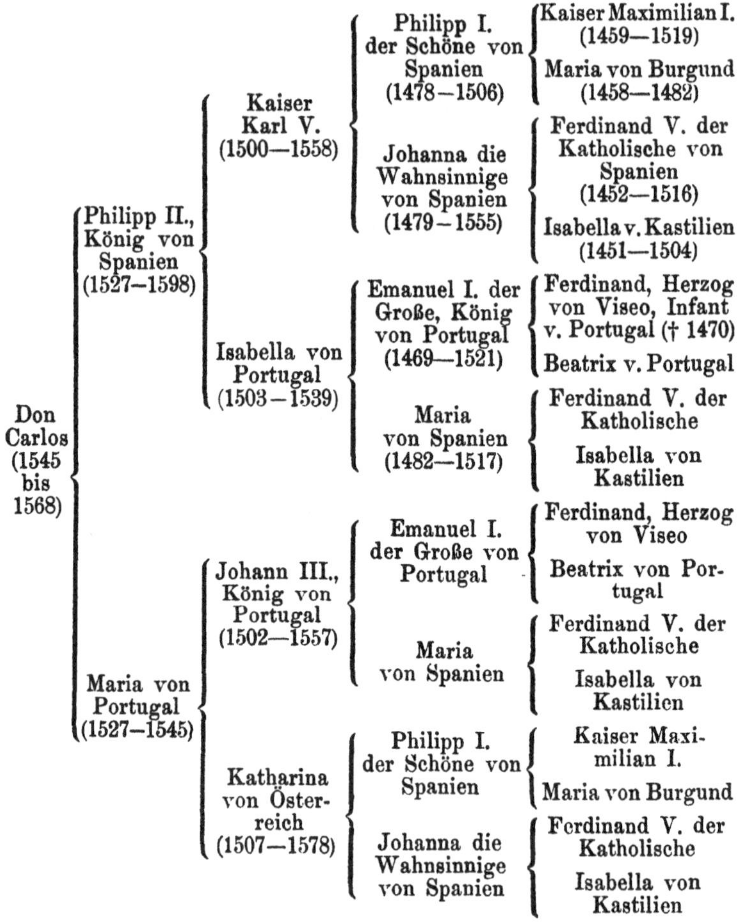

Fräulein m_3, die Schwester von M_3; 2) diese Geschwisterpaare waren schon von Geburt miteinander verwandt, da ihre Mütter (l_2 und l_2') Schwestern waren[1]). Wir haben also, wenn wir uns nun wieder zu der genau entsprechenden Ahnentafel des Don Carlos wenden, folgende Verhältnisse: Kaiser Karl V. heiratet seine Kusine Isabella von Portugal (ihrer beider Mütter:

---

[1]) Wären l_2, l_2' nicht Schwestern, dafür aber M_2, l_2 einerseits und S_2, l_2' andererseits Geschwisterpaare, so hätten wir den früheren Fall der vier Ahnen in mehreren Generationen (Großeltern, Urgroßeltern, Ururgroßeltern).

Johanna die Wahnsinnige und Maria von Spanien, waren Schwestern, Kinder von Ferdinand dem Katholischen und Isabella von Kastilien) und Kaiser Karls V. Schwester, Katharina von Österreich, heiratet wieder den Bruder von Karls V. Gemahlin, ihren eigenen Vetter Johann III. von Portugal.

Solche Verwandtenehen kommen nun in fürstlichen Familien besonders häufig vor und müssen hier immer wieder vorkommen, weil für ebenbürtige Ehen nur eine beschränkte Zahl von Familien in Frage kommt und diese eigentlich alle schon mehr oder minder miteinander verwandt sind. So ist also in den Ahnentafeln fürstlicher Personen der Ahnenverlust in der Regel verhältnismäßig recht groß[1]), und die Fürsten sind daher im allgemeinen nicht die Sprossen „vieler", sondern vielmehr die „weniger" Ahnen. Sicherlich wird beispielsweise kein gekröntes Haupt der Erde sich an Zahl der Ahnen, bis zu der gleichen Generation gerechnet, mit einem Mischling aus weißem und Negerblut messen können, bei dem der Ahnenverlust in der Regel relativ gering sein wird, da die Möglichkeit des Zusammenfallens eines väterlichen (weißen) Ahnen mit einem mütterlichen (schwarzen) so gut wie völlig ausscheidet. Freilich sind von bürgerlichen Familien nur wenige vermöge sorgfältiger, durch viele Generationen hindurch geführter genealogischer Aufzeichnungen in der Lage, ihre Ahnen wirklich nachzuweisen, und, da nur die bekannten Ahnen zählen, so werden fürstliche Personen, deren Vorfahren durch eine Reihe von Generationen hindurch ganz oder doch zum großen Teil bekannt zu sein pflegen, gewöhnliche Sterbliche an Ahnenzahl, d. h. an Zahl der bekannten, nachweisbaren Ahnen, in der Regel übertreffen.

Wenn wir auch in der Ahnentafel des Don Carlos bereits ein Beispiel kennen lernten, das durch einen exzeptionell hohen Ahnenverlust gerade der nächsten Ahnengenerationen sich auszeichnete, so mögen doch noch ein paar weitere Beispiele für

---

[1]) In dem schon zitierten Werke von Otto Forst-Battaglia (S. 13) heißt es hierüber: „Eingehende Forschungen haben an der Hand praktischer Untersuchungen ergeben, daß der Ahnenverlust am größten bei Fürsten, hier wieder bei katholischen stärker als bei Protestanten, dann bei Bauern, dann beim niederen Adel, dann beim bodenständigen Bürgertum, am geringsten beim fluktuierenden Proletariat und bei den modernen Juden ist."

den Ahnenverlust fürstlicher Personen gegeben werden. In der
Ahnentafel Kaiser Leopolds I. beispielsweise entsteht ein Ahnenverlust zunächst dadurch, daß der Großvater väterlicherseits
und die Großmutter mütterlicherseits Geschwister waren, d. h.
das gleiche Elternpaar hatten. Dies bedingt für die Generation
der Urgroßeltern einen Fortfall von 2 Ahnen, so daß wir statt
der theoretischen Höchstzahl 8 deren nur 6 haben[1]). Die nachstehende Tabelle mag außer der theoretischen Höchstzahl die
tatsächlichen Ahnenzahlen Kaiser Leopolds I. und des Don
Carlos für die ersten Ahnenreihen zusammenstellen[2]):

	1. Reihe	2. Reihe	3. Reihe	4. Reihe	5. Reihe	6. Reihe
Theoretische Höchst-zahl	2	4	8	16	32	64
Wirkliche Ahnenzahl des Don Carlos .	2	4	4	6	12	20
Wirkliche Ahnenzahl Leopolds I. . . .	2	4	6	10	12	20

Während also der Ahnenverlust bei Don Carlos, wie wir ja
bereits wußten, in den ersten Reihen ungewöhnlich groß ist,
verdoppelt sich von der 4. zur 5. Reihe die Ahnenzahl in ganz
normaler Weise, so daß also hier nicht der geringste neue Ahnenverlust entsteht und, da andererseits die Ahnenzahl Leopolds I.
von der 4. zur 5. Reihe fast gar nicht wächst, so kommt es, daß
für beide — Don Carlos und Leopold I. — in der 5. und 6. Reihe
Übereinstimmung in den Ahnenzahlen besteht. Die Ahnenzahl
Leopolds I. verdoppelt sich von der 4. bis zur 6. Reihe gerade,
während das Normale wäre, daß sie sich vervierfachte.

    Als weiteres Beispiel mag uns die Ahnentafel Kaiser Wil-
helms II. dienen[3]), auf der unter anderen Peter der Große und

---

    [1]) Dies wurde übrigens bereits oben (S. 109) ausgesprochen; wir
haben jetzt ja, da Leopolds I. Eltern Geschwisterkinder waren, wieder
den Fall einer Ehe zwischen Vetter und Kusine.

    [2]) Siehe bezüglich des Don Carlos das schon mehrfach zitierte Werk
von Lorenz, S. 296, bezüglich Leopolds I. ebenda S. 293/94.

    [3]) Siehe hierüber Lorenz, a. a. O. S. 297 ff. Die Ahnentafel
selbst bis zu 10 Ahnenreihen in der Anordnung nach konzentrischen
Kreisen wurde gegeben in „Vom Fels zum Meer", 16. Jahrg., 1897

Katharina I., Goethes Freund Karl August von Weimar,
Wilhelm von Oranien, Admiral Coligny, der Cid, Maria Stuart
vorkommen. Während die theoretische Höchstzahl der Ahnen
der ersten 12 Generationen zusammen $2 + 4 + 8 + 16 + \ldots$
$\ldots + 4096 = 8190$ ist, ist die wirkliche Ahnenzahl[1] nur 1549,
der Ahnenverlust in diesen 12 Reihen also 6641. Allein ein Graf
von Anhalt (Joachim Ernst, † 1586) kommt in der Ahnentafel
des Kaisers nicht weniger als 70 mal vor; er allein fügt mithin
der Ahnentafel einen Verlust von 69 Ahnen zu, steht allerdings
in dieser Beziehung, wenigstens innerhalb dieser 12 Generationen,
unter allen Ahnen unerreicht da. Es sei gestattet, für die ersten
8 Ahnenreihen in nachstehender Tabelle neben den theoretischen
Höchstzahlen die tatsächlichen Ahnenzahlen und, in einer letzten
Spalte, den Wachstumsmultiplikator, wie wir das Verhältnis der
betreffenden Ahnenzahl zu derjenigen der in der Tabelle vorhergehenden, im Leben also nachfolgenden Generation bezeichnen
wollen, anzugeben[2]:

2. Heft. In neuester Zeit (1912) hat Freiherr Axel Albrecht von
Maltzahn ein größeres, von der sachkundigen Kritik freilich nicht
gerade günstig beurteiltes Werk: „Die 4096 Ahnen Sr. Maj. des deutschen Kaisers, Königs von Preußen" veröffentlicht, in dem die Ahnentafel des Kaisers, wie der Titel besagt, bis zu zwölf Ahnenreihen gegeben ist. Übrigens erheben die vorstehenden Literaturangaben auf
Vollständigkeit keinerlei Anspruch. — Eine Bibliographie der Ahnentafeln fürstlicher und berühmter Personen siehe übrigens bei Otto
Forst-Battaglia, a. a. O. S. 9—11 (Anm.). Als ein dort noch nicht
aufgeführtes, weil aus neuerer Zeit stammendes Werk nenne ich noch:
Wilhelm Heinrich Hammann, „Ahnentafel Seiner Durchlaucht des
Prinzen Wilhelm Karl von Isenburg zu 4096 Ahnen" (Darmstadt 1913).

[1]) Dies (1549) scheint, nach einem Referat über das vorstehend
zitierte, mir im Original nicht bekannte Maltzahnsche Werk, die
heute gültige Zahl zu sein. Aus den Aufstellungen bei Lorenz (a. a. O.
S. 308) würde sich freilich eine etwas größere Zahl — 1594 — ergeben,
doch beruht diese Aufstellung vielleicht in höherem Grade als jene
neueren auf Mutmaßungen, die bedingt sind durch unbekannt gebliebene
Ahnen, die in diesem Falle von der achten Ahnenreihe ab auftreten,
und mit deren erstem Auftreten für die höheren Reihen naturgemäß
strenge Angaben über die Ahnenzahlen aufhören.

[2]) Ich stütze mich dabei auf Lorenz, a. a. O. S. 308. Wenn
auch die dortigen Aufstellungen vielleicht zum Teil mangelhaft und
durch neuere Arbeiten überholt sind, so kann es sich doch wohl, insbesondere für die ersten acht Ahnenreihen, nur um geringfügige Mängel
resp. Verbesserungen handeln, die insonderheit für unsere Zwecke nicht
sehr ins Gewicht fallen dürften.

Ahnen-reihe	Theoretische Höchstzahl	Tatsächliche Ahnenzahl	Wachstums-multiplikator
I	2	2	
II	4	4	2
III	8	8	2
IV	16	14	1,75
V	32	24	1,71
VI	64	44	1,83
VII	128	74	1,68
VIII[1]	256	111	1,5

Betrachtet man die letzte Spalte, so sieht man, daß der Wachstumsmultiplikator im ganzen, d. h. abgesehen von vorübergehendem Ansteigen, mehr und mehr abnimmt, und auch für die nächsten weiteren Generationen würde er diese Tendenz beständigen Fallens bei vorübergehendem Steigen beibehalten. Könnte man die Ermittelungen und Aufstellungen bis in ferne Generationen hinein ausdehnen, so würde sich dieser Multiplikator im ganzen wohl mehr und mehr der Grenze 1 nähern, vielleicht an manchen Stellen sogar unter diese Grenze heruntergehen und im ganzen um den Wert 1 herum nach beiden Seiten hin, wenn auch nicht gleichmäßig, oszillieren, so daß dann jedenfalls von einer sonderlichen Zunahme der Ahnenzahlen von Generation zu Generation keine Rede mehr würde sein können.

Viel weniger regelmäßig als in dem vorstehenden Falle zeigt sich die Bewegung des Wachstumsmultiplikators in der Ahnentafel des ermordeten österreichischen Thronfolgers Franz Ferdinand, wobei natürlich nur von dem bisher genau erforschten Teil dieser Ahnentafel die Rede sein kann und dahingestellt bleiben

---

[1] In dieser Reihe sind freilich fünf Quartiere unausgefüllt geblieben, so daß sich die tatsächliche Ahnenzahl vermutlich von 111 auf 116 erhöht.

muß, wie die Verhältnisse sich bei weiterer Fortsetzung der Tafel gestalten würden. Wir geben auch hier — nach Otto Forst-Battaglia[1]) — eine Tabelle:

Ahnenreihe	Theoretische Höchstzahl	Tatsächliche Ahnenzahl	Wachstums-multiplikator
I	2	2	
II	4	4	2
III	8	8	2
IV	16	12	1,5
V	32	18	1,5
VI	64	30	1,67
VII	128	58	1,93
VIII	256	101	1,74
IX	512	174	1,72
X	1024	234	1,34
XI	2048	341	1,46
XII	4096	526	1,54
XIII	8192	852	1,62
XIV	16384	1514	1,78
XV	32768	ca. 2650	1,75
XVI	65536	ca. 4200	1,58

[1]) A. a. O. S. 13 Anm. 1. — Der zitierte Autor befindet sich hier auf seinem eigensten Gebiete; hat er selbst sich doch als der Genealog Franz Ferdinands betätigt und in einem besonderen Werke (1910) dessen Ahnentafel bis zu 1024 Ahnen gegeben; eine Fortsetzung des Werkes — bis zu 8192 Ahnen — war seinerzeit geplant, ist aber wohl bislang noch nicht erschienen.

Für diesen Teil der Ahnentafel zeigt der Wachstumsmultiplikator jedenfalls noch keine sonderlich ausgeprägte Tendenz
zum Fallen, vielmehr ist er für die 12. bis 16. Ahnenreihe sogar
noch größer als für die 4. und 5. Dennoch ist der Ahnenverlust
ein recht großer; beträgt doch beispielsweise in der 16. Ahnenreihe die tatsächliche Ahnenzahl noch nicht einmal den 15. Teil
der theoretischen Höchstzahl, und die Tabelle zeigt somit, daß
sich selbst bei ansehnlichen und keineswegs stetig fallenden
Werten des Wachstumsmultiplikators, wofern diese Werte nur
erheblich unter 2 bleiben, also etwa, wie hier, im Durchschnitt
= 1,6 sind, sehr große Ahnenverluste ergeben.

Kapitel XI.

„Die geheimnisvolle 4.“

Unter diesem Namen vertreibt eine Spielwarenfirma ein Spiel[1]), dessen Spielbrett unsere Fig. 16 wiedergibt. Zu dem Spielbrett mit seinen **8** (nur hier in der Figur numerierten) Feldern gehören **7** gleiche, auf die Felder passende runde Spielsteine, und die Aufgabe des Spiels besteht darin, die **7** Steine unter Beobachtung der folgenden Spielregel auf 7 der 8 Brettfelder unterzubringen: *Man zählt, bei einem beliebigen Felde beginnend, im Kreise herum bis 4 und besetzt dann dieses vierte Feld mit einem Stein.* Beginnt man beispielsweise bei Feld *3* und zählt nun von hier aus im Drehungssinne des Uhrzeigers, so kommt man bis Feld *6*, das also mit einem Stein besetzt wird. Zählt man, wieder von Feld *3* aus, in umgekehrter Richtung, was nach den Spielregeln er-

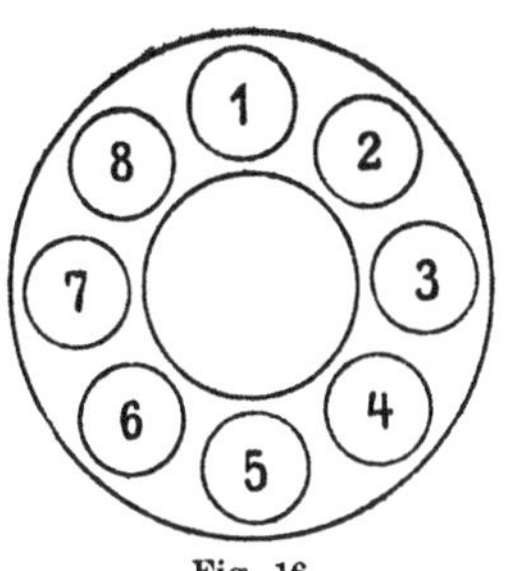

Fig. 16.

laubt ist, so kommt man auf Feld *8*, das also dann mit einem Stein zu besetzen wäre. *In dieser Weise soll man nun also, wie schon gesagt, alle 7 Steine auf 7 verschiedenen Brettfeldern unterbringen. Dabei darf das Abzählen nach 4 immer nur bei einem noch unbesetzten Felde beginnen, darf aber über besetzte Felder hinweggehen, wobei diese mitzählen.*

Jeder Spieler wird schon beim allerersten Versuche sehr

---

[1]) Das Spiel kann von den Züllchower Anstalten, Züllchow bei Stettin, bezogen werden: Preisverzeichnis 1914/15, Nr. 840/22 (0.50 Mk.).

leicht 6 Steine unterbringen, und zwar etwa folgendermaßen:
„Von *6* aus,“ d. h. auf Feld *6* mit Zählen beginnend, besetzt
man Feld *1*; von *7* aus Feld *2*; von *7* aus (mit Abzählen in umgekehrter Richtung) *4*, von *8* aus *5*; darauf von *3* aus *6* und von
8 aus *3*. Jetzt sind die Felder *1, 2, 3, 4, 5, 6* besetzt; es gelingt
aber nicht, auf eins der beiden noch freien Felder (*7* und *8*) einen
Stein zu bringen.

In dieser Weise werden viele derartige Versuche nach Unter-
bringung von 6 Steinen scheitern, und wir sehen uns deshalb genötigt, methodisch zu Werke zu gehen, und stellen zu dem Ende
folgende Erwägungen an: Wenn man von einem Felde *a* aus
Feld *b* besetzen kann, so kann umgekehrt natürlich Feld *a* von
Feld *b* aus besetzt werden. Von zwei Feldern, die in solcher
wechselseitigen Beziehung zueinander stehen, wollen wir sagen,
sie „stehen in **Kommunikation miteinander**“. So stehen beispielsweise die Felder *2* und *5* in Kommunikation miteinander.
Feld *2* steht aber auch mit Feld *7* in Kommunikation, und überhaupt steht jedes Feld mit zwei anderen in Kommunikation.

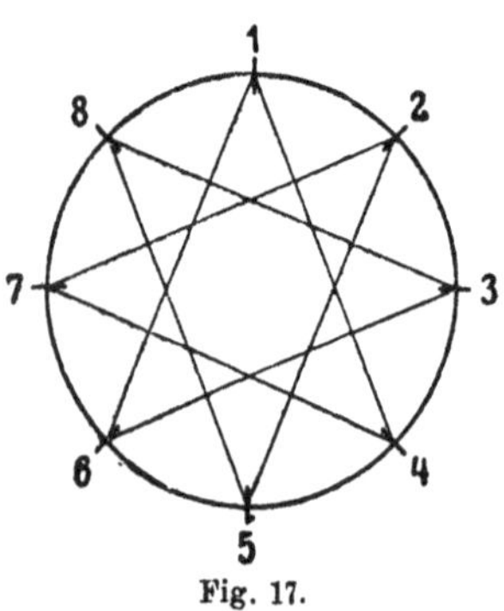

Fig. 17.

Denkt man sich nun jedes Feld mit
denjenigen beiden, mit denen es in
Kommunikation steht, durch eine gerade Linie verbunden, so erhält man
das Bild der Fig. 17. Die Linien
dieser Figur bilden einen einzigen,
in sich geschlossenen Linienzug, eine
Besonderheit, auf der, wie wir weiterhin noch besser erkennen werden,
aber hier schon vorläufig bemerken
wollen, die Lösbarkeit unserer Aufgabe beruht. Es ist, um dasselbe mit
anderen Worten nochmals zu sagen, möglich, die Linien unseres
Linienzuges sämtlich je einmal hintereinander zu durchwandern,
ohne daß man vor Abschluß der ganzen Wanderung zu einem bereits passierten Punkte zurückkehrt. Eine solche Wanderung ist
beispielsweise die folgende: *1 — 4 — 7 — 2 — 5 — 8 — 3 — 6 — 1*.
Nach diesem Schema *1 — 4 — 7 — 2 — 5 — 8 — 3 — 6* erhält
man nun sogleich eine Lösung unserer Spielaufgabe, nämlich
die folgende: Man besetzt der Reihe nach, wie unser Schema es
uns weist:

$$\text{Feld } 1 \text{ von } 4 \text{ aus,}$$

$$\begin{aligned}
&\text{„ } 4 \text{ „ } 7 \text{ „}\\
&\text{„ } 7 \text{ „ } 2 \text{ „}\\
&\text{„ } 2 \text{ „ } 5 \text{ „}\\
&\text{„ } 5 \text{ „ } 8 \text{ „}\\
&\text{„ } 8 \text{ „ } 3 \text{ „}\\
&\text{„ } 3 \text{ „ } 6 \text{ „ (Feld 6 bleibt allein leer)}
\end{aligned}$$

Stellen wir das Feld, bei dem die Zählung jedesmal beginnt, nach vorn, so würde unsere Lösung so zu schreiben sein. Man besetzt:

$$\begin{aligned}
&\text{von } 4 \text{ aus Feld } 1,\\
&\text{„ } 7 \text{ „ } \quad 4,\\
&\text{„ } 2 \text{ „ „ } 7,\\
&\text{„ } 5 \text{ „ „ } 2,\\
&\text{„ } 8 \text{ „ „ } 5,\\
&\text{„ } 3 \text{ „ „ } 8,\\
&\text{„ } 6 \text{ „ „ } 3.
\end{aligned}$$

Will man sich dies Verfahren merken, so formuliere man es etwa so: Man geht von einem beliebigen Felde — hier 4 — aus und besetzt von ihm aus in einer bestimmten Richtung — hier im umgekehrten Uhrzeigerdrehungssinne — das vierte Feld (1); dann bewegt man sich in gleicher Drehungsrichtung weiter und überspringt ein Feld, springt also von dem besetzten Feld 1 zu 7, und zählt nun von hier aus wieder in demselben Drehungssinne bis 4, gelangt also zu der Besetzung von Feld 4, worauf wieder ein Feld übersprungen und darauf von 2 aus Feld 7 besetzt wird, usw.

Auch wenn das Feld, das schließlich allein leer bleiben soll, vorgeschrieben ist, läßt sich leicht eine geeignete Lösung angeben. Soll z. B. 8 das am Ende allein leere Feld sein, so braucht man unseren Zyklus $1-4-7-2-5-8-3-6-1$, den wir in Fig. 18 zu besserer Anschaulichkeit auch „zyklisch“, nämlich auf der Peri-

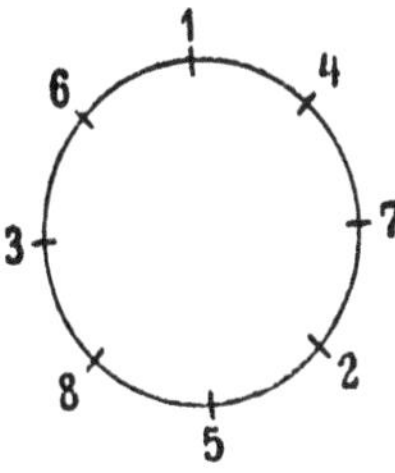

Fig. 18.

pherie eines Kreises, darstellen[1]), nur in der Weise zu schreiben, daß *8* am Ende steht, also: $3-6-1-4-7-2-5-8$; als Lösung der gestellten Spielaufgabe ergibt sich dann:

Feld *3* von *6* aus,
„ *6* „ *1* „
„ *1* „ *4* „
„ *4* „ *7* „
„ *7* „ *2* „
„ *2* „ *5* „
„ *5* „ *8* „

(zum Schluß ist allein Feld *8*, wie vorgeschrieben, leer).

Die bisher angegebenen Lösungen waren „zyklisch" in dem Sinne, daß das Feld, das bei der einen Abzählung als Ausgangsfeld dient, bei der nächstfolgenden Zählung selbst erreicht wird: *3* wird von *6* aus besetzt, darauf *6* von *1* aus, sodann *1* von *4* aus usf. Eine Notwendigkeit für eine solche Form der Lösung besteht jedoch nicht[2]), vielmehr läßt sich der eine Zyklus zum mindesten durch zwei Zyklen ersetzen. Soll beispielsweise *8* wieder das zum Schluß allein leere Feld sein, so denke man sich den geschlossenen Linienzug der Fig. 17 etwa in zwei von *8* ausgehende Teile zerlegt, wobei dann e i n e Linie des ganzen Liniensystems nicht durchlaufen wird; diese beiden Teil-Linienzüge seien etwa:

$$8-3-6-1$$

und

$$8-5-2-7-4$$

(die Linie $4-1$ wird nicht durchlaufen). Kehren wir beide Linienzüge um, schreiben also:

$$1-6-3-8$$
$$4-7-2-5-8,$$

<hr>

[1]) Es braucht nicht erst gesagt zu werden, daß der Kreis dieser Figur 18 mit dem Spielbrett unseres Spiels, also mit den Kreisen der Figuren 16 und 17, nichts zu tun hat, sondern lediglich veranschaulichen soll, daß unser Schema „zyklisch", d. h. in sich geschlossen ist.

[2]) Dem im Handel befindlichen Spiel ist eine „Auflösung" beigegeben, nach der es so scheinen könnte, als bestände eine solche Notwendigkeit.

so führen diese uns zu der folgenden Lösung unserer Aufgabe,
wobei wir die einzelnen Schritte mit gewöhnlichen bzw. mit
römischen Ziffern numerieren:

$$
\begin{array}{lllll}
1. & \text{Feld } 1 & \text{von } 6 & \text{aus,} \\
2. & \text{,, } 6 & \text{,, } 3 & \text{,,} \\
3. & \text{,, } 3 & \text{,, } 8 & \text{,,} \\
\hline
\text{I.} & \text{Feld } 4 & \text{von } 7 & \text{aus,} \\
\text{II.} & \text{,, } 7 & \text{,, } 2 & \text{,,} \\
\text{III.} & \text{,, } 2 & \text{,, } 5 & \text{,,} \\
\text{IV.} & \text{,, } 5 & \text{,, } 8 & \text{,,}
\end{array}
$$

Dabei darf denn auch die Reihenfolge der 7 Operationen insofern
beliebig geändert werden, als die Operationen unterhalb des
Striches von denen oberhalb dieses
völlig unabhängig sind und man beispielsweise diese 7 Operationen etwa
in folgender Reihenfolge ausführen
könnte: I, 1, 2, II, III, 3, IV. Nur
darf dabei, in unserer Schreibweise
gesprochen, eine größere römische
Ziffer natürlich nicht vor eine kleinere römische gezogen werden, und
ebensowenig eine größere arabische
vor eine kleinere arabische.

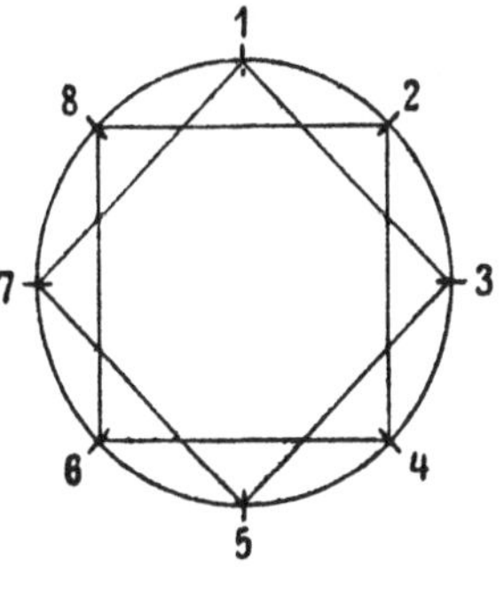

Fig. 19.

Wollte man die Spielregel in
der Weise modifizieren, daß *nicht
nach 4, sondern nach 3 abgezählt wird*, so würde an die Stelle
unserer Fig. 17 die Fig. 19 treten, und diese unterscheidet sich
von jener dadurch wesentlich, daß das ganze Liniensystem jetzt
in zwei völlig getrennte geschlossene Linienzüge: I. *1—3—
5—7—1*; II. *2—4—6—8—2*, zerfällt. Offenbar involviert
diese Eigenschaft die Unmöglichkeit, die Aufgabe unseres Spiels
zu lösen. Denn kein Feld des einen Linienzuges kann von einem
Felde des anderen Linienzuges aus erreicht werden; man müßte
sich also darauf beschränken, d r e i Felder des einen Linienzuges
mit Steinen zu besetzen und ebenso drei des anderen, würde also
z w e i leere Felder behalten. — Ebenso würde sich Unmöglichkeit
unserer Aufgabe ergeben, wenn nach je 5 Feldern abgezählt
würde; denn wir würden alsdann vier völlig getrennte Linien-

züge haben, nämlich: I. $1-5$; II. $2-6$; III. $3-7$; IV. $4-8$.
— Der Fall, daß nach **2** abgezählt wird, gestattet zwar eine
Lösung, doch ist diese trivial. — Die Abzählung nach je **6**
ist offenbar von der Abzählung nach je **4** nicht verschieden,
und ebenso fällt der Fall, daß nach **7** abgezählt wird, mit
dem zusammen, bei dem man nach **3** abzählt. So stellt
also unser Spiel mit der Abzählung nach 4 für
ein Brett von 8 Feldern die einzige Form dar, die
Lösungen gestattet und zugleich Interesse verdient.

Nachdem wir so den Fall eines Spielbrettes von 8 Feldern
erschöpfend erledigt haben, seien dem *allgemeineren Spielbrett
von n Feldern, bei dem nach k abgezählt werden möge*, noch einige
Worte gewidmet. Zunächst sieht man leicht, daß zwei besondere
Werte von k, etwa k_1 und k_2, dieselbe Spielform ergeben, wenn
$k_1 + k_2 = n + 2$ ist (bei 8 Feldern fiel z. B. Abzählung nach
6 mit Abzählung nach **4** zusammen). Man darf sich also,
wenn der Fall eines bestimmten n für alle überhaupt möglichen
Werte von k erschöpfend untersucht werden soll, auf diejenigen

Werte von k beschränken, die $\leq \left[\dfrac{n+2}{2}\right]$ sind, wobei die eckige

Klammer in üblicher Weise (vgl. S. 96) anzeigen soll, daß im Falle
eines Bruches die nächstkleinere ganze Zahl gemeint ist. — Eine
Spaltung des nach Analogie der Fig. 17 gebildeten Liniensystems
in mehrere, völlig voneinander getrennte Linienzüge und damit
die Unmöglichkeit, die Aufgabe des Spiels zu lösen, wird offenbar
dann und nur dann eintreten, wenn $k-1$, die Sprungweite des
einzelnen Zuges, wie wir in nicht mißverständlicher Weise sagen
dürfen, und n einen gemeinsamen Teiler haben, insbesondere
dann, wenn $k-1$ selbst ein Teiler von n ist. Ist nämlich
$i \,.\, (k-1) = p \,.\, n$, wo $i < n$; $p < k-1$ ist, so wird der Linienzug, der etwa von Punkt 1 (vgl. Fig. 17) ausgeht, bereits nach
i Sprüngen von der Sprungweite $k-1$ bzw. nach p Umläufen
im Kreise sich schließen und dieser in sich geschlossene Linienzug mit den übrigen Teilen des ganzen Liniensystems gar nicht
zusammenhängen.

Nach dem Vorstehenden sind, wenn wir uns jetzt zu besonderen Formen des Spielbretts, also zu speziellen Werten
von n, wenden, für $n = 6$ außer den trivialen Fällen $k = 1$
und $k = 2$ nur noch die Fälle $k = 3$ und $k = 4$ zu betrachten;

da jedoch in jedem dieser beiden Fälle $k - 1$ ein Teiler von n ist, so ergeben sich keine Lösungen. — Für $n = 5$ hat nur der Fall $k = 3$ Interesse, für den sich eine Lösung leicht ergibt: Will man diese auf unserem Spielbrett der 8 Felder (Fig. 16) ausführen, so decke man zunächst etwa die Felder 6, 7, 8 mit umgekehrten Spielsteinen zu, um anzudeuten, daß diese Felder aus dem Spiel ausgeschieden sind, und für das übrigbleibende Brett der 5 Felder bewirkt man die Lösung dann etwa so, daß man von 1 aus Feld 3 besetzt, darauf auf dem nächsten Felde — 4 also — mit Abzählen fortfährt und von hier aus 1 besetzt, sodann vom nächsten Felde — 2 also —
Feld 4 erreicht, schließlich von 5 aus Feld 2. — Für $n = 7$ interessieren nur die Fälle $k = 3$ und $k = 4$, die beide Lösungen ergeben. Hier, wie in irgendwelchen anderen lösbaren Fällen, erhält man eine Lösung, indem man, bei einem beliebigen Felde beginnend, zunächst bis k abzählt und das $k$te Feld besetzt, darauf, in gleichem Drehungssinne fortschreitend, $n - 2k + 1$ Felder über-springt[1]) und nun von neuem bis k

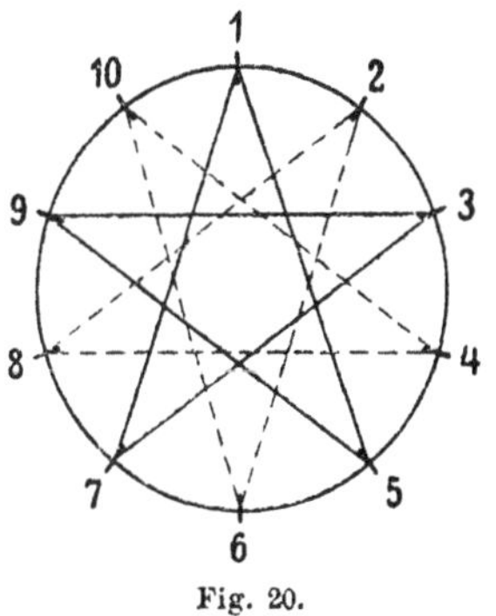

Fig. 20.

zählt, mit der Wirkung, daß man zu dem Ausgangsfeld der ersten Zählung zurückkehrt, es also besetzt, worauf man in derselben Weise fortfährt. — Für $n = 9$ haben nur die Fälle $k = 3$, $k = 4$, $k = 5$ Interesse, von denen jedoch für den zweiten unserem Kriterium nach sich sogleich Unlösbarkeit ergibt, während die beiden anderen lösbar sind. — Für $n = 10$ sind zu betrachten die Fälle: I. $k = 3$; II. $k = 4$; III. $k = 5$; IV. $k = 6$. Von diesen sind zunächst I und IV unlösbar, weil $k - 1$ für diese Werte von k ein Teiler von n ist. Aber auch Fall III ist unlösbar, weil hier $k - 1$ und n einen gemeinsamen Teiler be-sitzen; anders ausgedrückt: auch hier zerfällt das nach Analogie der Fig. 17 gebildete Liniensystem in zwei völlig getrennte Teile, die unsere Fig. 20 in der Weise darstellt, daß der eine Linienzug

---

[1]) Für $n = 8$, $k = 4$ übersprangen wir oben (S. 125) demgemäß 1 Feld, und in dem soeben behandelten Falle $n = 5$, $k = 3$ waren es demgemäß 0 Felder, die übersprungen wurden.

durch ausgezogene, der andere durch gestrichelte Linien gegeben ist[1]). Es bleibt somit für $n = 10$ nur der Fall $k = 4$, der Lösungen gestattet.

Über $n = 10$ hinaus wollen wir unsere Betrachtungen nicht ausdehnen und geben zum Schluß nur noch eine Zusammenstellung derjenigen Fälle, in denen unser Spiel, von den trivialen Fällen $k = 1$ und $k = 2$ abgesehen, Lösungen besitzt; es sind dies bis zu der von uns gezogenen Grenze $n = 10$ die folgenden:

$$n = 5,\ k = 3;\quad n = 7,\ k = 3;\quad n = 8,\ k = 4;\quad n = 9,\ k = 3;$$
$$n = 7,\ k = 4;\qquad\qquad n = 9,\ k = 5;$$
$$n = 10,\ k = 4.$$

Es sei noch gestattet, darauf hinzuweisen, daß eine Figur in der Art unserer vorstehenden Figur 17 eine gewisse Rolle in der Geschichte der Astronomie resp. Chronologie, also auf einem Gebiete, zu dem man unserem Spiel gewiß keinerlei Beziehungen zutraut, gespielt hat. Es ist bekannt, daß die sieben Tage unserer Woche nach den Planeten resp. Planetengöttern der alten Astronomie bzw. Astrologie gewählt oder auch benannt sind: der Samstag nach dem Saturn (die englische wie auch die holländische Sprache nennen ihn noch heute deutlich erkennbar „Saturnstag“, nämlich „Saturday“ bzw. „Zaturdag“); der Sonntag („Sonnentag“) nach der Sonne; der Montag („Mondtag“, englisch „Monday“, französisch „lundi“ = Lunae dies) nach dem Mond; der dann folgende Tag nach dem Mars („mardi“ = Martis dies), im Deutschen „Dienstag“, im Althochdeutschen

---

[1]) Die Figur jedes dieser beiden Teile ist, beiläufig bemerkt, ein sogenanntes „Pentagramma“, auch „Pentakel“, „Pentalpha“, „Drudenfuß“ — bei den Mohammedanern „Siegel Salomos“ — genannt, eine Figur, die bekanntlich in der Geschichte des Aberglaubens eine große Rolle gespielt hat (man denke beispielsweise an die Szene im Faust, I, Studierzimmer:

Mephistopheles: Gesteh' ich's nur! Daß ich hinausspaziere,
      Verbietet mir ein kleines Hindernis,
      Der Drudenfuß auf Eurer Schwelle —
Faust: Das Pentagramma macht dir Pein? —
Und schon vorher heißt es:
      Für solche halbe Höllenbrut
      Ist Salomonis Schlüssel gut).

„ziestag“[1]), nach dem alten deutschen Gott Zio, der dem Mars entspricht; der Mittwoch („mercredi“ = Mercurii dies) nach dem Merkur (in den skandinavischen Sprachen „Onsdag“ = Tag des Odin, im Holländischen „Woensdag“ = Wodanstag, englisch Wednesday); der Donnerstag („Tag des Donar“; in den skandinavischen Sprachen „Torsdag“ = Tag des Thor) nach Jupiter („jeudi“ = Jovis dies); schließlich der Freitag („Tag der Freia“) nach der Venus („vendredi“ = Veneris dies). Es sind somit die sieben „Planeten“ der alten Astronomie: Saturn, Sonne, Mond, Mars, Merkur, Jupiter, Venus, die den sieben Tagen der Woche ihre Namen gegeben haben. Aber warum, so fragt man sich, folgen sie, vom Samstag als dem heiligen Tage an gerechnet, in dieser seltsamen Reihenfolge aufeinander und nicht in der üblichen, vom erdfernsten bis zum erdnächsten Planeten gerechnet, in der sie z. B. das Distichon:

> Saturnus, dein Jupiter, hinc Mars, Solque Venusque,
> Mercurius, cui sic ultima Luna subest

aufzählt?

Setzt man, wie es die alte Astrologie tat, für jede Stunde eines Tages einen Planeten als den Herrn dieser Stunde ein und beginnt man die erste Stunde des Samstag mit Saturn und setzt ihn somit als den Beherrscher dieser Stunde ein, so wird der üblichen Reihenfolge nach die zweite Stunde vom Jupiter, die dritte vom Mars, die vierte von der Sonne, die fünfte von der Venus, die sechste vom Merkur, die siebente vom Mond beherrscht werden, darauf die achte wieder vom Saturn und ebenso die 15te und schließlich auch die 22ste, während die 23ste vom Jupiter und die 24ste vom Mars regiert wird. Demzufolge muß die nächste Stunde, d. h. die erste des folgenden Tages, dem auf Mars folgenden Planeten, also der Sonne, untertan sein, und, da nun der Beherrscher der ersten Stunde eines Tages zugleich als der Beherrscher des ganzen Tages gilt, so wird der auf den Samstag oder Saturnstag folgende Tag ein „Sonnentag“ werden müssen. In der Planetenwoche folgt also auf den Tag des Saturn der Tag der Sonne; zwei zwischenliegende Planeten:

---

[1]) In Schwaben noch heute „Zistig“, „Zienstig“, „Zeinstig“, in der Schweiz „Zistag“, „Zistig“. Im Dänischen „Tirsdag“, im Schwedischen „tisdag“ nach dem nordischen Tyr.

Jupiter und Mars, sind dabei mithin übergangen, und zwar sind es gerade zwei, weil die Zahl 24 bei Teilung durch 7 den Rest 3 läßt: man gelangt eben vom Saturn zu dem drittfolgenden Planeten, der Sonne. Wir haben also hier, in den Bezeichnungen unseres Spieles gesprochen, den Fall $n = 7$, $k = 4$, und dementsprechend führt unsere Wanderung weiter von der Sonne mit Übergehung von Venus und Merkur zum Mond, von hier zum Mars usw., wie es unsere Fig. 21 zeigt. In der Tat veranschaulicht diese Figur, dieser siebenstrahlige Stern, ebensowohl einen besonderen Fall unserer Spieltheorie wie jene Lehre der alten Astrologen[1]), und so stammt das Prinzip unseres

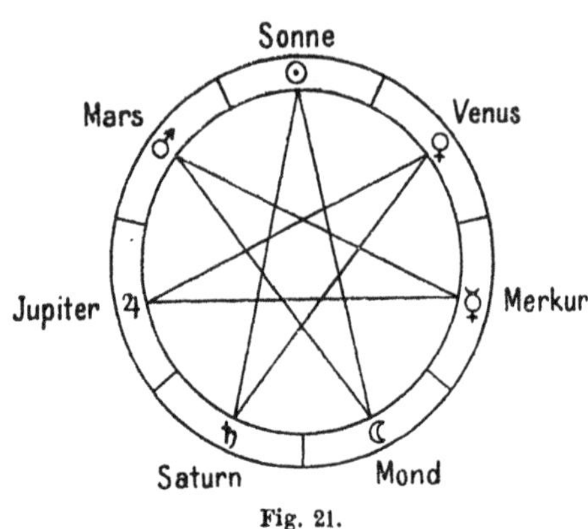

Fig. 21.

Spiels, wennschon dieses als Spiel bisher wohl nirgends in der Literatur auch nur erwähnt, geschweige denn ausführlicher erörtert ist, gewissermaßen schon aus dem Altertum.

---

[1]) Siehe bei A. Bouché-Leclercq, „L'astrologie grecque" (Paris 1899), p. 482 die Fig. 43, die dort freilich mit bezug auf eine andere (musikalische), jedoch im Effekt auf dasselbe hinauskommende Erklärung der Planetenwoche gegeben wird.

Kapitel XII.

„Die wunderbare 26.“

Unsere Fig. 22 zeigt uns ein Spielbrett, das die Form von zwei um 180° gegeneinander gedrehten gleichseitigen Dreiecken besitzt. Man nennt die von den beiden Dreiecken gebildete sechsstrahlige Sternfigur bekanntlich auch „Hexagramm“ oder „Hexagon“ (vgl. S. 130, Anm. 1). Unser hexagonales Spielbrett hier zeigt nun 12 runde Felder, die mit Spielsteinen besetzt werden sollen, welche die Zahlen *1, 2, 3, ... 12* aufweisen, und zwar soll diese Besetzung so erfolgen, daß je vier an einer Dreiecksseite liegende Spielsteine überall dieselbe Zahlensumme ergeben. Dabei entsteht denn zunächst die Vorfrage, welches *diese an allen Dreiecksseiten sich ergebende Zahlensumme sein müßte.* Bezeichnen wir diese noch unbekannte Summe mit x, so findet unsere Forderung ihren arithmetischen Ausdruck in folgenden sechs Gleichungen:

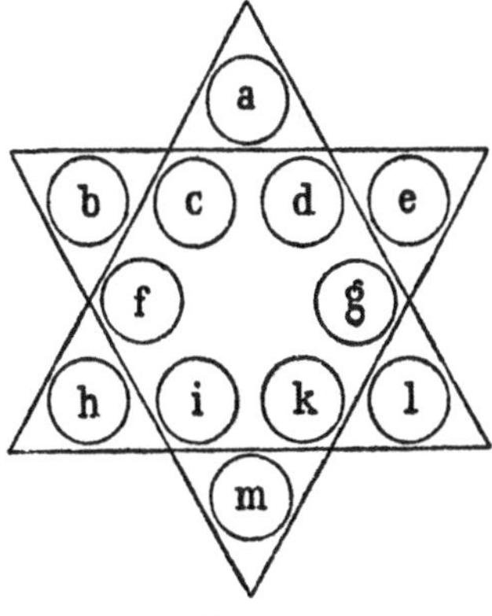

Fig. 22.

$$\text{(I)} \quad a + d + g + l = x$$
$$\text{(II)} \quad l + k + i + h = x$$
$$\text{(III)} \quad h + f + c + a = x$$
$$\text{(IV)} \quad b + c + d + e = x$$
$$\text{(V)} \quad e + g + k + m = x$$
$$\text{(VI)} \quad m + i + f + b = x$$

Durch Addition dieser sechs Gleichungen folgt:

$$2\,(a + b + c + d + e + f + g + h + i + k + l + m) = 6\,x.$$

Nun ist aber die Gesamtheit der Zahlen 1 bis 12, also der Klammerinhalt, $= 6 \cdot 13$, und wir erhalten somit: $x = 26$.

Die Forderung unseres Spiels darf also jetzt so ausgesprochen werden: *Die 12 Spielsteine sind so auf die 12 Felder zu setzen, daß an jeder der 6 Dreiecksseiten die Zahlensumme 26 entsteht.* Dazu erheben wir die weitere Forderung, daß *auch die innere Figur, die wir hinfort kurz „das Sechseck“ nennen wollen, d. h. die von der Feldern c, d, g, k, i, f ausgefüllte Figur, auf diesen 6 Feldern die Zahlensumme 26 aufweist*[1]). Zu den obigen sechs Gleichungen, in denen wir uns x jetzt durch 26 ersetzt denken, erhalten wir so als siebente:

$$(\text{VII}) \quad c + d + g + k + i + f = 26.$$

Addiert man die Gleichungen I—III, so erhält man:

$$2\,(a + h + l) + (c + d + g + k + i + f) = 78$$

oder, da der zweite Klammerausdruck nach VII den Wert 26 hat, so folgt:

$$a + h + l = 26.$$

Entsprechend ergibt sich natürlich aus den Gleichungen IV bis VI:

$$b + e + m = 26.$$

Die Summe der drei Eckzahlen je eines der beiden Dreiecke beträgt also auch 26.

Aus der soeben erhaltenen Gleichung $a + h + l = 26$ in Verbindung mit $h + i + k + l = 26$ folgt: $a = i + k$; in Worten: Die Summe zweier benachbarter Zahlen des Sechsecks ist gleich der Zahl der gegenüberliegenden Dreiecksecke. Hieraus folgt, wie wir hier bereits bemerken wollen, sogleich, daß die Zahlen *11* und *12* nicht dem Sechseck angehören

---

[1]) In dieser Form und unter dem Namen, mit dem wir dieses Kapitel überschrieben („Wunderbare 26“), wird das Spiel (Gebrauchs-Musterschutz Nr. 42 768. 45 600) von derselben Firma in den Handel gebracht, die auch „Die geheimnisvolle 4“ (siehe S. 123) vertreibt, und kann gleich diesem Spiel von den Züllchower Anstalten (Preisverzeichnis Nr. 840/7), zum Preise von 0.70 Mk., bezogen werden. — Übrigens soll das Spiel als „Lustige 26“ schon vor vielen Jahren im Handel gewesen sein.

können; denn, angenommen eine Sechseckszahl, etwa i, wäre 11, so müßte $e = 11 + f$ und $a = 11 + k$ sein; a und e wären also beide > 11, während wir zwei solche Zahlen in unserem Spiel doch überhaupt nicht zur Verfügung haben. Die Zahlen 11 und 12 müssen daher jedenfalls auf Dreieckseckplätzen untergebracht werden. Es fragt sich nun, welche Tripel von Zahlen aus der uns zur Verfügung stehenden Reihe $12, 11, \ldots 2, 1$ überhaupt die Bedingung $a + h + l = 26$ resp. $b + e + m = 26$ zu befriedigen vermögen, und man·sieht sogleich, daß nur folgende 8 Tripel hierzu imstande sind:

A. $12, 11, 3$;	E. $11, 10, 5$;
B. $12, 10, 4$;	F. $11, 9, 6$;
C. $12, 9, 5$;	G. $11, 8, 7$;
D. $12, 8, 6$;	H. $10, 9, 7$.

Von diesen 8 Tripeln haben wir — für die beiden Dreiecke — zwei auszuwählen, und zwar muß, schon weil die Zahl 12 notwendig auf einem der Dreieckseckplätze stehen muß, eins der ersten 4 Tripel (A—D) stets unter den beiden gewählten sein. So ergeben sich folgende Kombinationen:

1) A, H   2) B, F   3) B, G   4) C, G   5) D, E   6) D, H.

Davon scheidet jedoch die letzte Kombination (D, H) als unbrauchbar aus, weil darin 11 nicht vertreten ist, diese Zahl also nicht, wie es doch sein muß, einen Dreieckseckplatz erhalten würde. — Ebenso ergibt sich leicht die Unmöglichkeit des Falles 3, wie folgt: Das Bild, das die Dreiecke, abgesehen von Drehungen und Spiegelungen jedes der beiden, in diesem Falle bieten würden, zeigt uns Fig. 23. Die beiden mit ✱ bezeichneten Zahlen müssen nun nach jenem oben hergeleiteten Satze die Summe 12 ergeben, und somit kämen nur folgende Paare in Frage: $11, 1$; $10, 2$; $9, 3$; $8, 4$; $7, 5$. Von diesen

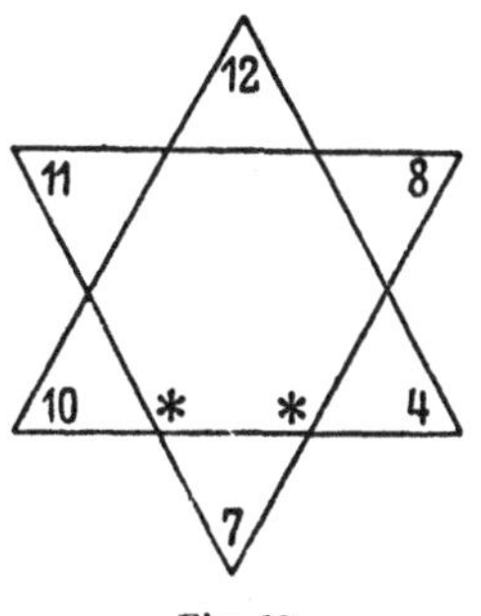

Fig. 23.

fünf Paaren steht nur noch das dritte ($9, 3$) zur Verfügung; besetzen wir mit diesem aber die beiden Plätze ✱, so vermissen wir die Zahl 3 an anderer Stelle. Denn die Plätze zwischen *12* und *10* lassen sich, soll die Summe 26 sich ergeben, nur mit *1* und *3* besetzen. Damit ist auch für den Fall 3 die Unmöglichkeit dargetan, und es bleiben somit von den sechs Fällen nur noch vier übrig: 1, 2, 4, 5.

Von diesen vier Fällen wollen wir den ersten ausführlich erörtern, d. h. also denjenigen, bei dem die Eckplätze des einen Dreiecks mit *12*, *11*, *3*, die des anderen mit *10*, *9*, *7* besetzt sind. Denken wir uns etwa, daß eine Lösung gefunden ist, so können wir durch Drehung der ganzen Figur es stets erreichen, daß *12* an höchster Stelle steht, und eventuell durch nachfolgende Spiegelung der ganzen Figur an der Vertikalachse ferner, daß *11* die Ecke links einnimmt. Ohne Beschränkung dürfen wir also bei unserer Untersuchung des Falles 1 von der Fig. 24 aus-

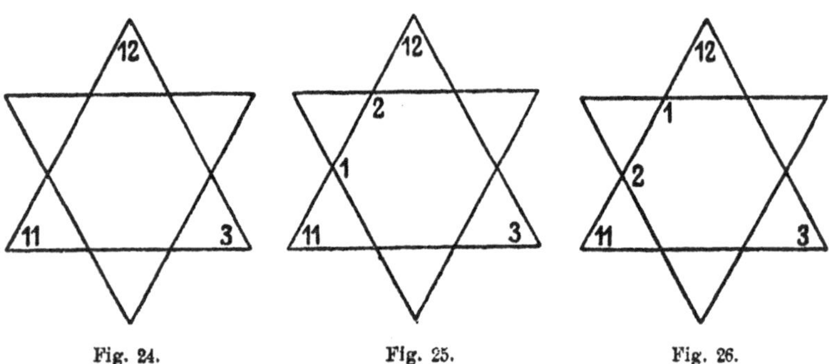

Fig. 24.　　　　　Fig. 25.　　　　　Fig. 26.

gehen. Die Plätze zwischen *11* und *12* können nur mit den Zahlen *1* und *2* besetzt werden, woraus sich zwei, durch Fig. 25 und Fig. 26 dargestellte Unterfälle ergeben. Die Eckfelder des anderen Dreiecks sind nun mit *10*, *9*, *7* zu besetzen. Bevor wir prüfen, ob und wie dies möglich ist, machen wir eine allgemeine Bemerkung: Da (siehe Fig. 22), wie wir wissen,

$$a = i + k$$
$$m = c + d,$$

so ergibt sich unter Berücksichtigung der Gleichung VII sofort: $a + f + m + g = 26$, und für zwei weitere, entsprechende Quadrupel der Figur gilt natürlich dasselbe. Wir formulieren dieses Zwischenresultat, von dem wir auch weiterhin noch Gebrauch machen werden, ausdrücklich und sagen: Je vier

einen Rhombus bildende Felder, nämlich 1) a, f, m, g;
2) b, d, l, i; 3) e, c, h, k, müssen die Zahlensumme 26
aufweisen. Nach diesem Satze nun müßte, wenn wir in Fig. 25
das Feld m — wir übertragen die Bezeichnungen der Felder
von Fig. 22 auf die jetzigen Figuren — mit der Zahl *10* besetzen
wollten, das Feld g mit der Zahl *3*, also einer Zahl, die nicht mehr
verfügbar ist, ausgefüllt werden. Entsprechend würde sich für
Fig. 26 die Unmöglichkeit, Feld m mit *10* auszufüllen, ergeben
(Feld g müßte mit der nicht mehr disponiblen Zahl *2* besetzt
werden). Für Feld m kommen somit nur noch die Zahlen *9*
und *7* in Betracht. Versuchen wir nun zunächst, Feld m mit *9*
zu besetzen, so müssen auf Feld g nach dem soeben gebrauchten
Satze gelangen: 1) in Fig. 25 die Zahl *4*, 2) in Fig. 26 die Zahl *3*.

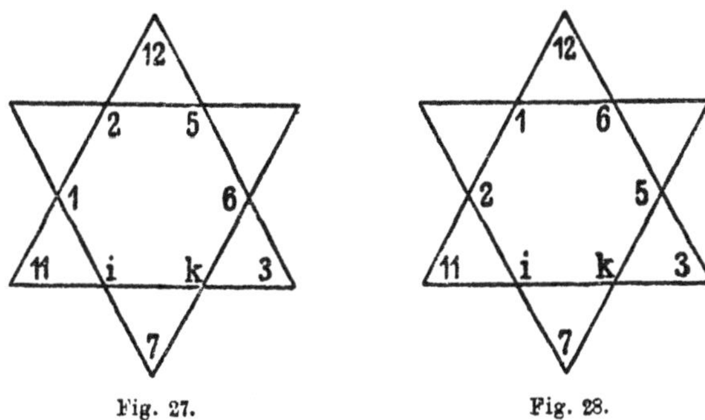

Fig. 27.   Fig. 28.

Dieser zweite Unterfall scheidet jedoch sofort aus, weil *3* bereits
anderweitig verwandt ist, und auch die Unmöglichkeit des ersten
Unterfalles ergibt sich schnell, da nach Besetzung des Feldes g
mit *4* sich mit Rücksicht auf Gleichung I für das Feld d notwendig
die Zahl *7* ergeben würde, die doch für eine der Dreiecksecken
bestimmt ist. Somit kann also Feld m höchstens mit *7* besetzt
werden. Versucht man dies, so ergibt sich zunächst mit Notwendigkeit, daß Feld g mit Rücksicht auf unseren mehrfach
benutzten Rhomben-Satz zu besetzen ist: in Fig. 25 mit Zahl *6*,
in Fig. 26 mit Zahl *5*, während für Feld d dann nur verbleibt:
in Fig. 25 Zahl *5*, in Fig. 26 Zahl *6*. Wir erhalten somit die beiden
durch Fig. 27 und Fig. 28 dargestellten Anordnungen, in denen
insbesondere noch über die Felder i und k zu entscheiden ist.
Die einzigen für diese beiden Felder noch zur Verfügung stehenden

Zahlen sind nun *4* und *8*, jedoch kann Feld *k* weder in Fig. 27
noch in Fig. 28 mit der Zahl *8* besetzt werden, da wir alsdann
in dem inneren Sechseck zwei benachbarte Zahlen (*8, 6* resp. *8, 5*)
hätten, die zusammen > 12 wären, was mit Rücksicht auf den
Satz, daß zwei solche benachbarten Sechseckszahlen gleich der
Zahl der gegenüberliegenden Dreiecksecke sein müssen, natürlich
nicht angeht. Somit ist notwendig $i = 8, k = 4$ in beiden Figuren,
und wir erhalten schließlich die durch die Figuren 29 und 30
dargestellten Lösungen unserer Aufgabe.

Dreht man jede der erhaltenen Figuren so, daß der Reihe
nach alle Spitzen des sechsstrahligen Sterns an die höchste Stelle,
die jetzt *12* einnimmt, gelangen, so erhält man zu jeder der
beiden primären Lösungen noch fünf Nebenlösungen, und, da man

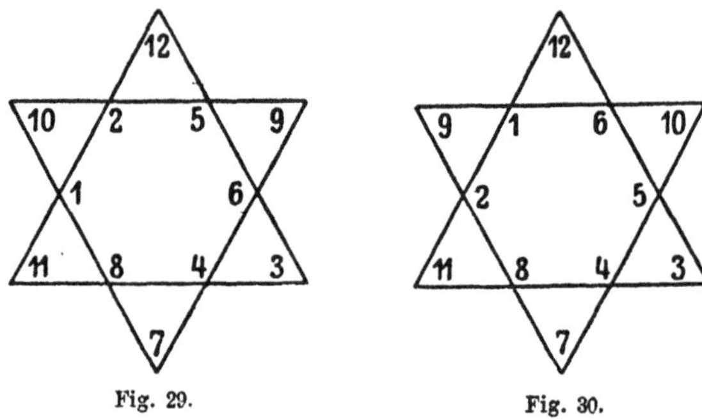

Fig. 29.
Fig. 30.

jede Lösung zudem noch an der vertikalen Mittelachse spiegeln
kann, so repräsentiert also jede Stammlösung eine Gruppe von
im ganzen 12 Lösungen, die freilich nur unwesentlich voneinander verschieden sind.

In ähnlicher Weise, wie wir dies für den Fall 1 durchführten,
läßt sich nun für die übrigen drei Fälle leicht eine erschöpfende
Analyse geben. Diese für alle drei Fälle hier in extenso durch-
zuführen, dürfte unnötig sein, aber für einen der drei Fälle mag
dies immerhin noch geschehen. Wir wählen hierfür den Fall
4) C, G, also die Kombination, bei der die Eckplätze des einen
Dreiecks mit *12, 9, 5*, die des anderen mit *11, 8, 7* besetzt werden.
Unter den Zahlen, die im inneren Sechseck unterzubringen sind,
befindet sich dieses Mal *10*. Mit Rücksicht auf die Relationen
$a = i + k$ usw. folgt, da die größte uns im Spiel zur Verfügung
stehende Zahl *12* ist, nun, daß die Zahl *10*, wo immer sie im

inneren Sechseck ihren Platz bekommen mag, zu ihren beiden
Seiten die Zahlen *1* und *2* haben muß; mit diesen zusammen ergibt sie dann die Summen *11* und *12*, und auf den diesen Paaren
(*1 + 10* bzw. *2 + 10*) gegenüberliegenden Dreieckseckplätzen
müssen also die Zahlen *11* und *12* stehen. Nun liegt aber *12*
bereits fest (siehe die Fig. 31, die wir ebenso, wie im Falle 1
die Fig. 24, ohne Beschränkung unserer Untersuchung zu
Grunde legen dürfen), und daraus folgt, daß die Plätze *i* und
k von den Zahlen *10* und *2* resp. umgekehrt eingenommen
werden müssen. Auf den Plätzen zwischen *12* und *9* müssen
nun, damit an dieser Dreiecksseite die Summe *26* herauskommt,
entweder *1* und *4* oder aber *2* und *3* stehen; letztere Möglichkeit
scheidet aber sogleich aus, weil die Zahl *2* bereits für einen der

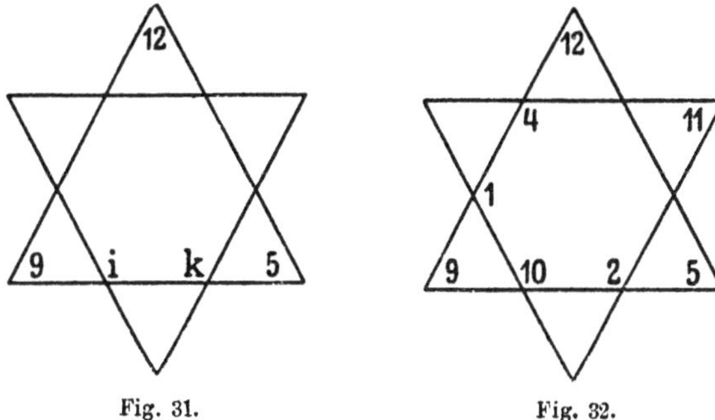

Fig. 31. Fig. 32.

Plätze *i* und *k* in Anspruch genommen werden mußte. Da nun
10 die Zahlen *1* und *2* zu Nachbarn erhalten muß, so ergibt
sich aus alledem für die fraglichen vier Felder des Sechsecks mit
Notwendigkeit die Anordnung der Fig. 32 und damit weiter
auch die Besetzung des Eckplatzes oben rechts mit der Zahl *11*.
Für die beiden noch leeren Plätze des inneren Sechsecks verbleiben nur die Zahlen *3* und *6*; da nun *4* und *6* nicht be-
nachbart sein dürfen, weil sie als Summe *10*, d. h. eine auf
den Eckfeldern nicht vertretene Zahl, ergeben würden, so muß
3 neben *4* treten und *6* den letzten Platz des Innern einnehmen.
So ergibt sich als einzige Lösung dieses Falles die der Fig. 33.

Für die beiden übrigen Fälle (2 und 5) verzichten wir, wie
schon gesagt, auf Durchführung der Analyse im einzelnen und
beschränken uns auf Angabe des Resultats: der Fall 2 liefert
eine Lösung, die der Fig. 34, und der Fall 5 liefert zwei Lösungen,

die der Figuren 35 und 36. — Die Aufgabe des Spiels besitzt somit im ganzen sechs wesentlich verschiedene Lösungen: Figuren 29, 30, 33, 34, 35, 36.

Wir beschließen diese Erörterung, indem wir alle diejenigen Felderkombinationen nochmals zusammenstellen, die in den

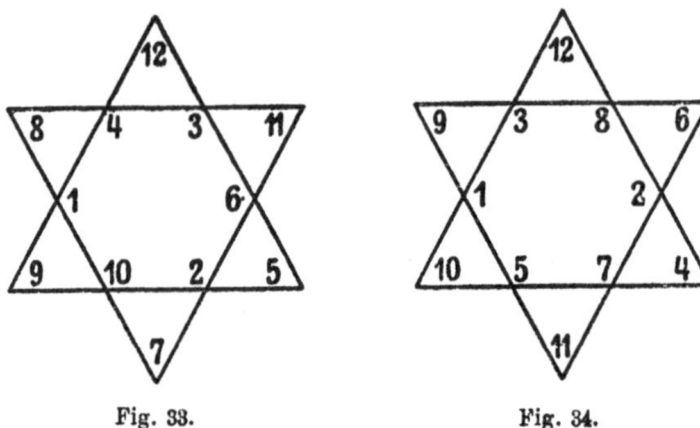

Fig. 33.   Fig. 34.

Lösungen der Aufgabe, wie wir sahen, die konstante Summe 26 ergeben: 1) Je 4 Felder an einer der 6 Dreiecksseiten (Gleichungen I—VI); 2) die 6 Felder des inneren Sechsecks (Gleichung VII); 3) die 4 Felder jedes der 3 Rhomben a, f, m, g; b, d, l, i;

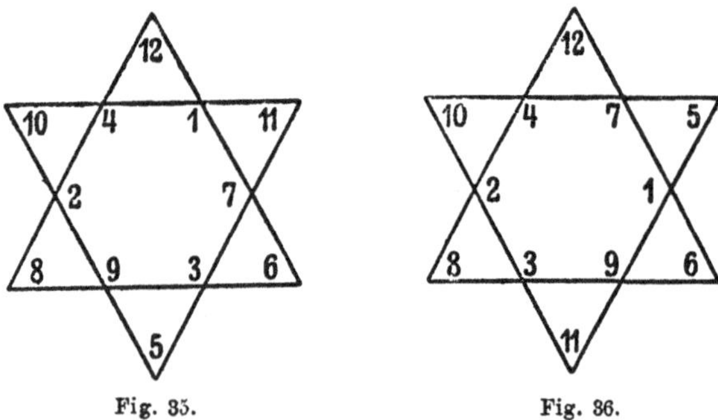

Fig. 35.   Fig. 36.

e, c, h, k; 4) die 5 Felder des Dreiecks f, c, a, d, g und ebenso die von 5 weiteren entsprechenden Dreiecken. — Dabei hatten wir diese letzte Kombination (ad 4) bisher allerdings noch nicht betrachtet, doch brauchen wir, um die Richtigkeit unserer Behauptung zu erweisen, in Gleichung VII nur die Summe $i + k$ durch das ihr gleiche a zu ersetzen.

Kapitel XIII.

Tschuka-Ruma.

Das aus Indien stammende Spiel besteht aus $2n$ Löchern, in deren jedem sich n Kugeln befinden, und einem am Ende der Reihe befindlichen leeren Loche, der „Ruma". Man nimmt nun aus einem der Löcher die Kugeln heraus und verteilt sie einzeln auf die nach rechts hin anschließenden Löcher; wird hierbei das letzte Loch rechts, die „Ruma", erreicht und mit einer Kugel bedacht, so fährt man, wenn noch weitere Kugeln zu verteilen sind, am linken Ende der Lochreihe fort. Im übrigen gelten für diese Kugelverteilungen folgende Regeln:

1. Bleibt bei einer Verteilung die letzte der Kugeln in der „Ruma", so darf man für die nächste Lochentleerung und damit Kugelverteilung das Loch beliebig wählen. — Aus der Ruma dürfen jedoch niemals Kugeln herausgenommen werden.

2. Kommt bei einer Verteilung die letzte der Kugeln in ein Loch, das bereits mit einer oder mehreren Kugeln besetzt ist, so wird nunmehr dieses Loch geleert und seine Kugeln verteilt.

3. Kommt bei einer Verteilung die letzte der Kugeln in ein leeres Loch, so gilt das Spiel als verloren.

Das Ziel des Spiels ist, sämtliche Kugeln in die Ruma zu bringen.

Für $n = 2$ haben wir die Anfangsstellung:

$$I \quad II \quad III \quad IV \quad R$$
$$2 \quad 2 \quad 2 \quad 2 \quad 0,$$

wobei wir die vier gewöhnlichen Löcher durch römische Zahlen unterscheiden und die Ruma durch ein „R" kennzeichnen. Leert man nun zunächst versuchsweise das erste Loch und verteilt seine zwei Kugeln nach rechts hin, so kommt man auf die Stellung:

0 3 3 2 0, und, da man nach der Regel 2 nunmehr das dritte Loch zu leeren und seine drei Kugeln nach rechts hin zu verteilen hat, so gelangen diese drei Kugeln in *IV*, *R* und das vorher leere Loch *I*, womit das Spiel nach Regel 3 als verloren gilt. Dieser Anfang — bei Loch *I* — führt also keinenfalls zum Ziel. Man erkennt nun leicht, daß, wenn man zuerst Loch *II* oder aber Loch *IV* entleert, sich ganz entsprechende Folgestellungen ergeben und diese Anfänge somit ebenso unmöglich sind wie der bei Loch *I*. Wesentlich anders dagegen liegt es für ein Beginnen bei Loch *III*; denn alsdann endet die erste Kugelverteilung bei der Ruma, und man ist daher für die zweite Kugelverteilung nicht durch die Fessel der Regel 2 gebunden, sondern darf sie nach Regel 1 aus einem beliebigen Loche vornehmen. Man sieht so, daß man unter allen Umständen bei Loch *III* zu beginnen hat, wobei sich zunächst folgende Stellung ergibt: *2 2 0 3 1*.

Nimmt man nun die nächste Kugelverteilung, die an sich, wie schon gesagt, aus einem beliebigen Loche erfolgen darf, aus Loch *I* vor, so würde die letzte Kugel in das leere Loch *III* gelangen, also das Spiel verloren sein. Verteilt man statt dessen die Kugeln von Loch *II*, so würde zunächst die Stellung *2 0 1 4 1* resultieren und darauf nach Regel 2 sukzessive die Stellungen *3 1 2 0 2* und *3 1 0 1 3*, jedoch müßte man nunmehr Regel 3 zufolge das Verfahren einstellen. Es bleibt somit als einzig mögliche Fortsetzung von *2 2 0 3 1* die Verteilung der Kugeln von *IV*, und hieraus resultiert die Stellung: *3 3 0 0 2*. Die nächste Stellung ist dann — zufolge Regel 2 — diese: *3 0 1 1 3*.

Die jetzt folgende Kugelverteilung könnte zunächst aus Loch *I* erfolgen mit dem Resultat: *0 1 2 2 3*, doch würde die weitere Fortsetzung, wie man sieht, ein Scheitern ergeben. Also muß bei Loch *III* oder *IV* fortgefahren werden. Nehmen wir davon zunächst Loch *IV*, so gelangen wir zu der Stellung: *3 0 1 0 4*, die jedoch keine brauchbare Fortsetzung mehr gestattet. So bleibt also nur die Leerung von Loch *III*, die zu der Stellung *3 0 0 2 3* führt, worauf sich eindeutig als weitere Fortsetzungen nach den Spielregeln ergeben:

$$4 \quad 0 \quad 0 \quad 0 \quad 4$$
$$0 \quad 1 \quad 1 \quad 1 \quad 5$$

Würde man jetzt zunächst Loch *II* entleeren, so führte dies zu: *0 0 2 1 5* und darauf zu *0 0 0 2 6*, worauf man mit Entleerung von Loch *IV* fortfahren und darauf — nach Regel 3 — das Verfahren einstellen müßte. Entleert man zweitens in unserer Stellung *0 1 1 1 5* Loch *III*, so kommt man zunächst zu *0 1 0 2 5* und scheitert darauf gleichfalls. Bleibt also nur die Entleerung von Loch *IV*, die zu *0 1 1 0 6* führt. Da Loch *III* jetzt nicht entleert werden darf (Regel 3), so bleibt für die weitere Fortsetzung nur die Entleerung von *II*, die zunächst zu *0 0 2 0 6* führt; die weiteren Fortsetzungen lauten dann: *0 0 0 1 7* und *0 0 0 0 8*, womit das Ziel des Spiels erreicht ist.

Für $n = 2$ gestattet unser Spiel somit nur eine Lösung, deren einzelne Etappen wir jetzt im Zusammenhang, wie folgt, rekapitulieren wollen, wobei die Kugelzahl desjenigen Loches, bei dem die jeweilige Kugelverteilung abschließt, durch Fettdruck hervorgehoben werden mag:

2	*2*	*2*	*2*	*0*
2	*2*	*0*	*3*	**1**
3	**3**	*0*	*0*	*2*
3	*0*	*1*	*1*	**3**
3	*0*	*0*	*2*	*3*
4	*0*	*0*	*0*	*4*
0	*1*	*1*	*1*	**5**
0	*1*	*1*	*0*	**6**
0	*0*	*2*	*0*	*6*
0	*0*	*0*	*1*	**7**
0	*0*	*0*	*0*	**8**

Diese Lösung wurde übrigens bereits vor Jahren von H. Delannoy angegeben, der für die verschiedenen Werte von n die Frage nach der Zahl der möglichen Lösungen erhob[1]). Dabei bemerkte Delannoy weiter für den Fall $n = 3$, daß dieser anscheinend keine Lösung besitze[2]). — Für $n = 4$ hat C. Flye

---

[1]) Siehe seine Notiz im Intermédiaire des mathématiciens, t. II, 1895, p. 90—91 (Question 494). Die Frage ist wiederholt in t. VIII, 1901, p. 306—307.

[2]) Ich habe diesen Fall nicht näher geprüft, doch ist mir während der Drucklegung dieses Buches von befreundeter Seite eine Analyse

Sainte-Marie neun Lösungen angegeben[1]), ohne jedoch behaupten zu wollen, daß damit dieser Fall erschöpft sei. Es sei gestattet, eine dieser Lösungen hier in extenso wiederzugeben:

I	II	III	IV	V	VI	VII	VIII	R
4	4	4	4	4	4	4	4	0
4	4	4	4	0	5	5	5	1
5	5	5	5	0	5	5	0	2
5	5	5	0	1	6	6	1	3
5	0	6	1	2	7	7	1	3
6	1	7	2	3	7	0	2	4
6	1	7	2	0	8	1	3	4
7	2	7	2	0	8	1	0	5
7	0	8	3	0	8	1	0	5
7	0	8	0	1	9	2	0	5
7	0	8	0	1	9	0	1	6
7	0	8	0	0	10	0	1	6
8	1	9	1	1	1	2	2	7
8	1	9	1	1	1	0	3	8
0	2	10	2	2	2	1	4	9
1	3	11	2	2	2	1	0	10
2	4	1	4	4	3	2	1	11
2	4	1	4	0	4	3	2	12
2	4	0	5	0	4	3	2	12
2	4	0	0	1	5	4	3	13
3	5	0	0	1	0	5	4	14
3	0	1	1	2	1	6	4	14
4	1	2	2	2	1	0	5	15
4	1	2	0	3	2	0	5	15
4	1	2	0	3	0	1	6	15
5	2	3	1	4	0	1	0	16
5	2	3	1	0	1	2	1	17
5	2	3	1	0	1	2	0	18
5	2	3	1	0	1	0	1	19
5	0	4	2	0	1	0	1	19
5	0	4	0	1	2	0	1	19

dieses Falles mitgeteilt worden, die das Ergebnis Delannoys bestätigt und derzufolge man in maximo nur 15 Steine, nicht aber alle 18, in die Ruma bringen kann.

[1]) Siehe Intermédiaire des mathématiciens, t. IX, 1902, p. 207.

I	II	III	IV	V	VI	VII	VIII	R
5	0	4	0	1	0	1	2	19
6	0	4	0	1	0	1	0	20
0	1	5	1	2	1	2	0	20
0	1	5	1	2	1	0	1	21
0	1	5	1	2	1	0	0	22
0	0	6	1	2	1	0	0	22
0	0	0	2	3	2	1	1	23
0	0	0	2	3	2	1	0	24
0	0	0	0	4	3	1	0	24
0	0	0	0	4	0	2	1	25
0	0	0	0	4	0	2	0	26
0	0	0	0	4	0	0	1	27
0	0	0	0	4	0	0	0	28
0	0	0	0	0	1	1	1	29
0	0	0	0	0	1	1	0	30
0	0	0	0	0	0	2	0	30
0	0	0	0	0	0	0	1	31
0	0	0	0	0	0	0	0	32

Seinem ganzen Charakter nach scheint das Spiel einer allgemeinen, mathematischen Behandlung durchaus zugänglich zu sein. Nichtsdestoweniger existiert von einer eigentlich mathematischen Theorie des Spiels meines Wissens bisher nichts. Edouard Lucas, der unserem Spiel in einem der beiden ungeschrieben gebliebenen Bände seiner „Récréations mathématiques" ein Kapitel widmen wollte [1]), legt ihm einen dyadischen Charakter [2]) bei [3]). Um diese Behauptung auch dem nicht unterrichteten Leser näher zu bringen, scheint es ratsam, hier noch einige wenige Worte über das dyadische oder binäre Zahlensystem zu sagen. Schon oben, in dem Kapitel über die „Ahnentafeln" (S. 106 ff.), begegnete uns die Reihe der Potenzen der Zahl 2, d. h. die Reihe *1, 2, 4,*

---

[1]) Nach den Angaben, die H. Delannoy in der von ihm herausgegebenen posthumen „Arithmétique amusante" (Paris 1895) Lucas' (p. 210, Anm.) über die für die ungeschriebenen Bände V und VI der „Récréations" aufgestellte Disposition macht.

[2]) Andere Spiele dieser Art s. in meinem Buche „Mathem. Unterh. und Spiele", 2. Aufl., Bd. I, Kap. III, § 3 (S. 38—88).

[3]) Siehe Lucas, „Théorie des nombres" (Paris 1891), Introduction, p. XXXII.

8, 16, 32, 64 . . . Jede beliebige Zahl läßt sich nun als Summe von Zahlen dieser Reihe darstellen; so ist z. B. *10 = 8 + 2; 27 = 16 + 8 + 2 + 1; 63 = 32 + 16 + 8 + 4 + 2 + 1; 100 = 64 + 32 + 4.* Die allgemeine Möglichkeit solcher Darstellungen erkennt man leicht in der Weise, daß man sich die darzustellende Zahl dividiert denkt durch die größte Potenz von *2*, die noch kleiner ist als die Zahl selbst, also etwa durch 2^μ, darauf sich den Rest durch die nächstkleinere Potenz von *2*, d. h. durch $2^{\mu-1}$, dividiert denkt usw. Die Quotienten dieser verschiedenen Divisionen sind dann natürlich stets *1* oder *0*. — Auf dieser Darstellbarkeit aller Zahlen als Summen von Potenzen der *2* beruht nun das dyadische Zahlensystem, ein Zahlensystem, dessen Grundzahl die *2* ist und das nur zwei verschiedene Zahlzeichen: *0* und *1*, kennt und mit diesen alle Zahlen ausdrückt. Wie dies geschieht, mag die folgende Zusammenstellung zeigen, wobei die gewöhnlichen oder dekadischen Zahlen in gewöhnlichen Typen, die dyadischen Zahlen in schrägstehenden geschrieben sind:

$$
\begin{aligned}
1 &= & & \mathit{1} \\
2 &= 2^1 = & & \mathit{10} \\
3 &= & & \mathit{11} \\
4 &= 2^2 = & & \mathit{100} \\
5 &= & & \mathit{101} \\
6 &= & & \mathit{110} \\
7 &= & & \mathit{111} \\
8 &= 2^3 = & & \mathit{1000} \text{ usw.}
\end{aligned}
$$

Einem Zahlensystem, in dem die Zahl 8 sich bereits mit 4 Ziffern, die gewöhnliche (dekadische) Zahl 100 sich bereits mit 7 Ziffern schreibt, kann man allerdings einen praktischen Wert nicht beilegen wollen. Der mathematischen Theorie mancher Spiele hat die „Dyadik" jedoch unzweifelhafte Dienste geleistet [1]). Ob dies auch bei dem vorliegenden Spiel möglich ist, bedarf aber noch weiterer Untersuchungen bzw. näheren Nachweises.

---

[1]) Siehe dies zusammengestellt in dem schon oben zitierten Abschnitt meiner „Mathem. Unterhalt. und Spiele".

Kapitel XIV.

Pipopipette.

Unter den Schülern der École Polytechnique in Paris, jener berühmten Schule, auf der Frankreichs Ingenieure, seine Artillerie-, Pionier- und Marineoffiziere ihre Ausbildung erhalten, wird in neuerer Zeit ein Spiel gespielt, das dort „Pipopipette" heißt und in folgendem besteht: *Man zeichnet auf Papier ein Quadrat von 5×5 oder 6×6 oder 7×7 usw. Feldern in der Art, wie es unsere Fig. 37 für einen äußerst einfachen Fall — 2×2 Felder — zeigt; dabei werden die äußeren Randlinien mit Tinte ausgezogen, die inneren, in unserer Fig. 37 gestrichelten Linien dagegen in Blei gezeichnet. Nur die ausgezogenen Linien gelten als bereits vorhandene Grenzlinien, die in Blei gezeichneten dagegen nur als provisorische. Das Spiel wird nun zwischen zwei Spielern in der Weise gespielt, daß beide abwechselnd eine in Blei gezeichnete Randlinie eines Teilquadrats mit Tinte ausziehen. Wer hierbei die letzte Randlinie eines Teilquadrats auszieht, also die Abgrenzung des Teilquadrats vollendet, darf dieses Teilquadrat für sich verbuchen und mit einem entsprechenden Zeichen, etwa seinem Anfangsbuchstaben, versehen. Wer in dieser Weise ein Teilquadrat oder „Feld", wie wir kurz sagen wollen, „besetzt" oder „erobert", darf und muß sogleich noch einen weiteren Zug tun. Erobert er hiermit wieder ein Feld, so hat er abermals einen Zug, und so geht dies fort. Sieger ist derjenige Spieler, der den größeren Teil der Felder erobert hat.*

Unter einem „Zug" wollen wir dabei immer nur das Ausziehen einer einzelnen Linie verstehen, und wollen deshalb, um Verwechslungen vorzubeugen, im Gegensatz zu dem einzelnen „Zuge‟ beispielsweise von dem „zweiten Turnus‟ eines Spielers sprechen, worunter wir die Gesamtheit aller der Züge verstehen wollen, die dieser Spieler unmittelbar hintereinander tut, wenn an ihn zum zweiten Male die Reihe kommt zu ziehen. Dieser „Turnus‟ besteht also eventuell nur aus einem einzelnen Zuge, kann aber — im Falle von Eroberungen — auch aus zwei oder mehreren Zügen bestehen.

Wir beginnen mit dem denkbar einfachsten Fall, dem der *2 × 2 Felder* (Fig. **37**), die wir mit den in die Figur eingetragenen Zahlen bezeichnen, während die Randlinien zwischen den Feldern in der Weise gekennzeichnet werden sollen, daß beispielsweise die Randlinie zwischen *1* und *2* als *1,2* bezeichnet wird. Heißen die Spieler *A* und *B*, wobei *A* der Anziehende sein mag, so kann

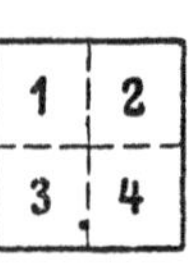

Fig. 37.

sich die Partie nur so abwickeln: *A* zieht eine Randlinie, und zwar ist es offenbar gleichgültig, welche, also etwa *1,2*. Darauf zieht *B 1,3*, besetzt somit Feld *1* und hat daher einen weiteren Zug, zieht also etwa *2,4* und besetzt so auch Feld *2*, zieht darauf schließlich *3,4* und besetzt damit auch die Felder *3* und *4*. *B* hat mithin alle vier Felder besetzt. Man sieht somit: Bei **2 × 2 Feldern siegt der Nachziehende unter Besetzung sämtlicher vier Felder.** *B* kann sogar beinahe gar nicht anders als siegen; er müßte nämlich, wenn er absichtlich den Sieg verscherzen wollte, auf *A : 1, 2* geradezu antworten mit dem törichten Zug: *3,4*, worauf *A* durch die Züge *1,3* und *2,4* alle vier Felder erobern würde.

Wir denken uns als zweites Beispiel, indem wir von der Vorschrift einer quadratischen Figur absehen, einen Spielrahmen, der von dem vorigen nur wenig abweicht, nämlich den der Fig. 38: Beginnt *A* etwa mit *3,5*, besetzt also Feld *5*, so haben wir für das weitere Spiel nur noch den vorigen Fall (Fig. 37), und zwar ist *A*, da er wegen Besetzung von *5* noch einen Zug tun muß, als „Anziehender‟ im Sinne des vorigen Falles anzusehen, verliert also die Partie. Versuchen wir es daher mit einem anderen Eröffnungszuge von *A* als *3,5*! Zieht *A* eine der Linien *1,2*; *1,3*; *2,4*; *3,4*, so zieht *B* zunächst *3,5* (Besetzung von *5*) und kann darauf in jedem der Fälle der Reihe nach alle weiteren

Felder besetzen. Nachdem B nämlich *3,5* gezogen hat, handelt
es sich nur noch um das Quadrat der 2×2 Felder, und es ist
daher bei der völligen Symmetrie dieser Restfigur
gleichgültig, welchen der Züge wir für A annahmen.
Sagen wir, daß er *1,2* gezogen hat, so zieht B etwa
der Reihe nach *1,3*; *2,4*; *3,4*, wie im Falle der Fig. **37**.
Damit ist endgültig gezeigt, daß es für A keinen Eröffnungszug gibt, der seine Niederlage abwenden
könnte, und wir dürfen somit sagen: Bei dem
Spielrahmen der Fig. 38 (fünf Felder) siegt der Nachziehende.

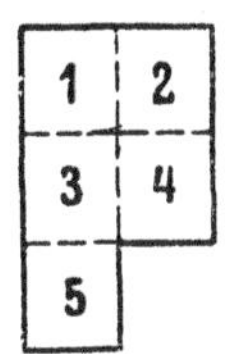

Fig. 38.

Nach dem Beispiel der **fünf** Felder nehmen wir das von *sechs*,
nämlich 2×3 Feldern: Fig. 39. Hier kann der Anziehende, so
behaupten wir, stets den Sieg erzwingen. Zu dem Ende beginnt
A mit *3,4*. Für B kommen darauf bei der Symmetrie der Figur
offenbar nur zwei wesentlich verschiedene Züge in Betracht:
I. *1,2*; II. *1,3*. Im ersteren Falle zieht A nun: *1,3* (Besetzung
von *1*); *3,5* (Besetzung von *3*); *5,6* (Besetzung von *5*); *4,6* (Besetzung von *6*); *2,4* (Besetzung von *4* und *2*). Im zweiten Falle
zieht A entsprechend *1,2*; *2,4*; *4,6*; *5,6*; *3,5*. Bei 2×3 Feldern
hat also der Anziehende die sichere Möglich-
keit, alle **sechs** Felder zu besetzen. — Man
könnte noch die Frage aufwerfen, ob auch ein anderer
Eröffnungszug als *3,4* dem Anziehenden die Sicherheit, alle Felder zu besetzen, oder doch diejenige, zu
siegen, gewähren würde. Offenbar kommen bei der Symmetrie der Figur nur noch zwei wesentlich verschiedene

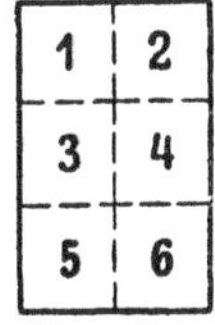

Fig. 39.

Züge in Betracht: I. *1,2*; II. *1,3*. Im ersteren Falle kann B nichts
Besseres tun als durch *1,3* und *2,4* die Felder *1* und *2* zu besetzen;
wir haben dann nur noch den Fall der Fig. 37, und zwar ist, weil B
nach Besetzung von *2* noch einen Zug tun muß, A der Nachziehende
im damaligen Sinne, besetzt also im nächsten Turnus die **vier** Felder
3,4,5,6 und ist mithin gegenüber B mit seinen **zwei** eroberten Feldern der Sieger. Hätte B bei seinem ersten Turnus nicht die Felder *1* und *2* besetzt, sondern etwa *3,4* oder *5,6* oder *3,5* gezogen, so
würde A beim nächsten Turnus alle **sechs** Felder besetzt haben.
In dem Fall II (A : *1,3*) würden wir, wenn B nun *1,2* und darauf
2,4 zöge, wieder dieselben Verhältnisse wie soeben bereits, also
Sieg von A (**vier** besetzte Felder gegen **zwei** von B), haben. Zieht B

beim ersten Turnus nur *1,2* und darauf also nicht *2,4*, sondern etwa *3,4* oder *3,5* oder *4,6* oder *5,6*, so besetzt *A*, wie man leicht sieht, alle fünf noch freien Felder, siegt also gleichfalls. Vielleicht wird es also, so muß man hiernach versuchsweise annehmen, für *B* vorteilhafter sein, auch auf die Besetzung von Feld *1*, die sich ihm für den ersten Zug bietet, zu verzichten und auf *A: 1,3* zu antworten mit *2,4*. In der Tat würde *B* damit, wie *A* weiter auch ziehen mag, den Sieg erringen, wie man leicht erkennt. Wenn *A* also fehlerhaft mit *1,3* oder, was damit gleichbedeutend ist, mit *2,4* oder *4,6* oder *3,5* die Partie eröffnet, kann *B* den Sieg erzwingen, sonst nicht.

Als nächstes Beispiel werde ein *Rahmen von 2 × 4 Feldern*, wie Fig. 40 ihn zeigt, betrachtet. Für den ersten Zug von *A* gibt es bei der Symmetrie der Figur nur folgende wesentlich verschiedene Möglichkeiten: I. *3,5*; II. *3,4*; III. *1,3*; IV. *1,2*. Hiervon spaltet sich zunächst der Fall I wieder in zwei Unterfälle, nämlich: 1) *B* antwortet mit dem Zuge *4,6*: Unsere Fig. 40 teilt sich damit, d. h. nach diesen Zügen *3,5* und *4,6*, in zwei Hälften von der Art der Fig. 37; 2) *B* tut einen anderen Zug, und zwar dürfen wir bei der Symmetrie der Figur ohne Beschränkung annehmen, daß der Zug von *B* in der oberen Figurhälfte erfolgt, also entweder *1,2* oder *1,3* oder *2,4* oder *3,4* ist. Zunächst also die Eröffnung I[1]: $\begin{matrix} A: 3,5 \\ B: 4,6 \end{matrix}$! Da *A* mit dem nächsten Zuge keine Möglichkeit, ein Feld zu besetzen, hat, so wird er einen Zug, und zwar, wie wir ohne Beschränkung annehmen dürfen, in der oberen Figurhälfte tun. Alsdann hat *B* die Möglichkeit, bei seinem nächsten Turnus die Felder *1, 2, 3, 4* zu erobern, und muß darauf noch einen Zug, und zwar natürlich in der unteren Figurhälfte tun, worauf *A* die Felder *5, 6, 7, 8* erobert; die Partie wäre also bei einem Besitzstand 4:4 unentschieden. — Wenn *B* aber bei seinem zweiten Turnus auf die Möglichkeit, alle vier Felder *1, 2, 3, 4* zu erobern, verzichten wollte und nur einen Teil dieser Felder (**eins** oder **zwei**) besetzte, so müßte er noch einen weiteren Zug, und zwar natürlich in der unteren Figurhälfte, tun, und würde damit seinem Gegner *A* die Möglichkeit schaffen, alle jetzt noch freien Felder zu besetzen

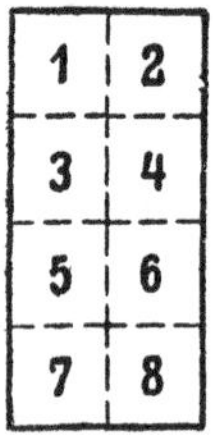

Fig. 40.

und, da deren Zahl 6 oder 7 ist, zu siegen. Es bleibt somit nur noch die Möglichkeit zu erörtern, daß B bei seinem zweiten Turnus auf Besetzung der Felder *1, 2, 3, 4* ganz verzichtet und irgendeinen anderen Zug in der unteren oder oberen Figurhälfte tut. Zieht er in der unteren Figurhälfte, so schafft er damit seinem Gegner A jedoch die Möglichkeit, im nächsten Turnus beide Figurhälften, in deren jeder eine Randlinie ausgezogen ist, restlos zu erobern, also mit 8:0 zu siegen. Somit darf B, wenn er auf Eroberung der vier oberen Felder ganz verzichten will, seinen zweiten Zug nur in der oberen Figurhälfte tun, d. h. er muß, wenn A zuvor etwa *1,3* gezogen hat, mit *2,4* antworten. Wenn A nun hierauf in der unteren Figurhälfte einen Zug tun wollte, so hätte B für den nächsten Turnus die Möglichkeit, alle acht Felder zu besetzen. Also wird A zunächst in der oberen Figurhälfte ziehen und dort die Felder *1, 2, 3, 4* besetzen und darauf durch den Zug, den er noch tun muß, B die Möglichkeit schaffen, die Felder *5, 6, 7, 8* zu besetzen. Bei der Eröffnung

$$A: 3,5$$
$$B: 4,6$$

bleibt die Partie mithin bei richtigem Spiel beider Gegner unentschieden.

Wenn B (Fall I²) auf A's Eröffnung *3,5* mit einem Zuge in der oberen Figurhälfte antwortet, so hat A in jedem Falle für seinen nächsten Turnus die Möglichkeit, die Felder *1, 2, 3, 4* zu erobern, muß aber dann noch einen Zug tun und damit B die Möglichkeit schaffen, die Felder *5, 6, 7, 8* zu besetzen. Die Partie wäre also abermals unentschieden. — Wenn A nun aber bei seinem zweiten Turnus nicht die vier Felder *1, 2, 3, 4* besetzen will, sondern entweder nur einen Teil von ihnen (eins oder zwei) besetzt und darauf in der unteren Figurhälfte einen Zug tut oder aber überhaupt nur einen Zug in der unteren Figurhälfte tut, so schafft er seinem Gegner B damit in jedem Falle die Möglichkeit, alle noch freien Felder zu besetzen, d. h. zu siegen. Diese Spielweise von A wäre also fehlerhaft, und es bliebe höchstens noch zu erwägen, was eintritt, wenn A bei seinem zweiten Turnus einen Zug in der oberen Figurhälfte tut, durch den er kein Feld erobert. Offenbar kann B dann nicht mehr als ein „Unentschieden" erreichen, indem er nämlich die vier Felder der oberen Figurhälfte besetzt und durch seinen weiteren Zug A die Möglichkeit schafft, die vier Felder der

unteren Hälfte zu erobern. Damit ist unser Fall I erschöpfend
erledigt, und wir sehen somit, daß die Eröffnung *3,5* dem Anziehenden unter allen Umständen die Möglichkeit bietet, ein
„Unentschieden" zu erreichen, daß sie ihm aber bei richtigem
Spiel des Gegners keine Aussicht auf Sieg gewährt.

Es fragt sich nun, ob eine der drei anderen Eröffnungen
(II, III, IV) dem Anziehenden vielleicht die Möglichkeit bietet,
den Sieg zu erzwingen. Zunächst II, d. h.: *A*: *3,4*. *B* antwortet dann: *5,6*, und der Erfolg wird sogleich zeigen, daß dieser
Zug gut ist: *A* hat jetzt für seinen zweiten Turnus keine Möglichkeit, ein Feld zu erobern, und hat daher nur die Wahl zwischen
drei wesentlich verschiedenen Zügen, nämlich: 1) *1,2*; 2) *1,3*;
3) *3,5*. Welchen dieser Züge *A* nun aber auch tut, *B* kann in
dem nächsten Turnus sämtliche acht Felder erobern. Die Eröffnung *3,4* führt also bei richtigem Gegenspiel des *B* zu einer
sicheren und vollkommenen Niederlage von *A* und ist daher
fehlerhaft; denn wir wissen bereits, daß *A* mindestens ein „Unentschieden" durch eine andere, also bessere Eröffnung erzwingen
kann.

Wir betrachten schließlich zusammen die Fälle III und IV:
A beginnt mit *1,3* oder mit *1,2*. Im ersteren Falle antwortet *B*
mit *1,2*, im letzteren mit *1,3*. Der Effekt der beiden ersten Züge
zusammen ist jedesmal, daß das Feld *1* nach beiden Seiten hin
geschlossen, und zwar von *B* besetzt, ist. Darauf zieht *B* in jedem
Falle *2,4*, besetzt also auch Feld *2*, und hat nun noch einen
weiteren Zug. Wir haben jetzt aber, nachdem die Linien *1,2*;
1,3; *2,4* gezogen sind, einfach nur noch den Fall der Fig. **39**,
und zwar ist *B*, da er noch einen Zug zu tun hatte, als der „Anziehende" für diesen Teil der Partie anzusehen, kann also nach
dem zu Fig. 39 Gesagten die Besetzung der sechs unteren Felder
erzwingen. Das Resultat ist also, daß, wenn *A* mit *1,3* oder
mit *1,2* die Partie eröffnet, *B* in jedem dieser beiden Fälle alle
acht Felder erobert. Damit ist die Fehlerhaftigkeit auch dieser
beiden Eröffnungen III und IV für *A* dargetan, und es ist mithin erwiesen, daß der Anziehende einen Sieg nicht erzwingen
kann und daß die beste oder vielmehr die allein richtige Eröffnung für ihn *3,5* ist, die ihm bei richtigem Spiel die Sicherheit auf ein „Unentschieden" gewährt. Wir formulieren dieses
Ergebnis nochmals ausdrücklich mit folgenden Worten: **Bei**

richtigem Spiel endet im Falle der 2×4 Felder die Partie mit „Unentschieden".

Als letztes Beispiel wollen wir ein Gebiet von 3×3 Feldern (Fig. 41) studieren. A eröffnet mit *4,5* und gewinnt, wie wir alsbald erkennen werden. Wenn B als ersten Zug etwa *1,2* tut, so A der Reihe nach: *1,4* (Besetzung von *1*); *4,7* (Besetzung von *4*); *7,8* (Besetzung von *7*). Es bleibt dann nur noch ein Gebiet von 2×3 Feldern; wir haben somit den Fall der Fig. 39 und, da A noch einen Zug zu tun hat, so siegt er unbedingt. — Im wesent-

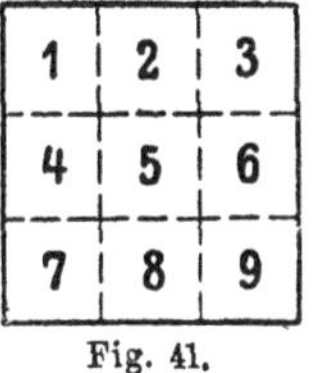

Fig. 41.

lichen dieselben Verhältnisse haben wir, wenn der erste Zug von B, statt *1,2*, lautet: *1,4* oder *4,7* oder *7,8*. Damit sind denn für den ersten Zug von B alle die Möglichkeiten erledigt, die dem linken Streifen, der von den Feldern *1, 4, 7* gebildet wird, angehören, und wir haben in Anbetracht der Symmetrie nur noch folgende wesentlich verschiedene Fälle für den ersten Zug von B zu berücksichtigen:

I. *2,3*;

II. *3,6*;

III. *2,5*;

IV. *5,6*.

Erörtern wir also der Reihe nach diese vier Fälle! Auf B: *2,3* läßt A folgen: *3,6* (Besetzung von *3*) und *5,8*, und die Spieltafel hat nunmehr das Aussehen der Fig. 42. Wer aber diese Figur herstellt und seinem Gegner hinter-läßt, ist, wie wir sogleich sehen werden, un-bedingt Sieger. Wenn B, der ja jetzt ziehen muß, nämlich einen der Züge *2,5* oder *5,6* tut, so kann A mit seinem nächsten Zuge das Mittel-feld (*5*) erobern und im unmittelbaren An-schluß daran sämtliche anderen Felder (*2, 1, 4,*

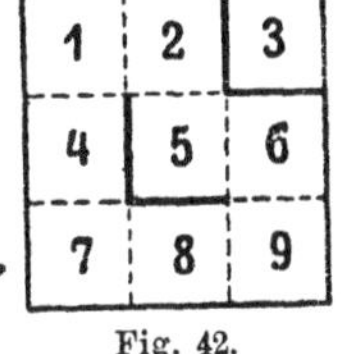

Fig. 42.

7, 8, 9, 6). Wählt B aber einen der Züge: *1,2* oder *1,4* oder *4,7* oder *7,8* oder *8,9* oder *9,6*, so kann A gleichfalls alle Rand-felder und auch das Mittelfeld besetzen. A, der diese Fig. 42 seinem Gegner hinterlassen hat, ist mithin unter allen Um-ständen Sieger (s. a. die „Note" S. 155).

Tut B zunächst den Zug II, d. h. *3,6*, so antwortet A mit

2,3 (Besetzung von *3*) und *5,8*, und wir haben nunmehr wieder die Konstellation der Fig. 42; *A* siegt also.

III. Zieht *B*: *2,5*, so *A*: *5,6*, und wir haben jetzt den Fall, daß das Mittelfeld *5* auf drei Seiten (*4,5*; *2,5*; *5,6*) geschlossen ist, und *B*, der nunmehr am Zuge ist, steht vor folgender Alternative: Entweder zieht er eine der acht Linien des Randes (*1,2*; *2,3*; *3,6*; *6,9*; *9,8*; *8,7*; *7,4*; *4,1*), oder aber er zieht *5,8*, besetzt also das Feld *5*, und zieht darauf eine der acht Linien des Randes. In keinem Falle kann er es also vermeiden, eine dieser acht Linien des Randes zu ziehen, womit er seinem Gegner *A* die Möglichkeit schafft, nunmehr alle acht Randfelder der Reihe nach zu erobern. Es ist daher für *B* relativ noch am günstigsten, wenn er zunächst wenigstens das Feld *5* besetzt; die Partie schließt dann zwischen *A* und ihm ab mit einem Gewinnstand von 8:1.

IV. Zieht *B*: *5,6*, so antwortet *A* mit *2,5*, und wir haben dann wieder genau dieselbe Konstellation wie unter III, also: *A* Sieger.

Wir sehen mithin: Im Falle der 3×3 Felder kann der Anziehende den Sieg durch Eroberung von mindestens acht der neun Felder erzwingen.

Für alle von uns betrachteten Spielformen ließ sich unter der Voraussetzung richtigen Spiels mit Bestimmtheit der Ausgang der Partie vorhersagen[1]): Im Falle der Figuren 37 und 38

---

[1]) Die Analysen dieses Kapitels, die nur die denkbar einfachsten Spielformen betreffen, sollen keine andere Aufgabe haben, als den Leser mit dem Wesen des Spiels bekannt zu machen und ihn womöglich zu weiterer Beschäftigung mit diesem anzuregen. An Literatur liegt mir im gegenwärtigen Augenblick nur vor die kurze Notiz bei Édouard Lucas, „Récréations mathématiques", t. II (2ième éd., Paris 1896), p. 90/91. Meinen Aufzeichnungen nach muß die mir gegenwärtig nicht zugängliche „Arithmétique amusante" (Paris 1895), p. 204—209, desselben Verfassers einen Abschnitt über unser Spiel enthalten. Die „Jeux scientifiques pour servir à l'histoire, à l'enseignement et à la pratique du calcul et du dessin" (Paris 1889) ebendesselben Verfassers, eine Sammlung von sechs Broschüren, deren zweite unser Spiel zum Gegenstande hat, waren mir auch mit Hilfe des Auskunftsbureaus der Deutschen Bibliotheken nicht erreichbar. Erwähnt sei schließlich noch, daß ein Brettspiel, für das Robert Marquard und Georg Frieckert, beide in Berlin, ein Patent erhalten haben (Deutsche Patentschrift Nr. 108 830, ausgegeben 28. Febr. 1900; österr. Patentschrift Nr. 4751,

(2 × 2 resp. 5 Felder) war dies der Sieg des Nachziehenden, im Falle der Figuren 39 und 41 (2 × 3 resp. 3 × 3 Felder) der Sieg des Anziehenden und im Falle der Figuren 40 (2 × 4 Felder) ein unentschiedener Ausgang der Partie, so daß sich dem Anziehenden wie dem Nachziehenden jedenfalls alle überhaupt möglichen Aussichten — Sieg, Niederlage, Remis — je nach der Form des Spielrahmens bieten können.

---

ausgeg. am 25. Juli 1901, beide Patentschriften der Klasse 77 angehörig), im Grunde nur unser Spiel ist, mit dem einzigen Unterschiede, daß bei diesem Brettspiel die Felder verschiedene Werte erhalten haben und demzufolge dem Spieler, der sie besetzt, ihren Wertzahlen nach angerechnet werden.

Note zu S. 153. Daß die Stellung der Fig. 42 demjenigen Spieler A, der sie hergestellt hat und sie seinem Gegner (B) hinterläßt, die sichere Aussicht auf Sieg gewährt, läßt sich auch so begründen: Fig. 42 ist eine, im Sinne unseres Spiels gesprochen, völlig homogene Figur; weist sie doch 8 Felder mit zusammen 8 unausgezogenen Randlinien auf, dergestalt, daß jedes der 8 Felder zwei und nur zwei unausgezogene Ränder besitzt und umgekehrt längs jeder dieser unausgezogenen 8 Randlinien zwei dieser 8 Felder aneinander grenzen. Spieler B hat nun, weil jedes der 8 Felder noch z w e i offene Ränder hat, keine Möglichkeit, mit seinem nächsten Zuge ein Feld zu erobern, und schafft daher, welche der 8 Randlinien er auch ausziehen mag, für A eine Stellung von folgender Art: 2 Felder von je e i n e r unausgezogenen Randlinie, 6 von je zweien. A kann also durch seinen nächsten Zug eins der beiden erstgenannten Felder schließen (erobern), und zwar reduziert er durch diesen Zug sogleich wieder für ein weiteres Feld die Zahl der offenen Ränder von zwei auf eins. So geht dies fort: A hat auch weiterhin stets zwischen zwei Feldern mit nur je einem offenen Rande die Wahl, indem an die Stelle des Feldes, das er gerade schließt, sogleich vermöge seines Zuges ein neues dieser Art tritt. So besetzt A in 6 kontinuierlichen Zügen 6 der 8 Felder, worauf dann nur noch zwei unbesetzte, benachbarte Felder und eine ihnen gemeinsame unausgezogene Randlinie übrig bleiben; durch Ausziehen dieser letzten Linie erobert A diese beiden letzten Felder zugleich. — Auch in dem Doppelfalle III, IV (S. 154) haben wir übrigens nach Schließung des Mittelfeldes 5 durch B eine völlig homogene Figur genau in der Art unserer Fig. 42, nur sind die 8 Felder von je zwei unausgezogenen Randlinien jetzt die 8 R a n d f e l d e r des Quadrats (1, 2, 3, 6, 9, 8, 7, 4). Auch hier muß zunächst B einen Zug tun und schafft damit seinem Gegner A die Möglichkeit, alle 8 Felder der Reihe nach zu besetzen.

Kapitel XV.

Laska.

Dr. **Emanuel Lasker** ist auf der ganzen Erde als der geniale
Schachstratege **und langjährige** Weltschachmeister, als der Be-
sieger von **Steinitz** und demzufolge als dessen Nachfolger auf
dem Throne **Caissens,** bekannt. Weniger bekannt ist, daß **Lasker**

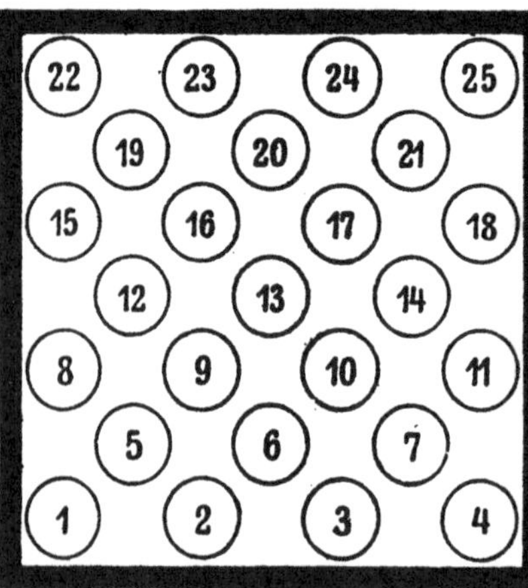

Fig. 43.

auch Mathematiker, sowie
Philosoph, und Verfasser
mehrerer in diese Gebiete
schlagender Schriften und
Werke ist. Insbesondere die
Philosophie des Kampfes im
Spiel hat ihn, den erfolg-
reichsten Streiter in dem
edelsten der Spiele, in seinen
Gedankengängen begreif-
licherweise viel und gründlich beschäftigt, und als
eine Nebenfrucht dieser seiner Meditationen darf wohl
ein von ihm ersonnenes
Brettspiel angesehen wer-
den, in dessen Erfinder man
schon den Spielregeln nach
unschwer einen **mathematisch-philosophisch** gerichteten Kopf
erkennt.

„Laska", so **heißt** nach seinem Erfinder das Spiel, von
dem wir hier **sprechen** wollen. Es besteht aus einem Spielbrett
mit 25 Feldern **in einer** Anordnung, die unsere Fig. 43 zeigt,
und je elf **weißen, schwarzen,** grünen und roten Spielsteinen.
Das Spiel nimmt **eine gewisse** Anlehnung an das Dame-Spiel

und wird, wie dieses, von zwei Personen gespielt, die wir, wie
dort, als „Weiß" und „Schwarz" bezeichnen wollen, da der
eine Spielende im Anfange die elf weißen, der andere die elf
schwarzen Spielsteine erhält. Grüne und rote Steine treten, wie
wir sogleich sehen werden, erst im Laufe der Partie hinzu. *„Weiß"
besetzt mit seinen elf weißen Steinen die elf Felder der drei untersten
Reihen, also die Felder 1—11 unserer Fig. 43, „Schwarz" entsprechend die elf Felder der drei obersten Reihen, d. h. die Felder 15
bis 25 unserer Figur, und nun beginnt das eigentliche Spiel, und
zwar in der Weise, daß „Weiß" und „Schwarz", zunächst „Weiß",
abwechselnd je einen ihrer Steine genau wie im Damespiel schräg
vorwärts ziehen.* „Weiß" eröffnet das Spiel also etwa damit,
daß er von Feld 10 nach Feld 13 zieht; im Damespiel könnte
und müßte „Schwarz" jetzt diesen vorgeschobenen weißen Stein
auf Feld 13 von Feld 16 aus schlagen, und zwar in der Weise,
daß er seinen Stein von Feld 16 über 13 hinweg nach 10 springen
läßt. Alles das gilt auch hier: auch hier kann und muß „Schwarz"
schlagen und springt dabei, wie dort, von Feld 16 nach Feld 10.
Ein Unterschied besteht jedoch darin, daß im Laska der „ge-
schlagene" Stein, hier der weiße von Feld 13, nicht vom Brett entfernt, sondern von dem gegnerischen Stein „gefangengenommen",
d. h. unter diesen gesetzt wird. Wir werden somit nach diesem Zuge
von „Schwarz" auf Feld 10 zwei übereinanderstehende Steine
haben: unten einen weißen und darüber einen schwarzen. Man
nennt einen solchen Haufen von zwei oder mehr Steinen eine
„Säule". Ihren Charakter erhält die Säule durch ihren obersten
Stein, den „Führer" der Säule; unsere Säule $\frac{\text{Schwarz}}{\text{Weiß}}$ zählt also
als ein Stein des „schwarzen" Heeres und darf somit nur von
dem Spieler „Schwarz", und zwar wie ein „schwarzer" Stein,
gezogen werden, wobei die Säule als ein zusammenhängendes
Ganze sich bewegt. Unsere Säule $\frac{\text{Schwarz}}{\text{Weiß}}$ darf daher nur weiße
Steine schlagen; tut sie dies, so wird sie zu der Säule $\frac{\text{Schwarz}}{\frac{\text{Weiß}}{\text{Weiß}}}$

Umgekehrt kann unsere Säule $\frac{\text{Schwarz}}{\text{Weiß}}$ selbst nur von einem
weißen Stein geschlagen werden; geschieht dies, so wird von der

Säule nur deren Führer, der schwarze Stein also, gefangengenommen und mitgeführt, während der untere, weiße Stein der Säule auf seinem bisherigen Felde verbleibt und somit dadurch, daß einer seiner weißen Freunde seinen schwarzen Eroberer gefangennimmt und mitführt, seine Freiheit zurückerhält.

Weiße und schwarze Steine dürfen nur vorwärts ziehen und vorwärts schlagen, wie im Damespiel, und dasselbe gilt für Säulen, deren Führer weiße oder schwarze Steine sind. Gelangt aber ein weißer oder ein schwarzer Stein beim Vorrücken auf die letzte Reihe des Gegners, von der aus es also kein weiteres Vorwärtsschreiten für ihn mehr gibt, so wird, wie beim Damespiel aus dem gewöhnlichen Stein eine „Dame", hier aus dem Stein ein „Offizier": *der weiße Stein wird alsdann durch einen grünen, der schwarze durch einen roten ersetzt.* Dasselbe gilt für Säulen, deren Führer weiße oder schwarze Steine sind; auch hier wird der Führer, wenn die Säule die äußerste Reihe erreicht hat, durch einen grünen resp. roten Stein ersetzt. Natürlich zählen die grünen Steine und die Säulen mit grünem Führer zu dem Heere von „Weiß", die roten Steine und die Säulen mit rotem Führer zu dem von „Schwarz". Da nie ein Stein entfernt, sondern höchstens weiße durch grüne, schwarze durch rote Steine ersetzt werden, so sieht man, daß die Zahl der auf dem Brett befindlichen weißen und grünen Steine zusammen während der ganzen Partie unverändert 11 sein muß, und dasselbe gilt von der Zahl der schwarzen und roten Steine zusammen. Freilich werden die elf weißen und grünen Steine in der Regel nicht alle zur Verfügung des Spielers „Weiß" stehen, vielmehr wird ein Teil von ihnen gefangengenommen sein, also zu Säulen mit feindlichen Führern gehören, und gleiches wird vice versa gelten. Das Ziel des Spiels besteht sogar darin, *sämtliche feindliche Steine gefangenzunehmen oder doch so zu blockieren, daß sie nicht mehr ziehen können.*

Ein Offizier und ebenso eine Säule, deren Führer ein Offizier ist, hat vor anderen Steinen bzw. Säulen das voraus, daß sie auch rückwärts, jedoch nur einen Schritt, ziehen und ebenso auch rückwärts schlagen dürfen. Bezüglich des Schlagens sei nochmals hervorgehoben, daß, wenn einer der Spieler die Möglichkeit des Schlagens hat, er schlagen *muß,* und zwar gilt dies für gewöhnliche Steine wie für Offiziere und Säulen jeder Art. Kann der betreffende Stein oder die Säule, die schlägt, im unmittelbaren Anschluß hieran noch weiter schlagen, so muß auch dies sogleich, d. h. in demselben Zuge, geschehen, und zwar gilt dies auch noch für ein drittes, viertes und weitere Male. Hat ein Spieler für den auszuführenden Zug mehrere Steine, die schlagen können, so darf er hierunter beliebig wählen.

Zur besseren Veranschaulichung der Spielregeln mag eine bestimmte Stellung, die der Fig. 44, betrachtet werden. Dabei soll „Weiß" am Zuge sein. Sowohl seine beiden Steine auf Feld 2 und 3, wie auch seine Säule auf Feld 23 können schlagen, letztere deshalb, weil ihr Führer ein Offizier ist und sie somit auch rückwärts schlagen darf. „Weiß" muß daher mit einem dieser drei Steine schlagen, darf aber nach Belieben zwischen ihnen wählen. Entscheidet er sich für den Stein auf Feld 3, so schlägt dieser also die Säule von Feld 6, d. h. nimmt ihren obersten schwarzen Stein gefangen und führt ihn mit sich nach Feld 9, während der Rest der Säule auf Feld 6 verbleibt. Die so sich ergebende Stellung zeigt unsere Fig. 45. — Entscheidet „Weiß" sich jedoch zweitens

Fig. 44.

Fig. 45.

für den Stein von Feld 2, so muß dieser nicht nur die Säule auf Feld 6, sondern im unmittelbaren Anschluß hieran auch die Säule auf Feld 14 und in weiterem Anschluß daran die auf Feld 21 schlagen. Dabei führt der weiße Stein von den geschlagenen drei Säulen jedesmal den obersten (schwarzen) Stein mit sich und gelangt in dem einen Zuge von Feld 2 nach Feld 24, wo er mit den unterwegs gefangengenommenen drei schwarzen Steinen eintrifft und wo er selbst zum „Offizier" gemacht, d. h. durch einen grünen Stein ersetzt wird. Die so erreichte Stellung zeigt unsere Fig. 46. Der Zug hat „Weiß" übrigens ferner den Vorteil gebracht, daß einer seiner Steine, der vorher gefangen war, derjenige auf Feld 14 nämlich, nunmehr frei ist. — Entscheidet „Weiß" sich schließlich für die dritte Möglichkeit, d. h. für die Säule von Feld 23, so schlägt er mit dieser zunächst die Säule von Feld 20 unter Mitführung des obersten (roten) Steins und darauf entweder die Säule von Feld 14 oder die von Feld 21. Die im ersteren Falle sich ergebende Stellung zeigt unsere Fig. 47, die im zweiten Fig. 48.

Schwarz

Weiß

Fig. 46.

Schwarz

Weiß

Fig. 47.

Es mag noch die Stellung der Fig. 49 betrachtet werden[1]), bei der „Weiß" am Zuge sein soll: „Weiß" hat hier auf Feld 9 eine sogenannte „Bombe", eine Säule, deren zweitoberster Stein zu derselben Partei wie der Führer der Säule gehört, so daß, selbst wenn der oberste Stein dieser Säule gefangengenommen wird, diese doch noch im Besitze von „Weiß" verbleibt. „Weiß" kann es sich daher erlauben, die „Bombe" von Feld 9 auf Feld 6 zu ziehen, sie also vor die beiden feindlichen Säulen der Felder 2 und 3 zu stellen, obwohl sie im nächsten Zuge von einer dieser Säulen geschlagen werden wird. Wie wir sogleich sehen werden, verheißt nämlich dieser Zug „Weiß" einen entschiedenen Vorteil, und auch das von ihm dargebrachte Opfer wird sich nur als ein scheinbares erweisen. Ob „Schwarz" nämlich die Bombe von Feld 2 oder von Feld 3 aus schlägt, „Weiß"

Schwarz

Weiß

Fig. 48.

Schwarz

Weiß

Fig. 49.

[1]) Ich entnehme diese Figur ebenso wie alle vorhergehenden einem Prospekt der Firma Hans Joseph, G. m. b. H., Berlin-Schöneberg, die das Spiel herstellt. Dieses ist übrigens von den Züllchower Anstalten (Nr. 2074 des Preisverzeichnisses) zu beziehen (Preise, je nach Ausführung: 4.50 Mk., 6.— Mk., 7.— Mk., 12.— Mk., 15.—Mk.).

kann im nächsten Zuge die betreffende feindliche Säule wieder
schlagen. Im einzelnen gestaltet sich dies folgendermaßen: Schlägt
„Schwarz“ erstens von Feld 2 aus die feindliche Bombe, so haben
wir hinterher folgende Stellung[1]): Auf Feld 10 die Säule Rot Grün Weiß Grün
und auf Feld 6 die Säule Weiß Schwarz. Dann schlägt aber im nächsten
Zuge diese letzte Säule, der Rest der früheren „Bombe“, die
feindliche Säule von Feld 10, nimmt dabei deren obersten (roten)
Stein gefangen und befreit so die drei darunterstehenden Steine
der eigenen Partei, unter ihnen auch den vorher geopferten
Stein der „Bombe“, dessen Gefangenschaft somit nur von ganz
kurzer Dauer war. Schlägt „Schwarz“ die „Bombe“ zweitens
von Feld 3 aus, so würde folgende Stellung resultieren: Auf
Feld 9 die Säule Rot Weiß Weiß Grün und auf Feld 6 die Säule Weiß Schwarz Schwarz;
diese letzte schlägt nun die erstere, nimmt dabei deren obersten
(roten) Stein gefangen und befreit dadurch die drei darunterstehenden Steine der eigenen Partei, unter denen sich wieder
— zu unterst — der soeben geopferte Stein der „Bombe“ befindet.

Man versteht es nach dieser Partieepisode, wenn der Erfinder
des „Laska“ in der beigegebenen Beschreibung des Spiels dem
Anfänger unter anderen folgende strategische Ratschläge erteilt:

„Die schwachen Steine schicke man auf sichere Plätze, die
Bomben möglichst nahe an den Feind.

Man greife die schwachen Säulen des Gegners an,
das heißt solche, die Gefangene haben. Beim Angriffe
auf Bomben gebrauche man aber die allergrößte Vorsicht.“

Alle die vorstehenden Ausführungen würden in einem Buche
wie dem unseren um ihrer selbst willen schwerlich eine Existenz-

---

[1]) Von der ganzen Stellung der Fig. 49 wird hier natürlich nur
der Teil angegeben, der sich infolge des Zuges geändert hat.

berechtigung haben; sie sollten hier auch nur die Aufgabe erfüllen, den Leser mit dem Wesen des Spiels etwas vertraut zu machen, und erst jetzt kommen wir zu dem, was nach dem Programm dieses Buches uns als die Hauptsache dieses Kapitels erscheinen muß, nämlich zu gewissen einfachen Untersuchungen, die zeigen mögen, daß das geistvolle Spiel auch zu mathematischen Betrachtungen Veranlassung und Anregung bietet, wobei man die Erwartung äußern darf, daß dies in Zukunft, bei weiterer Pflege des Spiels, noch in größerem Umfange sich zeigen wird.

Durch die Abwechslung von gewöhnlichen Steinen einerseits und Offizieren andererseits, durch die von einfachen Steinen einerseits und Säulen andererseits, und zwar Säulen von zwei, drei, vier und mehr Steinen, unter denen nun wieder weiße und grüne, schwarze und rote Steine vorkommen können, entsteht natürlich eine große Mannigfaltigkeit von Spielfiguren, und da drängt sich dem Mathematiker alsbald die Frage auf: *Wie groß ist die Gesamtzahl der möglichen Figuren? Das soll heißen: Welche von denjenigen Kombinationen, die man zunächst nach rein formalen Gesichtspunkten aus den weißen, schwarzen, grünen und roten Steinen auf dem Papier konstruieren kann, sind in der Wirklichkeit, d. h. den Spielgesetzen nach, möglich, und welche sind unmöglich?*

Prof. Edmund Landau in Göttingen, der hervorragende Zahlentheoretiker und Analytiker, hat in einer im S. S. 1912 dort gehaltenen einstündigen Vorlesung über mathematische Unterhaltungen und Spiele, gewiß der ersten (aber heute nicht mehr der einzigen) derartigen Vorlesung, die an einer deutschen oder überhaupt an einer Hochschule gehalten wurde, nach einer mir vorliegenden Inhaltsübersicht auch über „die Anzahl der Spielsteine im Laska" gesprochen[1]) und wird dabei jedenfalls die hier soeben aufgeworfene Frage erörtert und seine zahlreichen — wie ich höre, weit über 100 — Zuhörer auf sie aufmerksam gemacht haben. Ob nun anläßlich dieser Vorlesung oder nicht, jedenfalls haben Landau und zwei seiner Schüler, nachdem zuvor bereits der Erfinder des Spiels eine erste Schranke zwischen den praktisch

---

[1]) Ich glaube dabei nicht verschweigen zu sollen, daß ich erst durch die Inhaltsübersicht dieser Landauschen Vorlesung auf das Laska-Spiel als einen für dieses Buch geeigneten Gegenstand aufmerksam geworden bin.

möglichen Kombinationen und den unmöglichen errichtet hatte, auch innerhalb dieser zunächst noch nicht ausgeschlossenen Menge noch gewisse Klassen von praktisch unmöglichen Säulen herausgefunden, und es ist nicht gerade unwahrscheinlich, daß mit diesen Ergebnissen, die wir sogleich näher angeben werden, die Frage nach den praktisch unmöglichen Säulen bereits erschöpfend erledigt ist, wenn es auch an einem Beweise hierfür allerdings noch durchaus gebricht.

Bevor wir auf die Sache selbst eingehen, wollen wir folgende Symbole einführen:

Es bezeichne a einen gewöhnlichen Stein der einen Partei, α einen Offizier derselben Partei, während A ein kollektivisches Symbol sein und irgendeinen Stein dieser Partei, ohne Unterschied, ob er ein gewöhnlicher Stein (a) oder ein Offizier (α) ist, bezeichnen soll. Die entsprechenden Symbole für die Steine der anderen Partei seien b, β, B.

Eine Säule werde in der Weise gekennzeichnet, daß man, von links nach rechts geschrieben, die Steine so angibt, wie sie in der Säule von oben nach unten aufeinanderfolgen; hiernach würde also α, a, b, b eine „Bombe" in der Art der in Fig. 49 vorkommenden charakterisieren oder, um ein zweites Beispiel zu geben, $3\,A$, a, $2\,B$, b eine Säule, die zunächst (oben) drei Steine (gewöhnliche Steine oder Offiziere resp. Steine beider Sorten) der einen Partei, darauf einen gewöhnlichen Stein derselben Partei, sodann zwei Steine (gewöhnliche oder Offiziere oder von jeder Art einen) der anderen Partei und schließlich unten einen gewöhnlichen Stein dieser selben Partei aufweist.

Unter Benutzung dieser Symbole können wir nun den bereits erwähnten Satz Laskers so aussprechen[1]):

Jede im Spiel vorkommende Säule hat die Form
$$m\,A,\ n\,B\ (0 < m \leq 11;\ 0 \leq n \leq 11).$$

Dieser Satz besagt also, daß jede Säule entweder nur aus Steinen einer Partei besteht, oder daß doch die Steine der beiden

---

[1]) Für die folgenden Ausführungen bis zum Ende dieses Kapitels stütze ich mich auf eine hektographierte studentische „Festschrift, Edmund Landau zur Feier der Ablehnung seiner Berufung nach Heidelberg gewidmet von dankbaren Schülern" (Göttingen, 18. Januar 1913), sowie auf briefliche Mitteilungen eines der Mitarbeiter an dieser Festschrift, des Herrn Detlef Cauer (20. Februar 1913).

Parteien in jeder Säule völlig getrennt voneinander sind, indem die Steine der einen Partei den oberen Teil der Säule, die der anderen den unteren bilden. Eine Säule von der Form $A\,B\,A$ beispielsweise ist hiernach also eine Unmöglichkeit.

Der Beweis des Satzes ergibt sich — nach Landau — folgendermaßen: Der Satz mag sich für die ersten k Züge einer Partie als richtig erwiesen haben, eine Annahme, die wir unbedenklich machen dürfen, da sie für $k = 1$ und übrigens auch für $k = 2$, wie man ohne weiteres sieht, jedenfalls zutrifft. Eine Änderung in der Gestaltung der Steine kann nun allein dadurch eintreten, daß ein Stein einen anderen schlägt, wobei wir unter „Steinen" hier sowohl Säulen wie einfache Steine verstehen wollen. Nehmen wir also an, daß der $(k + 1)$te Zug darin besteht, daß ein Stein einen feindlichen schlägt. Ersterer wird unserer Voraussetzung gemäß die Form $m\,A$, $n\,B$ $(0 < m \leqq 11;\ 0 \leqq n \leqq 11)$, letzterer die Form $n'\,B$, $m'\,A$ $(0 < n' \leqq 11;\ 0 \leqq m' \leqq 11)$ haben. Schlägt nun der erste den zweiten, so wird aus dem ersten: $m\,A$, $(n + 1)\,B$ und aus dem zweiten $(n' - 1)\,B$, $m'\,A$; beide Steine sind also auch nach dem Zuge von der angegebenen Form, und man sieht so, daß, wenn unser Satz für die ersten k Züge gilt, er auch noch für den $(k + 1)$ten Zug besteht. Da er aber für $k = 1$, wie schon gesagt, zweifellos gilt, so ist damit seine allgemeine Gültigkeit erwiesen.

Auch innerhalb dieser großen Kategorie von Säulen der Form $m\,A$, $n\,B$ $(0 < m \leqq 11;\ 0 \leqq n \leqq 11)$, die dem vorstehenden Satze zufolge jedenfalls alle praktisch möglichen Säulen umschließt, befinden sich nun noch wieder gewisse Unterklassen von Säulen, die praktisch nicht vorkommen können. Aus dem zunächst abgegrenzten Kreise sind also noch wieder gewisse Sektoren herauszuschälen, und damit kommen wir zu den bereits erwähnten Resultaten von Landau und seinen Schülern. Die Unterklassen, für die bisher die Unmöglichkeit erkannt ist, sind die folgenden[1]):

---

[1]) Der „Festschrift" zufolge stellte E. Landau (1912) die Unmöglichkeit fest für die Säulen von der Form $1\,a$, $10\,A$, $11\,B$, worauf Roland Sprague (1912) die unter I angegebene umfassendere Klasse als unmöglich erkannte; von demselben rühren auch die unter II und III angegebenen Resultate her (1912), während das unter IV von D. Cauer stammt (1912).

I. Alle Säulen von der Form $11\,A,\ n\,B\ (0\leq n\leq 11)$;
II. „ „ „ „ „ $1\,a,\ 9\,A,\ n\,B\ (3\leq n\leq 11)$;
III. „ „ „ „ „ $n\,A,\ 11\,b\ (3\leq n\leq 11)$;
IV. „ „ „ „ „ $1\,a,\ n\,A,\ 9\,B,\ 2\,b\ (0\leq n\leq 9)$.

Für die Klasse I ergibt sich die Unmöglichkeit folgendermaßen: Wenn eine Säule $11\,A,\ n\,B\ (0\leq n\leq 11)$ auftreten soll, so wäre dies nur so möglich, daß ein Stein oder eine Säule der Partei B hintereinander die $11\,A$ gefangennähme; nur so nämlich können die $11\,A$ gesammelt werden, und man müßte dann weiter annehmen, daß der Stein (oder die Säule) B, der die $11\,A$ sammelte, hinterher selbst gefangengenommen und so die $11\,A$ wieder befreit wurden. Wer soll aber B gefangennehmen, wo unter B bereits $11\,A$, d. h. sämtliche Steine des gegnerischen Heeres, stehen?

Für die Klasse II erkennt man die Unmöglichkeit so: Die Säule $1\,a,\ 9\,A$ kann die 3 oder mehr B nicht gefangengenommen haben; denn ein Stein a kann höchstens zweimal schlagen, ohne zu α zu werden. Es folgt somit, daß auf $1\,a,\ 9\,A$ vorher ein α saß und gefangengenommen wurde. Dann hätten wir also eine Säule von der Form $1\,\alpha,\ 1\,a,\ 9\,A$ gehabt; eine solche ist aber nach I unmöglich.

Der Unmöglichkeitsbeweis ad III ergibt sich leicht so: Die 3 oder mehr A können nur von einem β gesammelt sein (vgl. den vorigen Beweis); ein β ist aber überhaupt noch nicht im Spiel gewesen, sondern nur $11\,b$.

Für die Klasse IV schließlich läßt sich die Unmöglichkeit der Existenz so dartun: Eine Säule von der Form $1\,a,\ n\,A,\ 9\,B,\ 2\,b$ kann nicht in der Weise zustande kommen, daß die Säule $1\,a,\ n\,A$ der Reihe nach die elf feindlichen Steine gefangennimmt; vielmehr wäre alsdann schon längst aus dem Führer a der Säule ein α geworden. Man wird so zu der Annahme gedrängt, daß die Säule vorher den Führer α hatte und dieser von einem feindlichen Stein abgeschlagen wurde. Damals, als dies Abschlagen und Gefangennehmen von α geschah, muß also noch ein feindlicher Stein: einer der $9\,B$ unserer präsumtiven Säule oder einer der untenstehenden $2\,b$ frei gewesen sein. Einer der $9\,B$ kann es aber nicht gewesen sein; denn dann hätte nach dem Abschlagen von α die Säule $1\,a,\ n\,A$ noch diesen Stein B und die

2 b, zusammen also drei Steine, gefangengenommen, was nicht möglich ist, da *a* hierbei zu einem Offizier α hätte werden müssen. Es muß also einer der beiden untersten Steine *b* gewesen sein, der den damaligen Säulenführer α abschlug. Nachdem dies geschehen war, konnten sich aber die Säule *1 a, n A, 9 B, i b (i = 0* oder *1*) und der Stein *b*, der α abschlug, da sie ja bereits einander begegnet waren und in entgegengesetzter Richtung sich bewegen müssen, sich nicht wieder begegnen, es sei denn, daß zuvor entweder das *a* oder das *b* zum Offizier geworden wäre, was ja aber nicht der Fall sein soll. Es ist mithin nicht möglich, daß diese Säule *1 a, n A, 9 B, i b* auch noch das freie *b* gefangennahm, und damit ist der geforderte Unmöglichkeitsbeweis geliefert.

Kapitel XVI.

Die Sator-Arepo-Formel.

$$
\begin{array}{ccccc}
S & A & T & O & R \\
A & R & E & P & O \\
T & E & N & E & T \\
O & P & E & R & A \\
R & O & T & A & S
\end{array}
$$

So lautet eine merkwürdige Formel, die in gar manchen Kirchen und Kapellen: in Italien, in Frankreich, in Deutschland, in England, sich findet, die aber ebensowohl an Häusern und an Gegenständen der verschiedensten Art auftritt und die jedenfalls über ganz Europa, die ultima Thule Island nicht ausgenommen, Verbreitung gefunden hat, die aber auch außerhalb unseres Erdteils, so bei Äthiopern und Arabern, vorkommt, ja selbst nach der Neuen Welt verpflanzt ist und dort an verschiedenen Stellen — in Brasilien, in den Alleghanies — Wurzel gefaßt hat. Man kennt eine alte Bibelhandschrift aus der Karolingerzeit, man kennt alte Siegelstempel und Stempelmarken, man kennt einen auf der Insel Gotland gefundenen Silberbecher und andere Gegenstände, die alle diese Inschrift aufweisen. Insbesondere im Aberglauben spielt die Formel seit Jahrhunderten eine große Rolle. In allen Teilen Deutschlands ist und wird sie noch heute zu abergläubischen Zwecken verwandt. Die Münzkabinette von Berlin, Gotha, Stuttgart, das Germanische Nationalmuseum in Nürnberg, um nur einige wenige gewiß noch leicht zu vermehrende Beispiele zu nennen, besitzen Amulette mit dieser Inschrift[1]). Besonders häufig scheint insbesondere die Verwendung unserer Formel als „Feuersegen" gewesen zu sein und noch zu sein. In allen Landesteilen Deutschlands: in Pommern und Schlesien ebenso wie in Thüringen und Hessen, in Sachsen nicht minder als in Böhmen, war und ist dieser Aberglaube zu Hause[2]). Hier schreibt man die Formel auf hölzerne, auf irdene, auf zinnerne und andere Teller und wirft solche unter Beobachtung gewisser Vorschriften bei einer Feuersbrunst ins Feuer, dieses zu löschen; dort wieder gibt man weiser Prophylaxe den Vorzug und befestigt daher an Häusern, die man vor Feuersgefahr bewahren will, von vornherein solche durch den Sator-Zauberspruch mit besonderen Potenzen begabte Teller[3]). Freilich kommen auch andere „Feuerteller" — mit anderen Ingredienzien als unserer Sator-Formel — vor, und es mag der Kuriosität halber hierbei erwähnt werden, daß eine besondere Art Feuerteller einmal selbst zu einem obligatorischen Herzoglich Sachsen-Weimarischen Feuerlöschmittel erhoben worden ist, indem ein Edikt des Herzogs Ernst August vom 24. Dezember 1743 die Beschaffung solcher, nach bestimmten Vorschriften her-

---

[1]) Diese Nürnberger, Berliner, Gothaer und Stuttgarter Amulette sind bildlich wiedergegeben bei S. Seligmann, „Die Satorformel", Hessische Blätter für Volkskunde XIII, 1914 (Gießen 1915), S. 159 (Fig. 2), 160 (Fig. 4) und Tafel; Beschreibung der Stücke S. 161 (Nr. 44) und 162 f. (Nr. 46—48). Das Nürnberger Stück war vorher bereits — wohl zum ersten Male — abgebildet in den Verhandlungen der Berliner Gesellschaft für Anthropologie, Ethnologie und Urgeschichte, Jahrg. 1883 (zu Bd. XV der Zeitschrift für Ethnologie), S. 354.

[2]) Siehe Seligmann, S. 163 f. Ich verdanke dieser reichhaltigen Sammlung überhaupt an Tatsachenmaterial wie auch an Literaturhinweisen vielerlei für dieses Kapitel; auf sie und auf ihre verdienstvolle Vorläuferin, ·die unten noch zu erwähnende Arbeit Reinhold Köhlers, seien daher alle diejenigen Leser, die sich in den genannten Beziehungen näher unterrichten wollen, vornehmlich verwiesen. Zu der bei Seligmann genannten Literatur möchte ich übrigens in erster Linie noch erwähnen: Mowat, „Le plus ancien carré de mots SATOR AREPO TENET OPERA ROTAS", Mém. de la soc. nation. des antiquaires de France (7) IV, 1903 (Paris 1905), p. 41—68, eine Abhandlung, deren Titel freilich insofern trügt, als nur der erste Teil dem angegebenen Gegenstande gewidmet ist.

[3]) Seligmann (S. 165) faßt — wohl mit Recht — auch das Vorkommen der Formel an alten Kirchen und Kapellen in diesem Sinne auf; vgl. auch S. 164 und 161 bezüglich des schon oben erwähnten Nürnberger Amuletts, das hier als „Feuerscheibe" gedeutet wird.

gestellter Feuerteller für alle Städte und Dörfer des Landes
anordnete[1]) mit der Bestimmung, daß diese Teller im Falle
einer Feuersbrunst „in's Feuer geworfen, und wofern das Feuer
dennoch weiter um sich greifen sollte, dreimal solches wiederholt
werden solle, dadurch dann die Gluth ohnfehlbar gedämpft
werden würde"[2]). Auch als Mittel gegen den Biß toller Hunde
— in Brasilien gegen den Schlangenbiß — ist unsere wunder-
wirkende Sator-Formel, um zu ihr speziell zurückzukehren, viel
in Gebrauch und wird zu dem Zwecke wohl auf ein Butterbrot
geschrieben, das man dann dem Gebissenen reicht. Aber da-
neben findet die zauberkräftige Formel in den verschiedenen
Ländern und Landesteilen für die mannigfachsten sonstigen
Zwecke Anwendung: zur Befreiung des Viehs von Verhexung,
als Heilmittel bei allen möglichen Krankheiten, wie Darmgicht,
Fieber, Krämpfen, Rose, selbst vom gefürchteten Zahnschmerz
kann man sich angeblich auf diese wahrlich bequeme Art be-
freien[3]).

---

[1]) Siehe den Wortlaut der Verfügung bei August Witzschel,
„Sagen, Sitten und Gebräuche aus Thüringen" [= Witzschel, „Kleine
Beiträge zur deutschen Mythologie, Sitten- und Heimatskunde in Sagen
und Gebräuchen aus Thüringen", 2. Th.] (Wien 1878), S. 338, sowie
in der Monatsschrift für Volkskunde „Am Ur-Quell", Bd. II, 1891,
S. 145/46, hier übrigens auch der in der herzoglichen Verfügung ge-
nannte „beigesetzte Abriß" des vorgeschriebenen Feuertellers, der die
Sator-Formel nicht aufweist, wie im Gegensatz zu der in nächster An-
merkung zitierten Stelle des Werkes von E. H. Meyer ausdrücklich
bemerkt sei (Reproduktion dieser Abbildung des herzoglich weimarischen
Feuertellers in derselben Größe wie a. a. O. übrigens bei Seligmann
S. 160: Fig. 5 b; dort S. 164, Anm. 4 auch weitere Literatur hierüber).

[2]) Ein paar Autoren, so Elard Hugo Meyer („Badisches Volks-
leben im neunzehnten Jahrhundert", Straßburg 1900, S. 376), wollen
übrigens die Verwendung gerade eines Tellers für den Zweck des
Feuerlöschens seltsamerweise so verstehen, daß hierdurch das Feuer auf
einen möglichst nur tellergroßen Raum beschränkt werden sollte.
Wenn die Feuersbrunst, wie doch ausnahmslos der Fall sein wird, sich
bereits weit über den Raum eines Tellers hinaus verbreitet hat, warum
sollte das Feuer dann wohl nur gerade auf Tellergröße reduziert
werden? Vorsichtshalber möchte man jedenfalls empfehlen, es alsdann
ganz auszulöschen, zumal dies, wenn die Beschränkung auf Tellergröße
bereits gelang, nicht so gar schwierig mehr sein dürfte.

[3]) Siehe über diese verschiedenen Verwendungen Seligmann,
S. 166—172. Zu der dort ·aufgeführten Literatur nenne ich noch:
Leopold Glück, „Skizzen aus der Volksmedicin und dem medicinischen
Aberglauben in Bosnien und der Hercegovina", Wissenschaftl. Mittheil.

Daß unsere Formel auf abergläubische Gemüter einen faszinierenden Eindruck machte und so in den Ruf eines Talismans gelangte, ist nicht gerade schwer zu begreifen. Besitzt die Formel doch, wenn auch nicht übersinnliche Kräfte, so immerhin recht merkwürdige Eigenschaften. Wie man sie nämlich auch liest, ob von links nach rechts oder — hebräischer und arabischer Schrift gleich — von rechts nach links, ob von oben nach unten oder von unten nach oben: stets erhält man dieselben fünf Worte Sator arepo tenet opera rotas, und zwar entweder in dieser oder in der gerade umgekehrten Reihenfolge der Worte. Allein, um die Formel in der ursprünglichen Folge der Worte — mit „Sator" an erster und „rotas" an letzter Stelle — zu erhalten, stehen uns nicht weniger als vier Möglichkeiten des Lesens zu Gebote, nämlich:

1. man liest in der gewöhnlichen Weise, d. h. oberste Zeile von links nach rechts, dann zweitoberste Zeile ebenso, usw.,

2. man liest zunächst die erste Spalte (Vertikalreihe) von oben nach unten, darauf die folgende Spalte ebenso, usf.,

3. man liest zunächst die unterste Zeile, jedoch von rechts nach links, sodann die zweitunterste Zeile in gleicher Richtung, usf.,

4. man liest zunächst die letzte Spalte, jedoch von unten nach oben, darauf in derselben Richtung die benachbarte Spalte, usw.

Entsprechend gibt es vier Möglichkeiten des Lesens, bei denen man die Formel mit umgekehrter Wortfolge, d. h.: Rotas opera tenet arepo sator, erhält. — Wir werden diese Eigenschaften unserer Formel in Zukunft unter dem Namen ihrer „*vier- bzw. achtfachen Lesbarkeit*" zusammenfassen und hierunter also verstehen, daß die Lesung in den angegebenen vier Richtungen die ursprüngliche Formel, diejenige in den vier anderen Richtungen die Formel mit umgekehrter Wortfolge ergibt.

Daß nun eine solche Buchstabenanordnung, die, in allen Richtungen gelesen, immer wieder dasselbe ergibt, auf naive, zu Buchstabenmystik neigende Gemüter einen besonderen Zauber

aus Bosnien und der Hercegovina, Bd. II (Wien 1894), S. 424, und von dems.: „Die Volksbehandlung der Tollwuth in Bosnien und der Hercegovina", ebenda, Bd. III (Wien 1895), S. 540.

ausübte[1]) und wegen ihrer Unabhängigkeit von der Richtung
des Lesens, wegen ihrer Unwandelbarkeit, Unveränderlichkeit
also, geradezu zu einem Sinnbild des Ewigen, Unwandelbaren,
d. h. der Gottheit oder doch einer überirdischen Kraft, werden
konnte, ist nicht so schwer zu verstehen.   Nach einer weiteren

---

[1]) **Daß** merkwürdige Buchstabenanordnungen und -beziehungen,
selbst wenn sie weit einfacher und viel weniger merkwürdig als die
unsere sind, sogar auf moderne Menschen und selbst auf Gelehrte einen
mystischen Zauber auszuüben vermögen, dafür sei eine Anekdote
angeführt, die **Felix Dahn** in seinen „Erinnerungen" (2. Buch, Leipzig
1891, S. 18/19) erzählt, und deren Substrat, das Anagramm **Roma - Amor**,
durchaus zu dem gleichen Genre mit unserer Sator-Formel gehört:
Dieser Reziprozität von **Roma** und **Amor** glaubte der Münchener Philo-
logieprofessor **Ernst v. Lasaulx** eine von Gott hineingelegte Vor-
bedeutung beilegen zu sollen, und so wollte er denn in seinen Vorlesungen (jedenfalls im W. S. 1850/51) aus diesem zufälligen Spiel der
Buchstaben die Vorherbestimmung Roms deduzieren, aus der Hauptstadt der heidnischen zur Hauptstadt der christlichen Welt zu werden;
brauche man doch nur, so argumentierte er, „Roma", griechisch $\dot{\rho}\acute{\omega}\mu\eta$,
„die Kraft", umzukehren, um daraus „Amor", „Liebe", den Grund-
gedanken des Christentums, zu erhalten. — Mit ungefähr ebensoviel Berechtigung könnte heute etwa ein französischer oder englischer Histo-
riker, der eine Geschichte des Weltkrieges schriebe, an eine zwischen
den Namen **Joffre** und **French** bestehende Beziehung ähnlich ernst-
hafte Betrachtungen knüpfen wollen.   Schreibt man nämlich die Namen
der beiden Generale, die bekanntlich längere Zeit nebeneinander die
französischen und englischen Heere befehligten, der Entdeckung und
dem Vorschlage eines Witzbolds gemäß in folgender Weise untereinander:

J	*O*	*F*	*F R E*	

J	*O*	*F*	*F*	*R*	*E*
F	*R*	*E*	*N*	*C*	*H*

so nennt dies Schema die Namen der beiden Heerführer, und zwar
gleichgültig, ob man von links nach rechts oder von oben nach unten
liest.   „War diese merkwürdige Beziehung der Namen", so könnte nun
ein **Lasaulx** von heute auszurufen versucht sein, „nicht schon ein
Fingerzeig des Himmels und eine Gewähr für die wunderbare **gegenseitige Ergänzung** der beiden Oberbefehlshaber der alliierten Heere!"
In der rauhen Wirklichkeit soll freilich diese „gegenseitige Ergänzung"
und die Harmonie der beiden Seelen bisweilen nur eine recht mangel-
hafte gewesen sein, und in Wirklichkeit haben wir es hier, wie nicht
erst gesagt zu werden braucht, mit einer reinen Buchstabenspielerei zu
tun, die zu konstruieren jenem Witzbolde dadurch ermöglicht wurde,
daß zufällig beide Namen aus je sechs Buchstaben bestehen und die
drei letzten des einen Namens (**Joffre**) zugleich die drei ersten des
anderen (**French**) sind.

Bedeutung der Formel, einem Wortsinn, gar einem tiefen Wortsinn, braucht man dabei, um diese Erscheinung zu verstehen, durchaus nicht mehr zu suchen, und eine solche Wortbedeutung besitzt die Formel, wie wir jedoch erst in der zweiten Hälfte dieses Kapitels näher ausführen können und hier nur vorläufig bemerken wollen, auch keineswegs.

Eine andere Zauberformel, die von derselben Struktur wie die unsere ist und daher gleichfalls die Eigenschaft der „vier- bzw. achtfachen Lesbarkeit" besitzt, ist die folgende:

$$\begin{matrix} S & A & T & A & N \\ A & D & A & M & A \\ T & A & B & A & T \\ A & M & A & D & A \\ N & A & T & A & S \end{matrix}$$

Sie findet sich, wenn auch vermutlich noch an anderen Orten, so jedenfalls in einem handschriftlichen, kostbar **gebundenen** Zauberbuche, das im Jahre 1785 einem verdächtigen Individuum abgenommen und der Prager Universitätsbibliothek[1]) übergeben wurde. Freilich hat diese Formel allem Anschein nach keine große Bedeutung im Zauberwesen erlangt und jedenfalls nicht annähernd die Verbreitung der Sator-Formel[2]) gefunden, hinter der sie auch in der Tat, wie noch unten (siehe S. 177) zu erwähnen sein wird, in zwiefacher Beziehung zurücksteht.

Die besondere Struktur unserer Sator-Formel verleiht ihr ferner folgende geometrische Eigenschaften: Dreht man die ganze Anordnung um 180⁰ und rückt sodann die nunmehr auf dem Kopfe stehenden Buchstaben, jeden auf seinem Platze, wieder so zurecht, daß sie aufrecht stehen, so hat man wieder genau dieselbe Formel. Hätte man nur eine Drehung um 90⁰ vorgenommen, so würde sich — nach Zurechtrücken der Buchstaben auf ihren Plätzen — die Formel in umgekehrter Wortfolge, d. h. als Rotas opera usw., ergeben haben. Gleichfalls eine Umkehrung

---

¹) Signatur: 16 D. 36 f. 73, nach O. v. Hovorka und A. Kronfeld, „Vergleichende Volksmedizin", Bd. I (Stuttgart 1908), S. 29; siehe auch O. v. Hovorka, „Geist der Medizin" (Wien und Leipzig 1915), S. 236.

²) Diese findet sich übrigens nach Hovorka und Kronfeld a. a. O., gleichfalls in dem Prager Zauberbuche.

der Wortfolge ist das Ergebnis, wenn man die ursprüngliche Anordnung an einem horizontalen oder einem vertikalen Rande spiegelt. Nimmt man die Spiegelung dagegen vor an einer der beiden Diagonalen des Quadrats, so reproduziert sich die Formel genau in ihrer ursprünglichen Form. Wir dürfen somit, wenn wir das Ergebnis dieser letzten Betrachtungen zusammengefaßt aussprechen wollen, sagen: Eine Drehung um 180° und ebenso eine Spiegelung an einer der beiden Diagonalen reproduziert die Buchstabenanordnung, eine Drehung um 90° und ebenso eine Spiegelung an einem horizontalen oder einem vertikalen Rande bewirkt eine Umkehrung der Wortfolge. Dies alles gilt übrigens genau ebenso für die „Satan-Formel", wie wir die zweite, soeben mitgeteilte Zauberformel hinfort kurz nennen wollen; sind doch die Strukturverhältnisse, soweit sie für diese geometrischen Beziehungen ins Gewicht fallen, bei ihr genau die gleichen wie bei unserer Sator-Formel.

Übrigens kommt die Sator-Formel im Aberglauben durchaus nicht immer in dieser quadratischen Anordnung der fünf Worte vor, vielmehr tritt sie auch nicht selten so auf, daß die Worte in einer Reihe stehen:

Sator arepo tenet opera rotas.

Man kann dann diese Zeile ebenso, wie von links nach rechts, auch von rechts nach links — gleich hebräischer Schrift — lesen und erhält dann doch dasselbe. Bekanntlich nennt man Worte oder Sätze dieser Eigenschaft „Palindrome". Andere mehr oder weniger bekannte Beispiele dieser Art sind der Hexameter:

Signa te, signa, temere me tangis et angis,

und der alte Pentameter[1]):

---

[1]) Siehe Lucian Müller, „De re metrica poetarum latinorum" (Petersburg und Leipzig 1894, 2. Aufl.), S. 580; dort auch ein griechisches Beispiel. An weiterer Literatur nenne ich: H. B. Wheatley, „Of anagrams ..." (London 1862), p. 9 ff.; Johann Christoph Gottsched, „Handlexicon oder kurzgefaßtes Wörterbuch der schönen Wissenschaften und freyen Künste" (Leipzig 1760), col. 1232. Übrigens sind für solche Verse und für andere, die nicht eine Umkehrung der Buchstaben-, wohl aber der Wortfolge gestatten (ein Beispiel s. hier S. 178 Anm. 1), auch noch verschiedene andere Namen, wie: versus cancrini (Krebsverse) oder versus recurrentes oder reciproci, französisch: vers rétrogrades oder réciproques, in Gebrauch.

Roma tibi subito motibus ibit amor;

auch einige deutsche Sätze, wie:

Ein Neger mit Gazelle zagt im Regen nie

oder

Eine treue Familie bei Lima feuerte nie

oder

Ein Ledergurt trug Redel nie

mögen hier noch angeführt werden.

Hinter der Sator-Formel stehen jedoch diese und andere Palindrome insofern zurück, als sie eine derartige quadratische Anordnung ihrer Worte nicht gestatten würden. Zwar ist, um an das erste der vorstehenden Beispiele anzuknüpfen, das letzte Wort, d. h. „angis", die Umkehrung des ersten, „signa", und das vorletzte, „et" also, diejenige des zweitersten, d. h. „te", aber schon die nun anschließenden beiden Worte — „signa" einerseits und „tangis" andererseits — entsprechen sich in dieser Weise nicht mehr vollständig, und vor allem stände einer quadratischen Anordnung, wie wir sie bei der Sator-Formel haben, auch das Hindernis entgegen, daß das erste Wörterpaar — signa und angis — je fünf Buchstaben, das zweite — te und et — dagegen je zwei Buchstaben zählt. Andererseits setzen sich diese und andere Palindrom-Verse und -Sätze, was von der Sator-Formel, wie wir späterhin noch genauer sehen werden, nicht uneingeschränkt gilt, ausschließlich aus wirklichen Worten zusammen und ergeben auch einen wirklichen Sinn, mag dieser auch oft oder gar meistens ziemlich gezwungen, dürftig oder auch kindlich-töricht sein.

Betrachten wir die zum Aufbau der Sator-Formel verwandten Buchstaben, so sehen wir, daß es im ganzen nur acht verschiedene sind: drei Vokale und fünf Konsonanten, und zwar kommen die Vokale: a, e, o je viermal vor, während von den fünf Konsonanten t und r gleichfalls je viermal, p und s je zweimal, n dagegen nur einmal vertreten ist. Dieses mehrmalige Vorkommen der verschiedenen Buchstaben in den angegebenen Häufigkeitsgraden ist für die Erzielung einer „vier- bzw. achtfachen Lesbarkeit" der Formel nicht nur hinreichend, sondern — mit einer sogleich zu erwähnenden Einschränkung — auch notwendig. Das r brauchte nämlich zu diesem Zweck allerdings

nicht gerade viermal vorzukommen, vielmehr würde es für diese
rein geometrischen Eigenschaften genügen, wenn an zwei bestimmten der fraglichen vier Stellen derselbe Buchstabe und
an den beiden anderen Stellen ein anderer Buchstabe stände.
In der Tat würde beispielsweise die Formel:

$$
\begin{matrix}
S & A & T & O & R \\
A & L & E & P & O \\
T & E & N & E & T \\
O & P & E & L & A \\
R & O & T & A & S
\end{matrix}
$$

die sich von der unseren dadurch unterscheidet, daß zwei der
vier R durch L ersetzt sind, die sämtlichen bisher erwähnten
geometrischen Eigenschaften des Sator-Quadrats besitzen. In
dieser neuen Form weist die Formel nun insgesamt neun verschiedene Buchstaben auf, und eine größere Zahl verschiedener
Buchstaben ist überhaupt, wenn unter Beibehaltung des äußeren
Rahmens — fünf Worte zu je fünf Buchstaben — „vier- bzw.
achtfache Lesbarkeit" erzielt werden soll, nicht möglich. Wenn
unsere Formel nun tatsächlich nicht in dieser Form vorkommt,
sondern dem $OPERA$ vor $OPELA$ oder Ähnlichem der
Vorzug gegeben ist, so liegt der Grund hierfür klar auf der Hand:
$OPERA$ ist ein wirkliches (lateinisches) Wort, $OPELA$ usw.
dagegen nicht. Doch von der Wortbedeutung sprechen wir ja,
wie bereits gesagt, vorerst noch nicht, sondern beschränken uns
vorläufig geflissentlich auf die geometrischen Eigenschaften. Wir
sehen also, daß unsere Sator-Formel bei großer Geschlossenheit
und Einheitlichkeit doch relativ große Mannigfaltigkeit zeigt.
Sie ergibt, in vier bzw. acht verschiedenen Richtungen gelesen, stets dasselbe, besteht aber dennoch
aus fünf verschiedenen Worten und setzt sich aus
acht verschiedenen Buchstaben, nahezu dem Maximum, das unter diesen Bedingungen möglich ist, zusammen. Diese Mannigfaltigkeit in Worten und Buchstaben
nun erhöht sozusagen den Kuriositäts- oder Kunstwert der
ganzen Buchstabenanordnung. Man begreift nämlich unschwer,
daß man sich die Aufgabe, solche palindromartige Gebilde herzustellen, im allgemeinen erleichtert, wenn man auf Mannig-

faltigkeit und Verschiedenheit der Buchstaben bzw. Worte verzichtet; die allereinfachste Anordnung dieser Art hätten wir
jedenfalls in dem trivialen Falle, daß alle Felder des Quadrats
mit demselben Buchstaben, etwa dem *a*, besetzt wären.

Schon in dieser Beziehung steht das oben mitgeteilte Satan-
Quadrat im ganzen hinter unserer Sator-Formel zurück: Beide
Quadrate weisen zwar übereinstimmend an zwölf Stellen, durchweg sogar an den gleichen Stellen des quadratischen Rahmens,
Vokale auf; während jedoch in der Sator-Formel, wie schon
gesagt wurde, drei verschiedene Vokale, jeder viermal, vorkommen, ist in der Satan-Formel diese Trias von Vokalen zu
einem, dem *a*, zusammengeschmolzen, das somit nicht weniger
als zwölfmal vorkommt. Dagegen erreicht die Satan-Formel in
den übrigen Buchstaben das Maximum der Mannigfaltigkeit,
indem neben dem zwölffachen Vokal *a* sechs verschiedene Konsonanten vorhanden sind, von denen *t* viermal, *d*, *m*, *n*, *s* je
zweimal und *b* einmal vorkommt. Alles in allem besitzt diese
Formel somit jedoch immer nur sieben verschiedene Buchstaben
gegenüber den acht der Sator-Formel. Auch in einer anderen
Beziehung vermag die Satan-Formel einen Vergleich mit der
unseren nicht auszuhalten: Die Worte des Sator-Quadrats sind
— mit einer Ausnahme — wirkliche Worte, und zwar auch Worte
ein und derselben Sprache, also nicht bloß Buchstabenkombina-
tionen resp. aus verschiedenen Sprachen zusammengeholte Worte,
wie es bei jener Formel der Fall ist[1]). Natürlich ist dies Moment
für die Beurteilung des „Kunstwertes" einer solchen Spielerei[2])

---

[1]) Neben der lateinischen Verbalform „natas" weist die Formel das
hebräische „adama" (Erde) und das gleichfalls ursprünglich hebräische
„Satan" auf, während die beiden anderen Worte — „tabat" und
„amada" — wohl überhaupt keiner Sprache angehören, also keinerlei
Wortbedeutung haben.

[2]) Außer der Satan-Formel ist mir übrigens eine weitere Formel,
die ein vollkommenes Analogon zu der unseren bildete, nicht bekannt geworden (vgl. S. 196 f., Anm. 2). Eine hebräische Formel, die
Seligmann (S. 182) als „ein ausgezeichnetes Analogon zur Sator-
formel" mitteilt, vermag ich als ein solches doch nicht anzuerkennen. Freilich besteht auch diese Formel gleich der Sator-Formel
aus fünf Worten von je fünf Buchstaben, doch ist ihre Struktur insofern eine wesentlich andere, als unter ihren fünf Worten zwei Paare
gleicher Worte vorkommen; sie setzt sich somit nur aus drei verschiedenen Worten zusammen, von denen jedes — gleich dem

im ganzen viel wichtiger als das der größeren oder geringeren Buchstaben- und Wörtermannigfaltigkeit, doch haben wir die Erörterung der Wortbedeutung, die für ein Buch wie das vorliegende doch erst in zweiter Linie in Betracht kommt, uns ja für später vorbehalten und streifen sie daher hier nur.

Nachdem wir so diejenigen Eigenschaften unseres Quadrats, die wir als die „geometrischen" schon mehrfach bezeichneten, ausführlich, wohl schon allzu ausführlich, erörtert haben, erheben wir die Frage, wie die Formel wohl entstanden sein mag. Ich denke mir diese Entstehung etwa folgendermaßen: Den Kern und Ausgangspunkt der ganzen Anordnung scheint mir das Palindrom *TENET* zu bilden. Daß solche Palindrom-Worte ihrer Merkwürdigkeit und Seltenheit[1]) wegen geeignet sind, grüblerische Naturen zu fesseln und zu beschäftigen, bedarf keiner Erwähnung. Hat doch anscheinend beispielsweise selbst ein Schopenhauer an solchen Spielereien Gefallen gefunden; wenigstens wird ihm — ob mit Recht oder Unrecht, weiß ich nicht — die Entdeckung des hübschen Beispiels „Reliefpfeiler"[2])

mittleren Worte des Sator-Quadrats (tenet) — für sich ein Palindrom ist. Demgegenüber weist die Sator-Formel fünf verschiedene Worte auf, unter denen eins, und zwar, wie soeben schon gesagt wurde, das mittlere, ein Palindrom ist, während die übrigen vier paarweise in der Art zusammengehören, daß in jedem Paare eins die Umkehrung des anderen ist. Dadurch, daß man, wie bei dieser hebräischen Formel, auf Verschiedenheit der Worte verzichtet, erreicht man andererseits wieder größere Einheit oder Harmonie oder Monotonie, wie man es je nach Geschmack nennen mag, indem nun nämlich die Buchstabenanordnung nicht bloß, wie bei der Sator-Formel, in vier, sondern in allen a c h t Richtungen g e n a u dasselbe ergibt.

[1]) Insbesondere im Reiche des Verbums dürfte es auch im Lateinischen, das an sich seinem ganzen Aufbau nach für solche Vorkommnisse wohl relativ günstige Möglichkeiten bietet, nicht gar viele Palindrome geben, und unser tenet wird sich daher in Anbetracht der Wichtigkeit, die dem Verbum im Satze zukommt, bei den Freunden und Komponisten von Palindrom-Sätzen oder -Versen wohl einer besonderen Beliebtheit erfreuen, wie es denn auch in dem bekannten Hexameter

Odo tenet mulum, madidam mappam tenet Anna,

dessen sämtliche Worte Palindrome sind und der außerdem bei Umkehrung der Reihenfolge der Wörter wieder in einen H e x a m e t e r übergeht, nicht weniger als zweimal vorkommt.

[2]) In S c h o p e n h a u e r s Werken und überhaupt in der eigentlichen Schopenhauer-Literatur findet sich, wenn ich nicht irre, nichts hierüber. — Andere deutsche Palindrome dieser Art sind beispielsweise „Rentner", „Reittier", „Marktkram", „egale Lage".

zugeschrieben. Wie aus unserem fertigen Quadrat erhellt, ist
wesentlich weiter der Umstand, daß das *TENET* eine ungerade Anzahl von Buchstaben zählt. Diese Eigenschaften be-
fähigen das *TENET*, Mittelzeile und Mittelspalte eines solchen
Quadrats zu werden, und als das Gerippe des Quadrats ist somit die folgende Anordnung anzusehen:

$$
\begin{matrix}
 & & T & & \\
 & & E & & \\
T & E & N & E & T \\
 & & E & & \\
 & & T & &
\end{matrix}
$$

Von diesem Gerippe also wird der Verfertiger möglicherweise
ausgegangen sein und wird sodann für die erste und letzte
Zeile zwei Worte, beide von je fünf Buchstaben und mit einem
T in der Mitte, gesucht haben, von denen das eine die Umkehrung
des anderen ist. Da *TENET* lateinisch ist, so lag es schon
aus diesem Grunde nahe, auch weiter lateinische Worte zu bevorzugen, und so stellten sich *SATOR* und *ROTAS* als ein
solches Paar ein (es wird nicht viele solche Paare von je fünf
Buchstaben, und vollends mit einem *t* in der Mitte wohl nur
sehr wenige, geben). Durch Einfügung dieser neuen Elemente
bekam das Schema nun bereits die folgende Gestalt:

$$
\begin{matrix}
S & A & T & O & R \\
A & & E & & O \\
T & E & N & E & T \\
O & & E & & A \\
R & O & T & A & S
\end{matrix}
$$

Für die beiden jetzt noch fehlenden Worte bleibt nur noch ein
enger Spielraum; immerhin gelingt es auch jetzt noch, die vierte
Zeile so zu ergänzen, daß abermals ein lateinisches Wort entsteht: *OPERA*, während für die zweite Zeile dann nur die
Umkehrung dieses Wortes, also *AREPO*, übrigbleibt.

Es liegt mir natürlich völlig fern, apodiktisch behaupten zu
wollen, daß der Hergang bei der Erzeugung unseres Sator-
Quadrats genau der hier beschriebene war, vielmehr ist es

selbstredend recht wohl denkbar, daß die Bildung sich im einzelnen anders vollzogen hat, etwa in folgender Weise: Der Erfinder mag sich schon geraume Zeit mit lateinischen Palindromen beschäftigt und nach Palindrom-Sätzen gesucht haben; hierbei werden ihm denn gar manche Paare von zueinander inversen Worten, unter anderen unser sator und rotas, und ebenso verschiedene Palindrom-Worte, darunter unser tenet, aufgestoßen und geläufig geworden sein. Als er nun bei seinen mancherlei Versuchen auch einmal den Ansatz machte: Sator tenet rotas, muß ihm, da bei diesen Dingen die Buchstabenzahl ein wesentliches Moment ist, aufgefallen sein, daß das tenet dieselbe Buchstabenzahl wie jedes der beiden anderen, zueinander inversen Worte aufweist. Dieser Umstand mag ihn zunächst veranlaßt haben, die Worte, statt neben-, untereinander zu schreiben:

$$S\;a\;t\;o\;r$$
$$T\;e\;n\;e\;t$$
$$R\;o\;t\;a\;s$$

Dabei mag er denn weiter bemerkt haben, daß auch die mittlere Spalte die drei Konsonanten von tenet aufweist und somit durch Einschieben zweier *e* leicht zu einem vollständigen tenet erweitert werden kann.   So entstand denn zunächst:

$$S\;a\;t\;o\;r$$
$$e$$
$$T\;e\;n\;e\;t$$
$$e$$
$$R\;o\;t\;a\;s$$

und, wie die weitere Ausgestaltung sich nun vollzog, ist, zumal nach dem bereits Gesagten, leicht zu ersehen.

Wie nun im einzelnen auch die Ideenverbindung im Hirn des Erfinders gewesen sein mag, jedenfalls entstand als das Resultat seiner Versuche und seines Grübelns eine Buchstabenanordnung, die in allen vier bzw. acht Richtungen dieselben fünf Worte ergibt, und zwar sind von diesen wenigstens vier wirkliche Worte, nicht bloße Buchstabenaggregate, ja sogar, wie bereits hervorgehoben wurde, Worte derselben Sprache.   Auch das fünfte Wort läßt sich wenigstens lesen, aussprechen, was doch bei einer willkürlichen Aneinanderreihung von Buchstaben auch nicht immer der Fall sein wird. Schon hiernach dürfen wir sagen, daß dem Erfinder des Buchstabenspiels ein kleines Kunstwerk gelang, und die Forderung, die nach solchen geometrischen Gesichtspunkten gewählten Worte sollten zusammen auch einen Sinn, gar einen tiefen Sinn, ergeben, erscheint daher bereits von vornherein einigermaßen unbillig, wenn auch andererseits gewiß nicht geleugnet werden soll, daß, wenn dem Erfinder auch die Befriedigung dieser Forderung noch gelungen wäre, dies den Kuriositätswert seiner Erfindung ganz wesentlich erhöht haben würde. Doch die Frage nach der Wortbedeutung müssen wir auch hier wiederum zurückstellen, da wir zuvor noch einige weitere mathematische Eigenschaften unseres Sator-Quadrats zu besprechen haben, Eigenschaften, die freilich dem Erfinder der Formel und ihren vielen Verbreitern völlig unbekannt gewesen sein werden, die vielmehr erst der Spürsinn der neuesten Interpreten entdeckt hat.

Als kürzlich die Sator-Formel in einer großen Tageszeitung in einem Aufsatze, von dem unten noch näher zu sprechen sein wird, erörtert wurde, erregte der Gegenstand das Interesse vieler Leser, und einige weitere Aufsätze folgten dem ersten. Einer dieser Verfasser, Dr. Carl Erich Gleye[1]), vertrat die Ansicht, daß die Buchstaben der Sator-Formel Zahlenwert, und zwar entsprechend ihrer Stellung im lateinischen Alphabet, besäßen, d. h. $A = 1, E = 5, N = 12, O = 13, P = 14, R = 16, S = 17, T = 18$ zu setzen sei. Gibt man den Buchstaben des Sator-Quadrats diese Zahlenwerte, so erhält man:

					72
17	1	18	13	16	65
1	16	5	14	13	49
18	5	12	5	18	58
13	14	5	16	1	49
16	13	18	1	17	65
65	49	58	49	65	78

---

1) Siehe „Deutsche Warschauer Zeitung" 1917, Nr. 162, 15. Juni, Beiblatt: „Eine rätselhafte Inschrift".

Dabei geben die Randzahlen, von denen der Verfasser übrigens nur die des unteren Randes angibt, die Summen der betreffenden Spalten und Zeilen, sowie der beiden Diagonalen, an. Diese Zahlenanordnung nennt unser Autor nun ein „magisches Quadrat" und sieht hierin und in einigen anderen Zahlenbeziehungen, die ihm an dem Quadrat aufgefallen sind und in denen die Zahlen 12 und 13 eine besondere Rolle spielen, den hauptsächlichen Inhalt des Sator-Quadrats, das gewiß irgendein „mittelalterlicher Schulmeister" ausgeklügelt habe, um diese Zahlengeheimnisse darin zu verstecken. Ich bedaure, dem sonst durchaus geschätzten, Herrn Verfasser in keinem Punkte[1]) zustimmen zu können. Daß einige Zahlenreihen gleiche Summen ergeben, ist nicht verwunderlich, sondern ist vielmehr mit der Eigenschaft der vierfachen Lesbarkeit notwendig verbunden: Da die oberste und die unterste Zeile, die erste und die letzte Spalte sämtlich dieselben Buchstaben, nämlich $S + A + T + O + R$ resp. umgekehrt $R + O + T + A + S$, enthalten, so muß sich, wenn man den verschiedenen Buchstaben irgendwelche Zahlenwerte beilegt, in diesen vier Reihen notwendig stets dieselbe Summe ergeben. Dasselbe gilt auch noch für ein zweites Quadrupel von Reihen, nämlich für die zweiterste und zweitletzte Zeile und zweiterste und zweitletzte Spalte, und drittens auch noch für ein Paar von Reihen, nämlich die beiden mittleren Reihen, die in dem Quadrat Gleyes beide die Zahlensumme 58 ergeben. Abgesehen hiervon, sind aber die Zahlensummen der verschiedenen Reihen bei Gleye alle ungleich; es kommen nicht weniger als drei verschiedene Summenzahlen: $49, 58, 65$ und unter Hinzurechnung der beiden Diagonalen sogar fünf: $49, 58, 65, 72, 78$, vor. Demgegenüber versteht man sonst unter einem „magischen Quadrat" eine quadratische Zahlenanordnung, bei der die hier in Betracht gezogenen Reihen sämtlich die gleiche Summe ergeben[2]). Selbst wenn man hierbei, wie es bisweilen geschieht, von den Diagonalen absieht, so pflegt doch für Zeilen und Spalten die Forderung

---

[1]) Neben dieser Darstellung der Sator-Formel als Zahlenquadrat gibt der Autor noch eine Worterklärung oder -auflösung, die das Vorkommen der Formel in Kirchen begründen soll.

[2]) Siehe beispielsweise meine „Mathem. Unterhalt. und Spiele", Kap. XII, oder deren kleine Ausgabe: „Mathem. Spiele" (1916, 3. Aufl.), S. 67.

der Gleichsummigkeit für ein „magisches“ Quadrat als un-
erläßlich zu gelten. Das Zahlenquadrat Gleyes ist somit so wenig
„magisch“, so ungleichsummig, wie dies im Rahmen der vierfachen Lesbarkeit überhaupt nur möglich war. Ich rekapituliere:
Hätte man den Buchstaben irgendwelche anderen Zahlenwerte
beigelegt, so hätten die Reihen, die in Gleyes Quadrat gleiche
Summen aufweisen, unter allen Umständen auch wieder gleich-
summig werden müssen, und das Zahlenquadrat Gleyes entfernt
sich somit von einem eigentlich-„magischen“ Quadrat so weit
wie möglich. Dabei hätte man, wenn wirklich ein gleichsummiges
Quadrat bezweckt wäre, dieses leicht bekommen können: Unser
Autor gibt den Buchstaben die Zahlenwerte, die ihre Stellung
im lateinischen Alphabet kennzeichnen. Nun besitzen aber im
Lateinischen die Buchstaben nicht durchweg, etwa wie im
Hebräischen oder Arabischen, Zahlenwert und vollends nicht die
hier angegebenen Zahlenwerte. Die grundlegende Annahme
unseres Interpreten scheint mir also recht willkürlich zu sein,
und mit nahezu ebenso viel Berechtigung könnte ein anderer
Erklärer beispielsweise so sprechen: „Die Sator-Formel weist drei
Vokale: A, E, O auf; diese sollen, ihrer alphabetischen Reihenfolge nach, offenbar mit folgenden Zahlenwerten genommen
werden: $A = 1$, $E = 2$, $O = 3$. Was ferner die Konsonanten
betrifft, so haben sie, wie behauptet wird, folgende Zahlbedeutun-
gen: $S = 4$, $T = 5$, $P = 7$, $N = 8$, $R = 9$.“ Alle Buchstaben
wären dann durch Zahlen, und zwar ausschließlich durch einziffrige Zahlen, ersetzt. Führte man diese Substituierung wirklich durch, so entstände etwas, das mit einem gewissen Recht
wirklich ein magisches Quadrat genannt werden dürfte, nämlich
ein Quadrat, das in allen Zeilen und Spalten dieselbe Zahlensumme: 22, ergibt[1]). Auch an diese aus zwei gleichen Zahlen (2)

---

[1]) Bezeichnet man die Zahlenwerte, die man den einzelnen Buchstaben beilegen will, durch die entsprechenden kleinen Buchstaben, also
den Zahlenwert von S beispielsweise durch s, so lauten die notwendigen
und hinreichenden Bedingungen dafür, daß alle Zeilen und Spalten
gleiche Summen annehmen, offenbar folgendermaßen:
$$s + a + t + o + r = a + r + e + p + o$$
und $s + a + t + o + r = t + e + n + e + t$ oder, einfacher geschrieben:
$$s + t = e + p$$
und $\qquad s + a + o + r = 2e + n + t$.
Diese Gleichungen werden u. a. durch die oben angegebenen Zahlen-

bestehende Zahlensumme ließen sich bei einigem guten Willen
wohl noch allerlei mystische Betrachtungen knüpfen, die freilich
ebensowenig besagen würden wie die oben nur beiläufig erwähnten Zahlenbeziehungen, die Herr Gleye sonst noch an
seinem Quadrat bemerkt hat, und die in ähnlicher Weise mehr
oder weniger überall unter solchen Verhältnissen zu finden sind.
In Wirklichkeit hat der Erfinder der Sator-Formel weder an
unser fiktives magisches Quadrat von der „Konstanten" 22,
noch an das völlig „unmagische" des Herrn Gleye gedacht, und
die eine Hypothese ist oder wäre so verfehlt und abwegig wie
die andere.

Handelte es sich bei diesem Versuch einer Erklärung um
arithmetische Beziehungen, so glaubte ein anderer, gleichfalls
durch jene Zeitungserörterung hervorgerufener Aufsatz der Sator-
Frage eine neue geometrische Seite, zugleich freilich auch eine
sprachliche, abgewonnen zu haben[1]: Der Verfasser, H. William,
hatte bemerkt, daß sich aus einem Teil der Buchstaben des
Sator-Quadrats die Worte „oro te pater" (ich bitte Dich, Vater)
zusammensetzen lassen. Diese Bemerkung war nun freilich nicht
neu, sondern war schon mindestens einige Jahrzehnte alt. War
doch P. Franco[2]) bereits im Jahre 1881 wesentlich weiter gegangen, indem er darauf hinwies, daß die 25 Buchstaben des Sator-
Quadrats genau die Besprechungsformel: „Pater, oro te, pereat
Satan roso"[3]), ergeben. Doch, von diesem Vorgänger wird
H. William, der sich übrigens bei Abfassung seines Aufsatzes
im Kriege befand, ganz gewiß nichts gewußt haben; zudem
unterscheidet sich sein Resultat auch, wie wir sogleich sehen
werden, von jenem, und schließlich war auch der Weg, der ihn
zu seiner Erkenntnis führte, ein wesentlich anderer als dort.
Das magische Quadrat Dürers aus dem Jahre 1514, so sagt er,
brachte ihn — die Ideenverbindung ist einigermaßen unklar —

---

werte $a = 1$, $e = 2$, $o = 3$ usw. befriedigt. — Nach strenger Termino-
logie wäre unser Zahlenquadrat übrigens, da die Diagonalen versagen,
nur als „semimagisch" zu bezeichnen.

[1]) Siehe „Vossische Zeitung" 1917, Nr. 308, 19. Juni: „Rösselsprung
und Anagramm".

[2]) Siehe Verhandlungen der Berliner Gesellschaft für Anthropologie,
Ethnologie und Urgeschichte, Jahrg. 1881 (zu Bd. XIII der Zeitschr.
für Ethnologie), S. 333.

[3]) „Roso" von rodere, beißen.

auf den Gedanken, die Felder des Sator-Quadrats im Rössel-
sprunge[1]) zu durchmessen, und so gelangte er nicht bloß zu
einem, nein, sogar zu zwei Rösselzügen, die beide übereinstimmend
„oro te, pater" lauten. Wir geben zwei solche Rösselsprünge
in unserer Fig. 50, Teil I, an: die ausgezogenen Linien kenn-

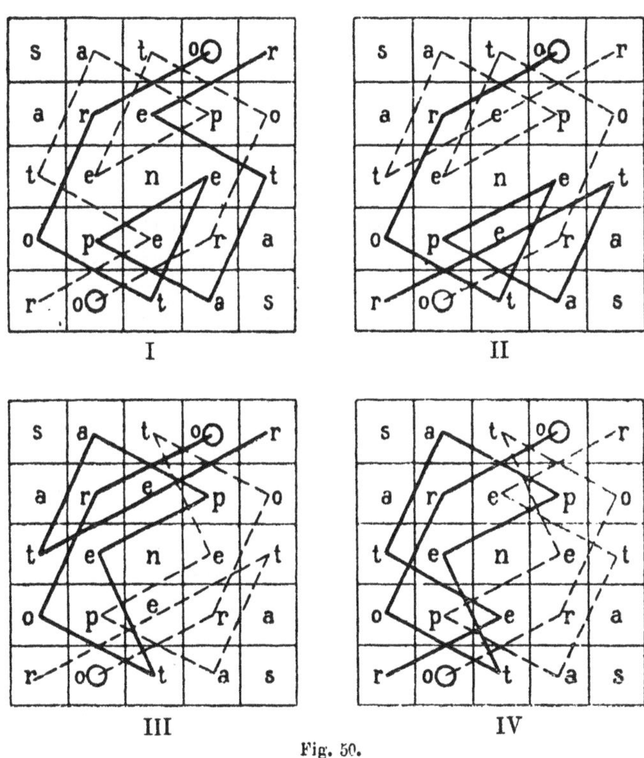

Fig. 50.

zeichnen den einen, die gestrichelten den anderen Rösselsprung;
bei beiden ist der Anfang durch einen kleinen Kreis markiert.
Freilich schöpfen die beiden Rösselsprünge die 25 Buchstaben
des Quadrats nicht vollkommen aus, vielmehr bleiben fünf von
diesen Buchstaben übrig: es sind die in Fig. 51 verzeichneten.
Doch auch sie geben, miteinander, wenn auch nicht gerade

<hr>

[1]) Das Prinzip des Rösselsprungs wird hier als bekannt voraus-
gesetzt; siehe eventuell meine „Mathem. Unterh. und Spiele", Bd. I
(2. Aufl. 1910), S. 319/20 u. 325 resp. „Math. Spiele" (3. Aufl. 1916), S. 56 f.

durch Rösselsprung, verbunden, ein Wort von sinnvoller Bedeutung: „sanas" (du heilst). — Doch sprechen wir zunächst noch von den beiden Rösselsprüngen! Da das Sator-Quadrat die meisten seiner Buchstaben mehrfach aufweist, so liegt es nahe, die Frage aufzuwerfen: Auf wie viele Arten lassen sich die beiden Rösselsprünge „oro te, pater" bilden? Auch H. William hat sich diese Frage gestellt, sie freilich nicht richtig, nämlich nicht erschöpfend, wie wir sogleich sehen werden (siehe S. 187, Anm. 2), beantwortet. Selbstverständlich werden wir dabei solche Figuren, die auseinander durch Drehungen oder Spiegelungen hervorgehen, nicht als wesentlich verschieden ansehen, vielmehr nur solche gesondert aufzählen, zwischen denen derartige Beziehungen nicht bestehen. Da nun unser Rösselsprung bei einem der vier Felder *o* beginnen muß und diese vier Felder symmetrisch zueinander liegen, so dürfen wir voraussetzen, daß der Rösselsprung, den wir konstruieren wollen, in demjenigen Felde *o*, das der obersten Zeile angehört, beginnt. In dieser Annahme liegt keinerlei Beschränkung; denn, wenn ein Rösselsprung in einem der anderen drei Felder *o* beginnt, so könnten wir ihn je nach Lage des

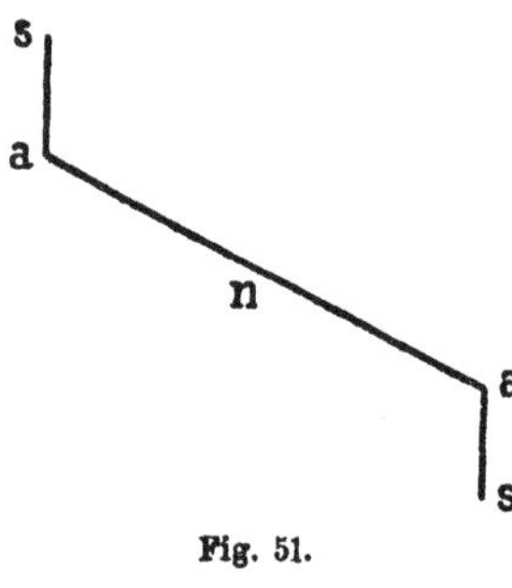

Fig. 51.

Falles entweder durch Spiegelung des ganzen Quadrats an einer der beiden Quadratdiagonalen oder aber durch eine Drehung des Quadrats um 180° überführen in einen solchen Rösselsprung, dessen Anfangsfeld sich an der von uns gewünschten Stelle der obersten Zeile befindet. Liegt nun das erste Feld, wie angegeben, fest, so ergibt sich für das zweite (*r*) nur eine Möglichkeit und ebenso für das dritte (*o*) und das vierte (*t*) Feld. Dagegen bieten sich für die weitere Fortsetzung — von unserem Felde *t* zu einem Felde *e* — bereits zwei Möglichkeiten. Verfolgt man jede dieser beiden getrennt weiter und führt in dieser Weise, was im einzelnen dem Leser überlassen bleiben darf, die ganze Analyse durch, so findet man, daß es vier wesentlich verschiedene Rösselsprünge — es sind die ausgezogenen in I, II, III, IV unserer Fig. 50 — gibt, die in dem Felde *o* der obersten Zeile beginnen und die neben sich noch

Raum für je einen zweiten Rösselsprung „oro te, pater", den der gestrichelten Linien, lassen[1]). Das Verhältnis dieser beiden in demselben Quadrat nebeneinander herlaufenden Rösselsprünge ist in allen vier Fällen ein solches, daß der ausgezogene Rösselsprung durch Drehung um 180⁰ in den gestrichelten übergeht und umgekehrt dieser in jenen. In jedem der vier Fälle ist der ausgezogene Rösselsprung nämlich so beschaffen, daß er diejenigen Felder des Quadrats, in die seine Felder bei Drehung um 180⁰ übergehen würden, sämtlich frei läßt. Da nun ferner eine Drehung um 180⁰, wie wir wissen (siehe S. 174), das ganze Sator-Quadrat wieder in sich, nämlich jeden einzelnen Buchstaben wieder in ebensolchen, überführt, so muß der ausgezogene Rösselsprung durch Drehung um 180⁰ noch einen zweiten von ihm selbst unabhängigen und neben ihm existenzfähigen erzeugen, der die gleiche Buchstabenfolge — oro te, pater — aufzeigt: es ist der gestrichelte[2]). — Zu erwähnen ist noch, daß unser Rösselsprungpaar entsprechend den zehn Buchstaben der Formel „oro te, pater" nur 20 der 25 Felder des Quadrats umfaßt, und daß demnach, wie schon oben gesagt wurde, fünf Felder frei bleiben; es sind in allen vier Fällen I, II, III, IV dieselben: die der Konfiguration Fig. 51.

So zerlegt William also die ganze Buchstabenanordnung in einen zweimaligen Rösselsprung „oro te, pater" (ich bitte Dich,

---

[1]) Diese Forderung, d. h. die Möglichkeit eines zweiten Rösselsprungs neben dem ersten, ist natürlich wesentlich; anderenfalls würde es für den ersten Rösselsprung, den der ausgezogenen Linien, noch weitere Möglichkeiten als jene vier geben; doch sind diese vier eben die einzigen, die neben dem einen Rösselsprung noch Raum für einen zweiten, gleichartigen lassen.

[2]) Von den vier Lösungen I, II, III, IV fehlen bei William die II und III ganz. Zwar gibt auch William vier Lösungen, doch stehen je zwei von diesen in der Beziehung, daß sie, wie der Autor übrigens selbst sagt, „als Spiegelbilder zusammengehören". In der Tat führt eine Spiegelung an einer der Diagonalen die beiden oberen Figuren Williams ineinander über, und ebendasselbe gilt für die beiden unteren Figuren (an welcher der beiden Diagonalen des Quadrats man diese Spiegelung vornimmt, ist übrigens für den Gesamteffekt gleichgültig, weil, wie wir nur kurz zur Begründung bemerken, alle diese Konfigurationen ja aus zwei Teilen bestehen, von denen der eine bei Drehung um 180⁰ in den anderen übergeht). Je zwei Lösungen Williams zählen somit nur für eine, und zwar entsprechen die beiden oberen unserer Nr. I, die beiden unteren unserer Nr. IV.

Vater) und in das einfache „sanas" (du heilst), und ist mit Rücksicht darauf, daß die ganze Zauberformel ja vielfache Anwendung gerade zu Heilzwecken gefunden hat und noch findet, von dieser Auflösung begreiflicherweise höchst befriedigt. „Es hält wahrhaftig schwer, an ein bloßes Spiel des Zufalls zu glauben," so ruft er beglückt aus und zweifelt offenbar kaum noch, daß der Erfinder der Formel dies alles mit vollem Bewußtsein in sie hineingelegt oder hineingeheimnisst hat. Die heikle Frage, ob der Erfinder den nachfolgenden Geschlechtern so viel Spürsinn zugetraut haben mag, um von ihnen die Auflösung der Formel in den zweimaligen Rösselsprung „oro te, pater" und das Überbleibsel „sanas", also die Entdeckung des eigentlichen Sinns und Inhalts seiner Formel, zu erwarten, oder ob er andererseits damit rechnete, für alle Zeit unverstanden zu bleiben, brauchen wir glücklicherweise nicht zu untersuchen. Der Erfinder selbst würde nämlich, könnte er Herrn Williams Aufsatz lesen, durch diesen zweimaligen Rösselsprung aufs höchste überrascht sein, da er von ihm bisher ebensowenig wie von irgendwelchen anderen Rösselsprüngen gewußt haben wird und kann. Der Rösselsprung, bekanntlich ein Sohn des Schachspiels, kann nämlich wirklich nicht gut älter als der Vater sein, und dessen Alter wird nach den neueren kritischen Forschungen zur Schachgeschichte kaum wesentlich mehr als ein Jahrtausend betragen[1]). Dagegen muß unsere Sator-Formel beträchtlich älter sein; besitzen doch die Berliner Museen in einem Bronzeamulett des 4. oder 5. Jahrhunderts einen konkreten, aus Kleinasien stammenden Zeugen[2]), der die Existenz der Sator-Formel für diese Zeit bezeugt, und wer vermag zu sagen, ob die Formel nicht noch älter ist.

So zerplatzen die buntschillernden Seifenblasen des Herrn William alsbald, wenn sie nur dem leisesten Luftzuge historischer Kritik ausgesetzt werden. Immerhin mag man diese Konstruk-

---

[1]) Siehe Antonius van der Linde, „Geschichte und Litteratur des Schachspiels", Bd. I (Leipzig 1874); siehe auch das Vorwort zu Bd. II.

[2]) Siehe Oskar Wulff, „Altchristliche und mittelalterliche byzantinische und italienische Bildwerke" [= Bd. III des Werkes: „Königliche Museen zu Berlin. Beschreibung der Bildwerke der christlichen Epochen", 2. Aufl.], Teil I: „Altchristliche Bildwerke" (Berlin 1909), S. 316/17: Nr. 1669.

tionen, wenn auch überaus künstlich und, wie gesagt, historisch unmöglich, doch gefällig und anmutig finden, und da derselbe Autor die eigentliche oder ursprüngliche Fassung unserer Formel, das „Sator arepo tenet opera rotas" also, mit gleicher Kühnheit anpackt und für sie unter Anwendung von Auslegungskünsten, auf deren Wiedergabe wir verzichten, zu der Übersetzung:

> Zu Dir, o Schöpfer, schau ich auf,
> So Du willst, stockt der Räder Lauf

gelangt[1]), so möchte der ganze Aufsatz recht wohl passieren, wofern er nur nicht bitterernst, sondern als erheiternde Travestie gedacht wäre, als eine Parodie auf die Auslegungskünste anderer Interpreten, eine Parodie, die immerhin zeigen würde, daß, wenn nun einmal im Meere unsinnreicher Phantasie umhergeplätschert werden soll, dies nicht in der gesuchten und wenig geschmackvollen Weise mancher Interpreten zu geschehen braucht, sondern recht wohl mit einiger Grazie und Anmut möglich ist.

Damit werden wir nun erneut zu der schon mehrfach gestreiften, bisher aber immer noch zurückgestellten Frage geführt, ob und gegebenenfalls welchen Wortsinn unsere Sator-Formel besitzt. Von ihren fünf Worten sind nicht weniger als vier: sator, tenet, opera, rotas, lateinisch oder können es wenigstens sein, und so lag es sehr nahe, die ganze Formel als eine lateinische anzusehen und die Frage nach der Bedeutung dieses Lateins aufzuwerfen. Am meisten Schwierigkeiten verursachte dabei das rätselhafte arepo. Ein lateinisches Wort „arepo" gibt es nicht, und die wohl versuchte Erklärung arepo = arrepo (ich krieche heran) erscheint schon reichlich gewaltsam, und vor allem sind die so resultierenden Übersetzungen, wie: „Säemann, ich krieche heran; es hält Mühe die Räder fest"[2]), allzu dürftig oder, wenn man lieber will, allzu tiefsinnig. Bei dieser Verlegenheit nun, die die Sphinx *AREPO* bereitete, gerieten manche Autoren

---

[1]) Im wesentlichen dieselbe Übersetzung, und zwar in der Fassung: „Der gütige Vater hält mit Mühe auf das verderbliche Rollen der Schicksalsräder", hatte übrigens bereits früher Emil Wolff gegeben; siehe Verh. der Berliner Ges. für Anthrop. usw. 1880 (zu Zeitschr. für Ethnol., Bd. XII), S. 276/77.

[2]) Dies die ursprüngliche, wörtliche Übersetzung des Herrn H. William, von der aus er zu der bereits angegebenen freien, allzu freien Auslegung gelangt.

in dem unwiderstehlichen Drange, der Formel Leben, Geist, einzuhauchen, auf den witzigen oder sinnigen Einfall, Arepo sei
ein Eigenname. „Der Säemann Arepo hält mit Mühe die Räder“,
so übersetzte nunmehr der eine[1]); „der Küster Arepo hält die
Räder (nämlich das Räderwerk der Glocken) in Bewegung“,
der andere[2]). Warum der „Säemann“, der „Küster“ gerade auf
den doch nicht ganz gewöhnlichen Namen „Arepo“ hören muß,
— warum das gewiß sehr löbliche „Mühen“ des „Säemanns
Arepo“ gerade den Gläubigen in der Kirche der Augustinernonnen von Verona und in den anderen mit der Sator-Formel
begabten Kirchen verkündet werden mußte, — was wiederum
die Tätigkeit des „Küsters Arepo“ mit den österreichischen
Stempelmarken aus dem Jahre 1572 oder mit einem Siegelstempel der spanischen Inquisition zu schaffen hat, — das alles
sind Fragen, die bisher freilich kein Verstand der Verständigen
zu ergründen vermochte.

Ein anderer Interpret[3]) wiederum verzichtet, da es mit einer
lateinischen Übersetzung durchaus nicht gehen will, ganz auf
Latein und kommt so, obwohl doch vier der Worte ohne Zweifel
ein lateinisches Kleid tragen, zu dem überraschenden Ergebnis,
daß die ganze Formel aus dem Keltischen stamme, während
wiederum ein anderer[4]) das rätselhafte „arepo“ aus den Spanischen, ein dritter[5]) wieder es aus dem Finnischen herleiten, ein
vierter[6]) es gar mit einem besonders heiligen Zauberspruch der
Buddhisten in Verbindung bringen will. Selbst den Gott „Sater“
hat ein Interpret[7]), zur Elimination des unbequemen „Säemanns“,
aus der deutschen Mythologie ausgegraben und ihn trotz allen
Widerstrebens mit Gewalt herbeigezerrt, während ein anderer

---

[1]) A. Treichel in den Verh. der Berl. Ges. für Anthrop. usw.
1880 (zu Zeitschr. für Ethnol. XII), S. 43/44.

[2]) Scarlatti; ich zitiere nach Hovorka (1915), a. a. O. S. 235.

[3]) Rabe; siehe Verh. der Berl. Ges. für Anthrop. usw. 1884 (zu
Zeitschr. f. Ethnol. XVI), S. 67/68.

[4]) Palma, Intermédiaire III, 1866, p. 477; ich zitiere nach Seligmann, S. 175.

[5]) Treichel in den Verh. der Berl. Ges. für Anthrop. usw. 1886
(zu Zeitschr. für Ethnol. XVIII), S. 250.

[6]) A. Bastian in den Verh. der Berl. Ges. für Anthrop. usw.
1881 (zu Zeitschr. für Ethnol. XIII), S. 306.

[7]) G. A. B. Schierenberg in den Verh. der Berl. Ges. für
Anthrop. usw. 1882 (zu Zeitschr. für Ethnol. XIV), S. 556.

Autor[1]) wieder das „Sator“ gleich dem grichischen Soter (Retter) annimmt und es so mit dem talmudischen Metatron identifizieren will. Man braucht nur irgendwo aufs Geratewohl seinen ⸳Blick auf diese Fülle von in allen Farben prangenden Phantasieblüten zu richten, um sogleich die stärksten Kontrastwirkungen zu erhalten. „Der Landmann führt mit Sorgfalt den Pflug auf dem Felde,“ das ist nach einem Autor[2]) der nicht eben tiefe Gehalt der sphinxartigen Formel, während beispielsweise nach einer anderen Auslegung[3]) dieselben Worte nicht weniger bedeuten als: „Viel beten und kräftig arbeiten, das sei deine Lebensweise!“ Sollte man es für möglich halten, daß ein und derselbe Satz so grundverschiedene Deutungen gefunden hat! Und man könnte die Zahl solcher Beispiele noch vermehren[4]). Wächst diese Literatur zur Sator-Formel so weiter wie bisher, so wird sie einmal die fünf Bände des Wanderschen Sprichwörter-Lexikons ersetzen können, da schließlich keins der vielen Tausende von Sprichwörtern übrigbleiben wird, das nicht in unserer viel- oder richtiger: allseitigen Formel bereits steckte.

---

[1]) Grunwald, Mitt. der Ges. für jüdische Volkskunde 1910, S. 68, Anm. 238; ich zitiere nach Seligmann, S. 175.

[2]) Siehe Näheres bei Seligmann, S. 174 nebst Anm. 5.

[3]) Kolberg in den Verh. der Berl. Ges. für Anthrop. usw. 1887 (zu Zeitschr. für Ethnol. XIX), S. 72 f.

[4]) Ich führe von den Übersetzungen und Erklärungen, die Seligmann (S. 174 f.) referierenderweise verzeichnet, noch einige an: „Der große Baumeister der Welten hält in seiner Hand diese Gefäße aus Ton, die unter dem Namen ‚Menschen‘ bekannt sind, und alle Triebfedern der runden Maschine“, so lautet eine Erklärung. Während man bei dieser Auslegung darüber staunt, was alles in jenen fünf kleinen Worten liegt, berücksichtigt ein anderer Erklärer überhaupt nur drei Worte der Formel und legt den anderen beiden, nämlich „arepo“ und „rotas“, keine weitere Bedeutung bei, als daß sie die Umkehrungen von „opera“ und „sator“ seien, und läßt sie daher für die Übersetzung ganz außer acht; das so übrigbleibende „Sator tenet opera“ überträgt er nun mit: „Der Säemann besitzt, hält sein Werk“ oder „Wie man sät, so wird man ernten“ oder „Jedem nach seinen Werken“. Selbst diejenigen Übersetzer, die in der durch den „Sator“ gegebenen Sphäre des Ackerbaus verbleiben, gehen zum Teil noch recht weit auseinander; so übersetzt und erklärt der eine beispielsweise: „Der Landmann hält die Räder (des Pfluges), (ich) der Säer gehe hinter ihm (vielleicht um dem Lande Fruchtbarkeit zu sichern)“, während ein anderer seine Übersetzung so faßt: „Der Säemann wird verbrauchen (abnutzen) durch seine Arbeit die Räder (seines Pfluges)“.

Obwohl an Ausdeutungen der Sator-Formel somit schon längst kein Mangel war, empfand neuerdings ein bekannter Journalist, der gern und oft gefällig, wenn auch ohne die erforderliche kritische Schulung und vor allem ohne Selbstkritik, über wissenschaftliche Themen in Tageszeitungen schreibt, das Bedürfnis, die Zahl der Interpretationen unserer Formel noch um eine weitere, wohl die „scharfsinnigste" unter allen, zu vermehren[1]), und erregte hierdurch in der Tagespresse jene Erörterung, deren wir bereits oben gedachten. Die Auslegung ist so verfehlt wie nur möglich und verdiente, nach ihrem inneren Werte gemessen, gewiß nicht, aus dem Eintagsdasein des Zeitungsaufsatzes zu neuem Leben erweckt zu werden. Jedoch in ihrer Art, in ihrer jeder Diskussion entrückten Unmöglichkeit ist sie vollkommen, ist sie kaum zu überbieten; deutlicher und krasser noch als eine ihrer Schwestern läßt sie die Auswüchse einer durch keinerlei kritische Hemmungen gezügelten Interpretationsphantasie hervortreten, und so mag sie vielleicht vornehmlich geeignet sein, eine Wirkung auszuüben, die in den Augen der Gläubigen ihrem Substrat, der Sator-Formel, zukommen sollte und soll: Wie diese apotropäische Kräfte besitzen, wie diese die bösen Geister bannen, sie abschrecken und zurückhalten soll, so mag vielleicht auch die Übersetzungsformel dieses kühnsten aller Interpretationskletterer geeignet sein, ähnlich apotropäische Wirkungen zu entfalten. Möge sie mithin als warnend Exemplum die Geister, die bösen wie die guten, die ähnliche, zu schwindelnden Höhen, zu jähen Abstürzen führende Irrwege einzuschlagen versucht sind, zurückhalten, sie vor solchen Verirrungen, solchen Fährlichkeiten bewahren! So mag denn diese Auslegung trotz ihres Unwertes oder vielmehr gerade ihrer superlativischen Wertlosigkeit wegen hier etwas näher betrachtet und besprochen werden: Zunächst wird das Wort „rotas" vorgenommen. Uns gewöhnlichen, minderbegabten Sterblichen ist „rota" ein Wagenrad, insbesondere auch ein „Folterrad", übertragen auch das Rad der Fortuna, das „Glücksrad". Doch das alles und manches andere ist weit gefehlt! „Mit dem Lexikon bewaffnet", wird man die Sphinx überhaupt nicht überwinden, so erklärt uns

---

[1]) **Alexander Moszkowski**, „Ein aufgelöstes Rätsel", „Vossische Zeitung" 1917, Nr. 228, 5. Mai.

kühn und verwegen unser Ödipus, und speziell unser „rotas"
nötigt, „zu transzendenten Deutungen zu flüchten". Die „Rota",
so vernehmen wir nun staunend das Erkundungsergebnis dieses
Ausflugs ins „Transzendente", ist nichts anderes, kann nie und
nimmer etwas anderes gewesen sein als die „Rota porphyretica",
jene altehrwürdige Porphyrplatte des Petersdoms in Rom, die
aus der Zeit der alten, später verfallenen und abgetragenen
Kirche erhalten blieb und in den Fußboden des neuen Bauwerks
eingefügt wurde. Vor Ödipus Moszkowski hat zwar niemand dies Wort so verstanden; niemand auch in Zukunft würde
es so aufgefaßt haben. Und doch, wer möchte jetzt noch zweifeln,
daß der Urheber unserer Formel nur diese eine „Rota" unter
allen „Rotae" des Erdenrunds gemeint haben kann! Wie auch
konnte er, der Vater der Formel, nur einen Augenblick zweifeln,
daß man ihn in diesem Sinne verstehen werde! Zwar vielleicht
erst nach Jahrhunderten! Aber jedenfalls doch nach dem Erscheinen des einzigen Fackelträgers, dessen Kommen er, der
Erfinder der Formel, mit seinem die Jahrhunderte der Zukunft
durchdringenden Seherauge bereits deutlich geschaut haben wird.
Und wer möchte nach alledem weiter bezweifeln, daß „Rota"
hier pars pro toto ist und nichts anderes als „Kirche", „Kirchenwelt" bedeutet! Nachdem Prokrustes Moszkowski das un-
geschlachte „Rotas" in dieser Weise verrenkt, gedehnt, gereckt
und so aus einem „Wagenrad" eine „Kirche", die ganze „Kirchenwelt", gemacht hat, wird das unglückselige Wort trotzdem sogleich noch weiter mißhandelt: abermals wird es aufs „Rad"
geflochten und so lange gemartert und gepreßt, bis der unzweifelhafte Pluralakkusativ zu einem griechischen Genitiv „ver-
rädert" ist. Über die Behandlung, der die Formel weiter noch
unterworfen wird — auch dem widerspenstigen und völlig geist-
losen „arepo" müssen natürlich, auf daß es erst die Reife für
das geiststrotzende 20. Jahrhundert erwerbe, zunächst reichliche
Mengen Moszkowskischen Spiritūs eingepumpt werden[1] —,
dürfen wir stillschweigend hinweggehen, da die Rotas-Auslegung
den unhistorischen und unphilologischen Charakter dieses Inter-

---

[1] Herr M. selbst nennt freilich die an „rotas" und „arepo" vorgenommenen sprachlichen Vergewaltigungen nur ein zweimaliges
„mäßiges Zugeständnis an die Grammatik".

pretationsversuchs bereits zur Genüge offenbart. So begnügen
wir uns denn mit dem endgültigen Resultat. Nach M. bedeutet
die rätselhafte Formel nicht mehr und nicht weniger als:

Der Säemann, der seinen Acker bestellt,
Betreut die Werke der Kirchenwelt.

Damit, so vernehmen wir weiter von unserem Führer, sei ein
„klarer", „mit Herkunft und Örtlichkeit" der Formel „schön"
harmonierender Sinn dem Palindrom abgewonnen; aus dem
sinnlosen „Gestammel" sei nunmehr verständliche, sinnvolle, ja
„würdevolle" Menschenrede geworden; deutlicher oder zweck-
dienlicher brauche ja eine Inschrift an geweihtem Platze gewiß
nicht zu sprechen. Die „Interessengemeinschaft und Solidarität
zwischen den Kreisen der irdischen und der himmlischen Werk-
tätigkeit", die das jahrhundertealte Rätsel nach der Auslegung
seines Bezwingers zum Ausdruck bringen will, rechtfertige vielmehr und erkläre das häufige Vorkommen der Formel in Kirchen,
in Kapellen, aufs vortrefflichste[1]). Felix, qui potuit causas
cognoscere rerum!

Mit so willkürlichen Vergewaltigungen läßt sich vermutlich
in jede Formel dieser Art jeder nur irgend gewünschte Sinn
hineininterpretieren, und ich muß sogar gestehen, daß nach so
reichlichem Aufwand von „Geist" ich etwas viel Tiefsinnigeres
als diese Auslegung von dem ackerbestellenden und kirchenwelt-
betreuenden Säemann erwartet hätte, — etwas, das dem „Faust"
oder dem „Zarathustra" geistesverwandt wäre.

„Eine Inschrift muß sinnvoll sprechen," so erklärt Herr
M o s z k o w s k i kategorisch. Wie nun aber, wenn sie es nieder-
trächtigerweise dennoch nicht tut? Welchen Sinn, so frage ich
submissest, hat denn beispielsweise die so weit verbreitete Abra-
cadabra-Formel? Und vor allem: Was ist unserem Auslegungs-
künstler „sinnvoll"? Der kindlich-naive Sinn, der diesen Er-
zeugnissen und Werkzeugen des Aberglaubens zumeist zugrunde
liegt, dieses oft seltsame Gemisch von Sinn und Unsinn, genügt
natürlich einem von Geist überströmenden, „tiefschürfenden"
Forscher des 20. Jahrhunderts nach Art unseres Interpreten
ganz und gar nicht. Die einfache und natürliche Erklärung

---

[1]) Auch das Vorkommen in Viehställen? die Verwendung in Kinds-
nöten? den Gebrauch gegen Kolik? usw.
F r a g e   d e s   n e u g i e r i g e n   S e t z e r s.

des Ganzen als eines Buchstabenspiels, wie wir sie hier gaben, gilt jenen geistheischenden und geisthaschenden Köpfen selbstredend nichts, ist ihnen überhaupt keine Erklärung[1]). So glauben sie denn, ein völliges Vakuum vor sich zu sehen, das ihrem Verlangen nach Inhalt, nach Gehalt, nach Geist unerträglich erscheint. So suchen sie, die Geistüberquellenden, denn, dem scheinbar seelenlosen Gebilde ihre eigene Seele einzuhauchen, und verlangen[2]) von uns, ihren geistesärmeren Zeitgenossen, daß wir als Geist der Zeiten anerkennen, was nur der Herren eigner Geist ist. Lieber eine vorläufige (nicht endgültig richtige) Auslegung „als der blanke Verzicht auf irgendwelche Erklärung", so sagt uns Herr Moszkowski mit dürren Worten und offenbart damit eine Denkweise, die bekanntlich nicht vereinzelt dasteht, die vielmehr, zumal in unseren Tagen, schon außerordentlich viel Mißwuchs an Hypothesen und Erklärungen auf allen Gebieten gezüchtet hat. Ein Übermaß an „Geist" und an ungezügelter Phantasie, denen die notwendigen Korrigentien, wie Selbstkritik oder historischer Sinn, fehlen, verführen zu den gewagtesten und ungeheuerlichsten Erklärungen und Auslegungen, die der Wissenschaft völlig unwürdig sind, mögen sie auch das Entzücken noch so vieler, ebenso kritikloser und ebenso phantasiebeschwingter Leser erregen. Dabei will ich denn gewiß nicht in das entgegengesetzte Extrem verfallen und nun etwa behaupten, daß unsere Sator-Formel, um überhaupt mit dem Nimbus der Mystik umkleidet zu werden, sinnlos sein mußte, daß also ihre Kraft recht eigentlich in ihrer Sinnlosigkeit wurzele. Immerhin würde diese Auffassung der Wahrheit vielleicht näher kommen[3])

---

[1]) „In dieser Merkwürdigkeit liegt nur ein äußerliches Kennzeichen... Die tiefer schürfende Frage richtet sich auf etwas anderes... Mit der bloß spielerischen Deutung kommt man da nicht aus. Eine Inschrift muß sinnvoll sprechen" (Moszkowski).

[2]) Freilich meint unser Interpret am Ende, die von ihm „vorgeschlagene Lösung erhebe nicht den Anspruch auf Endgültigkeit"; doch allzu ernst werden wir diese temporäre Anwandlung von Bescheidenheit oder von Skepsis kaum nehmen dürfen, nachdem wir die vorhergehenden Ausführungen der lichtbringenden Abhandlung mitsamt ihrer Überschrift: „Ein aufgelöstes Rätsel", genossen haben.

[3]) E. Mogk sagt in Johannes Hoops' „Reallexikon der Germanischen Altertumskunde", Bd. I (Straßburg 1911—1913), S. 81/82 vom Abracadabra-Dreieck, dem Sator-Quadrat und ähnlichen Formeln: „Je dunkler sie war, desto mehr Kraft schrieb man ihr zu."

als jene gewagten und gesuchten Auslegungen, wie jeder, der den
Aberglauben und seine wunderlichen Rüstzeuge kennenzulernen
gesucht hat, gewiß bestätigen wird.

Übrigens ist ein zweiter Aufsatz[1]) unseres Ödipus auf eine
weniger sieghafte Tonart — wohl eine Wirkung der mancherlei
und teilweise scharfen Ablehnungen, die die „Lösung" in allerlei
Zuschriften und Einsendungen erfahren haben wird, — gestimmt,
und so eröffnet sich denn hier zum Erstaunen des Lesers der
folgende Lichtblick: „Betrachtet man die Inschrift", so heißt es,
„wesentlich von der spielerischen Seite, als Palindrom, so muß
man ihr in einer Hinsicht den Rang der Einzigkeit zuerkennen;
denn keine andere uns bekannte Wortfolge fügt sich der Bedingung der vierfachen Lesungsmöglichkeit nach sämtlichen
Richtungen." Auch Herr M. gibt somit zu, daß wir es hier wirklich
mit einem kleinen Kunstwerk, einem, wie er selbst sagt, „einzigen"
Kunstwerk, einem „Wunder", einem „Unikum" zu tun haben,
und, obschon dem Erfinder dieses Kunststück wohlgelungen ist,
ist unser auf geistvollen Inhalt erpichter und selbst von Geist
überfließender „Forscher" nicht zufrieden, sondern will das Prä-
dikat „wohlgelungen" erst dann erteilen, wenn die Formel auch
„sinnvoll" ist. Mögen doch die geistvollen Herren einmal selbst
eine Probe ablegen! Mögen sie selbst eine solche Buchstabenanordnung herzustellen versuchen, eine, die in den angegebenen
vier bzw. acht Richtungen gelesen, immer dieselben Worte ergibt!
Gewiß werden sie eine beliebige Anordnung dieser Art leicht
finden, aber schwer, recht schwer wird es ihnen bereits fallen,
die Buchstaben so zu wählen, daß wirkliche Worte, vor allem
Worte ein und derselben Sprache, entstehen[2]). Und wenn ihnen

---

[1]) Alexander Moszkowski, „Buchstabenspiele", „Vossische
Zeitung" 1917, Nr. 258, 22. Mai.

[2]) Außer der schon besprochenen Satan-Formel scheint es, wie bereits oben (S. 177, Anm. 2) gesagt wurde, ein weiteres vollkommenes
Analogon zu unserer Sator-Formel nicht zu geben. Jedoch sei hier
noch eine Buchstabenanordnung erwähnt, die unserem Sator-Quadrat,
wenn auch durchaus nicht völlig analog, so doch immerhin verwandt
ist; es ist die folgende:

$$
\begin{array}{cccc}
G & R & A & S \\
R & O & M & A \\
A & M & O & R \\
S & A & R & G
\end{array}
$$

Sie hat vor der Sator-Formel das voraus, daß ihre sämtlichen Worte

dies nach längerem Mühen gelungen sein sollte, werden sie gewiß resigniert genug sein, um nicht nur auf einen tiefen, sondern vielmehr auf jeden Sinn gern zu verzichten. Derjenige, der beispielsweise das amüsante Palindrom:

„Ein Neger mit Gazelle zagt im Regen nie“

erfand, war gewiß schon recht befriedigt von seiner wohlgelungenen Konstruktion, und er durfte es sein. Sind wir berechtigt, hier auch noch einen gehaltvollen Inhalt zu fordern? Dürfen wir dem Urheber etwa mit Fragen lästig fallen, wie: Warum gerade zagt der Neger im Regen nie, wenn er eine Gazelle bei sich hat? würde nicht ein handfester Regenschirm ein weit besseres Beruhigungsmittel sein? Oder: warum gerade ein „Neger“? Warum sollte jemand überhaupt, gleichgültig ob Neger oder Weißer, „im Regen zagen“? Und was dergleichen müßige und törichte Fragen mehr wären! Seien wir doch froh, daß das kleine Kunststück überhaupt so wohl gelang, daß es überhaupt, was allerdings von einem solchen Palindrom-Satze gefordert werden muß, wirkliche Worte sind und diese einen wirklichen Satz bilden! Daß der Satz im Grunde genommen unsinnig oder, wenn wir höflicher sein wollen: kindlich ist, stört denjenigen, der überhaupt Freude an solchen Spielereien hat, nicht oder

---

wirkliche Worte sind, was dort ja nur für vier der fünf Worte gilt. Dafür gehören aber diese Worte hier zwei verschiedenen Sprachen an; aus diesem Grunde kann hier von vornherein der Eindruck eines wirklichen Satzes nicht aufkommen, der bei der Sator-Formel zudem auch noch durch das Vorhandensein eines Verbums begünstigt wird. Vielmehr sieht man bei der jetzigen Anordnung auf den ersten Blick, daß es sich um eine leere Buchstabenspielerei handelt: Wir haben zwei Paare von vierbuchstabigen Worten, die jedoch in einer inneren, über das Buchstabenspiel hinausgehenden Beziehung keinenfalls stehen, vielmehr, wie gesagt, sogar ganz verschiedenen Sprachen angehören; selbst den Worten ein- und desselben Paares fehlt die innere Beziehung und es besteht nur die äußerliche, daß das eine Wort die Umkehrung des andern ist. — Eine verwandte Anordnung, für die manches von dem hier soeben Gesagten gleichfalls gilt, die sich jedoch, da die beiden deutschen Wörter durch lateinische ersetzt sind, aus Bestandteilen einer Sprache zusammensetzt, ist die folgende:

$$\begin{matrix} O & R & A & M \\ R & O & M & A \\ A & M & O & R \\ M & A & R & O \end{matrix}$$

doch nicht wesentlich. Einen tiefen Sinn von solchen Gebilden zu verlangen, ist unbillig[1]). Wenn ich im Zirkus einen hervorragenden Akrobaten oder einen besonders guten Clown sehe, so freue ich mich seiner Geschicklichkeit, seines Witzes, und werde meinen Beifall doch nicht davon abhängig machen, ob der Mann auch wohl das Abiturientenexamen gemacht hat oder die Qualifikation zum Reserveoffizier besitzt.

Freilich, so höre ich meine Herren Widersacher mir entgegenhalten, der „Neger-Gazellen-Satz“ hat einen törichten Sinn und er darf töricht sein; kommt er doch auch nicht als Inschrift in Kirchen und Kapellen vor. Gewiß! und das Palindrom würde dieser Auszeichnung, in Kirchen verewigt zu werden, sicher auch dann nicht teilhaftig geworden sein, wenn es denselben längst vergangenen Zeiten wie die Sator-Formel entsprungen wäre. Einmal geht ihm die äußere harmonische (quadratische) Form ab, sodann aber besitzt es nicht etwa zu wenig, sondern im Gegenteil zu viel Sinn hierfür. Hätte es nämlich gar keinen Sinn, würde es zudem, wie jene Formel, in das Gewand einer toten Sprache gekleidet sein, so wäre es für mystische und abergläubische Verwendungen weit besser geeignet als jetzt bei dem kindlichen oder törichten und allgemeinverständlichen Sinn, der natürlich den Nimbus besonderer übersinnlicher Kräfte von vornherein ausschließt. Ganz anders die Sator-Formel! Sie scheint

---

[1]) Auch Herr M. sagt übrigens, wie nicht verschwiegen werden soll und darf, freilich erst in dem zweiten Aufsatze, im Anschluß an die Erwähnung des Neger-Gazellen-Palindroms: „Man kann jede Wette darauf halten, daß ein sinnvoller deutscher Spruch niemals die Palindromform annehmen wird.“ Da bleibt es denn doppelt unverständlich, wie derselbe Autor für die Sator-Formel einen tiefen Sinn postulieren will. Denn, wenn auch das Lateinische, wie gern zugegeben werden mag (vgl. oben S. 178, Anm. 1), der Bildung von Palindromen etwas leichtere Möglichkeiten bietet als das Deutsche, so wird man doch auch dort lange nach einem sinnvollen Palindrom suchen müssen. Zudem hatte der Bildner der Sator-Formel in anderer Beziehung wieder weit geringere Bewegungsfreiheit als derjenige des Neger-Gazellen- und ähnlicher Sätze. Wollte er doch nicht ein beliebiges Palindrom formen, sondern vielmehr ein solches mit lauter gleich langen, d. h. gleich viele Buchstaben zählenden Wörtern; dazu tritt die weitere Besonderheit, daß die Zahl der Wörter gleich der Anzahl der Buchstaben jedes einzelnen dieser Wörter ist, was alles bei einem beliebigen Palindrom-Satze in der Regel nicht erfüllt sein wird.

der Gelehrtensprache zu entstammen, scheint — bei aller Sinnlosigkeit — einen Sinn zu besitzen, der freilich auch dem latein-
kundigen Betrachter und vollends dem Laien verborgen bleibt,
aber eben deswegen nur um so geheimnisvoller, um so unergründ-
licher, um so tiefer erscheint. Der naive Aberglaube vergangener
Zeiten, der der seltsamen, unverstandenen und unverständlichen
Formel tiefmystische Bedeutung und übersinnliche Kraft zu-
schrieb, und die Irrlichtereien der modernen Interpreten, die
aus der bloßen Buchstabenspielerei einen tiefen Sinn herauslesen
wollen, — sie treffen in ihren Zielpunkten zusammen und reichen
sich hier brüderlich die Hände.

„Nur ein sinniges Zitat," so meint Herr M., habe sich mit einer
solchen Kraft und Dauer fortpflanzen können. Nun, wenn
der sinnvolle Inhalt der Grund der großen Verbreitung gewesen
sein soll, so kann es doch keine latente Tiefsinnigkeit gewesen
sein, sondern diese Behauptung kann nur bedeuten sollen, daß
jene, die die Formel verbreiteten, sie in Kirchen und Kapellen
anbrachten, sie an Haus- und Kellertüren schrieben, sie in Stempel
und Amulette einprägten, wenn nicht sämtlich, so doch zu einem
kleineren oder größeren Teil, den Sinn der Formel kannten.
Wenn dies aber der Fall war, wenn also der Sinn, die Wortbedeutung, der Formel der Hauptgrund oder doch ein Grund
ihrer großen Verbreitung war, so dürfte man vielleicht hoffen,
irgendwo in der Literatur einen Aufschluß über diese Bedeutung
zu erhalten. Natürlich lege ich diesem Umstande eine irgendwie
beweisende Kraft weder pro noch contra bei; aber ich kann
mir doch nicht versagen, darauf hinzuweisen, daß auch diese
Prüfung allem Anschein nach zu ungunsten unserer Interpreten
ausfällt. Denn, man zeige mir unter den zahlreichen Autoren
früherer Jahrhunderte, die uns mit großer Weitschweifigkeit
und Sachkenntnis über alle möglichen Geheimnisse der Magie
belehren, doch nur einen einzigen, der Aufschluß über jene
Formel gäbe! Wo findet sich eine solche Stelle? Man frage
beispielsweise die Gelehrten des 17. Jahrhunderts, das doch eine
hohe, wenn nicht die höchste, Blütezeit des Aberglaubens aller
Art darstellt! „Nulla significatio," keine Bedeutung, kein Sinn,
wohne den fünf Worten inne, so sagt uns der Jesuitenpater
Athanasius Kircher in seiner 1665 in Rom gedruckten
„Arithmologia" (p. 220), und Julius Bartolocci in seiner

„Bibliotheca magna rabbinica" (IV, 1693, p. 250) drückt sich ähnlich aus.

Auch von neueren Autoren haben sich übrigens erfreulicherweise verschiedene ähnlich ausgesprochen oder haben doch wenigstens die unmöglichen Auslegungen der Interpreten abgelehnt. So verzichtet Reinhold Köhler, dessen wertvolle Materialsammlung zu unserem Thema bereits oben beiläufig erwähnt wurde, auf eine Wiedergabe und Kritik der „zum Theil höchst abenteuerlichen Deutungsversuche"[1]). Treffend und ganz in dem Sinne der hier vertretenen Auffassung erklärt Albrecht Dieterich zu der Sator-Formel: „Es ist Thorheit einen Sinn in den Buchstaben suchen zu wollen. Sie haben niemals Sinn gehabt. .... In einem so complicirten Zeichenspiel einen Sinn zu erwarten, heißt zu viel verlangen"[2]). Adolf Wuttkes Werk „Der deutsche Volksaberglaube der Gegenwart"[3]) urteilt zunächst allgemein über Zauber- resp. Besprechungsformeln so: „Ein wenig Unsinn gehört mit zur Sache; u. es wäre eine schlechte Weisheit, in allen diesen zusammengeknüpften Wörtern u. Redensarten einen tiefen Sinn suchen zu wollen; gesagt muß eben etwas werden; ob es gerade jedesmal einen verständigen Sinn hat, darauf kommt es weniger an; eine Zauberformel muß ja ganz

---

[1]) Siehe Verhandl. der Berliner Ges. für Anthropol. usw. 1881 (zu Zeitschr. für Ethnol. XIII), S. 305/6 = Kleinere Schriften von Reinhold Köhler, herausg. von Joh. Bolte, Bd. III (Berlin 1900), S. 572. Freilich scheint Köhler durch den Nachsatz, in dem er die bisherigen Erklärungen, insbesondere die von Arepo, als „nicht befriedigend" bezeichnet, sagen zu wollen, daß er eine befriedigende Worterklärung für möglich halte. Auch Herr Seligmann findet übrigens alle bisherigen Deutungen „nicht befriedigend" (S. 173 und 177); die von ihm selbst zur Gewinnung einer Erklärung betretenen Wege vermag ich freilich zu meinem Bedauern auch nicht als die richtigen anzuerkennen (vgl. S. 201, Anm. 2).

[2]) Siehe A. Dieterich, „ABC-Denkmäler", Rhein. Museum für Philologie, N. F., Bd. 56 (Frankfurt a. M. 1901), S. 92. Der Verfasser, Albrecht Dieterich, 1866 geb., starb 1908 als Professor der klassischen Philologie und Religionsgeschichte in Heidelberg. Auf diese Literaturstelle und die in der folgenden Anmerkung zitierte wurde ich erst bei Ausarbeitung dieses Kapitels, durch die Zitate Seligmanns, aufmerksam.

[3]) Ich benutze die dritte Bearbeitung von Elard Hugo Meyer (Berlin 1900); siehe dort S. 177 und S. 180. — Adolf Wuttke (1819 bis 1870) war Professor der Theologie in Halle.

anders klingen als sonstige verständige Rede," und sodann heißt es speziell von den „sinnlosen"[1]) Wörtern sator, arepo usw. und anderen: „Es wäre sehr vergebliche Mühe, wenn man aus allen diesen Buchstaben u. Wörtern einen Sinn herausdeuten wollte; ursprünglich mag wohl ein Teil derselben einen Sinn gehabt haben, aber durch die unverstandene Überlieferung der fast durchweg sehr schlecht geschriebenen Formeln sind auch diese allmählich zum völlig sinnlosen verändert worden." Dazu ist nun freilich in erster Linie zu bemerken, daß eine solche Entartung speziell bei der Sator-Formel mit großer Wahrscheinlichkeit als ausgeschlossen angesehen werden darf, da bei Nachlässigkeiten der Abschreiber und hierdurch allmählich eingeschlichener Verderbnis der Formel in erster Linie deren merkwürdige geometrische Eigenschaften gelitten haben würden, was ja aber offenbar nicht der Fall ist[2]). Sodann veranlaßt mich dieser letzte aus dem Wuttkeschen Werk wiedergegebene Satz, der übrigens wohl kaum gerade auf die Sator-Formel gehen sollte, noch zu einer zweiten Bemerkung: Auch ich behaupte, wie hier zur Genüge dargelegt ist, ja keineswegs, daß die Sator-Formel zu dem „sinnlosen" Zeug gehört. Im Gegenteil! es ist vielmehr eine recht wohlgelungene anmutige Buchstabenspielerei. Das ist

---

[1]) Auch in einem Vortrag von R. Münsterberg: „Die Münze im Aberglauben" (Monatsblatt der Numismat. Ges. in Wien, IX. Bd., Nr. 372, Juli 1914, S. 234) werden die Worte als „wohl von vornherein sinnlos" bezeichnet. Vgl. auch Hovorka und Kronfeld, a. a. O. (1908), S. 29.

[2]) Wenn Seligmann (S. 179—181) mit der Möglichkeit rechnet, daß die Satan-Formel erst durch fehlerhaftes Abschreiben das geworden ist, was sie heute ist, und daher für sie und entsprechend für die Sator-Formel die Hypothese einer andersgearteten „Urform" erörtert, so muß ich dem Herrn Verfasser auch hier widersprechen. Jene „Urformen" sind weniger kunstvoll als die traditionellen und, falls diese „Urform" wirklich neben den bekannten Formen in der Überlieferung vorkäme, was übrigens auch nicht einmal der Fall ist, so würde ich sie, die vermeintliche „Urform", für die entartete, die üblichen Fassungen aber für die ursprünglichen und richtigen halten. Nicht nur das Kunstvolle der Form, sondern insbesondere auch die völlige Analogie in der Struktur zwischen Sator- und Satan-Formel scheint mir für die hier bekundete Auffassung zu sprechen; denn es ist doch nicht gut anzunehmen, daß zwei Formeln in völlig gleicher Weise entartet sein und zudem bei dieser „Entartung" noch wesentlich an kunstvoller Form gewonnen haben sollten.

der „Sinn" der Formel[1]), aber auch ihr ganzer Sinn. Einen
Wortsinn, gar einen tiefen oder auch nur vernünftigen Wortsinn,
hat sie nicht.

---

[1]) Übrigens vermochte selbst der oben mehrfach zitierte H. William
sich nicht ganz solchen Erwägungen zu entziehen, und so reflektiert er
denn: „Undenkbar wäre es nicht, daß die bloße äußere Form schon genügt hat, die Worte im Lichte einer höheren Bedeutsamkeit erscheinen
zu lassen ohne Rücksicht auf den Sinn, der vielleicht wer weiß wie
banal ist." Doch schon der nächste Satz verbannt diese Erwägungen,
und durch die Vorkommnisse in Kirchen glaubte sich der Verfasser zu
der Annahme genötigt, daß die Formel irgendeine Beziehung zu der
Lehre oder dem Kult der Kirche wenigstens gestatten müsse.

Nachschrift.

Nach Erledigung der letzten Korrekturen kommt mir das soeben
erschienene Referat über den gleichfalls durch den Moszkowskischen
Aufsatz veranlaßten Vortrag, den der Geh. Medizinalrat Prof. Dr.
G. Fritsch am 19. Mai 1917 vor der Berliner Gesellschaft für Anthro-
pologie, Ethnologie und Urgeschichte gehalten hat, zu Gesicht[1]). Mit
Recht sieht Herr Fritsch in all den tiefsinnigen Auslegungen aus
früherer und neuerer Zeit einschließlich der Moszkowskischen nur
Belege für das Mephisto-Wort:
> Gewöhnlich glaubt der Mensch, wenn er nur Worte hört,
> Es müsse sich dabei doch auch was denken lassen.

Leider verfällt Herr Fritsch im Grunde in denselben Fehler, den
er bei anderen tadelt, indem er den „eigentlichen Inhalt" der Formel,
den diese nur „sehr glücklich verhülle", in gewissen, durch künstliche
Umstellungen der Buchstaben zu erhaltenden Satansanrufungen sieht.
Herr Fritsch hat deren in einer früheren Abhandlung, auf die er
hier ausdrücklich verweist (Verh. derselben Gesellsch., Jahrg. 1883, zu
Zeitschr. f. Ethnol. 15, S. 535—537), nicht weniger als acht verschiedene
angegeben, darunter an erster Stelle: „Satan, oro te pro arte, a te
spero!" Als Quelle für diese Auslegungen gibt Herr Fritsch ausdrücklich das anonyme Buch „Onomatologia curiosa, artificiosa et
magica", Ausgabe 1764, an. Ob nun dieses alphabetisch geordnete
„Zauberlexikon", dessen erste Ausgabe (1759) mir seit längerer Zeit
bekannt ist, meiner Erinnerung nach aber nichts über unsere Sator-
Formel sagt, in seiner zweiten, allerdings stark vermehrten Ausgabe
von 1764, die Meusels bekanntem Schriftsteller-Lexikon (Bd. 5, 1805,
S. 36) zufolge der Ulmer Gymnasial-Präzeptor und Mathematiker
Gotthart Hafner besorgte, in der Tat eine oder gar alle jene acht

---

[1]) Siehe die Verh. der Gesellsch. in Zeitschr. f. Ethnologie 49,
1917, S. 144—145. Das Referat ist übrigens in manchen Punkten ver-
besserungsbedürftig; selbst die Sator-Formel ist beständig unrichtig (un-
vollständig) wiedergegeben.

Satansanrufungen angibt, weiß ich · nicht und scheint mir auch unerheblich. Jedenfalls halte ich diese ganze Erklärung für höchst gezwungen und kunstvoll. Aber selbst wenn man sich hierüber hinwegsetzen wollte, und selbst wenn man die weitere Konzession machte, das z. T. recht wunderliche Latein mit Herrn Fritsch als „Mönchslatein des Mittelalters" passieren zu lassen, so bliebe immer noch das nicht unerhebliche Bedenken bestehen, daß unsere Sator-Formel höchstwahrscheinlich älter denn alles „Mönchslatein" ist (vgl. S. 188). Nach alledem kann ich diesem Satan ex machina nur ein „Apage, satana!" zurufen. Gerade die Tatsache, daß Herr Fritsch sogar acht solche „En-tout-cas-Beschwörungsformeln" anzugeben weiß, spricht sehr gegen seine ganze Auffassung; denn diese beträchtliche, vermutlich übrigens noch weiter zu vermehrende Mannigfaltigkeit zeigt deutlich, wie leicht bei genügendem Spürsinn und hinreichender Toleranz gegen das „Mönchslatein" sich solche Zufallsspiele der Buchstaben ergeben. Ebensowenig wie jemand behaupten wird, der Name „Heidelberg" sei der allbekannten Universitätsstadt deswegen gegeben, weil diese Buchstaben durch Permutation den ebenso kategorischen wie begreiflichen Ausruf des Musensohns: „Geld herbei!" ergeben, ebensowenig vermag ich diese Auslegung der Sator-Formel anzuerkennen. — Dazu dann gleich noch eine kleine Bemerkung: In der früheren Abhandlung des Herrn Fritsch ist von dem Sator-Spruch gesagt (a a. O. S. 535), es sei möglich, „denselben, wie der ursprüngliche Gebrauch es vorgeschrieben haben soll, in Form eines Quadrates zu schreiben, so daß alsdann jederseits dem Leser, gleichviel an welcher Ecke er zu lesen beginnt, stets der benannte Spruch in die Augen springt." Ein dort danebenstehendes Schema veranschaulicht dies. Nimmt man den angeführten Satz des Herrn Fritsch wörtlich, so genügt jeder Spruch, dessen erster und letzter Buchstabe übereinstimmen, beispielsweise, um beim Lateinischen zu bleiben, das obige „apage satana" oder etwa „sancta simplicitas", dieser Bedingung. Fordert man aber, wie Herr Fritsch vermutlich meint, daß von jeder Quadratecke längs jeder der beiden dort zusammenstoßenden Seiten gelesen werden darf, so genügt auch noch jedes Palindrom, z. B. unser Neger-Gazellen-Satz, dieser Forderung. Das nebenstehende Beispiel, das wir aus Gründen des Raumes ziemlich klein wählten (egale lage), mag dies veranschaulichen. Die geometrischen Eigenschaften der Sator-Formel sind dagegen viel weitergehende als die anderer, beliebiger Palindrome, wie oben näher dargelegt wurde.

Register.

Pierersche Hofbuchdruckerei Stephan Geibel & Co., Altenburg.